高等职业教育建筑设计类专业“十三五”系列教材

装饰施工技术与质量检测

邱凯杰　肖文静　编

机 械 工 业 出 版 社

本书共分为5章，第1章主要介绍吊顶工程的施工工艺以及质量验收要求，第2章主要介绍墙面工程的施工工艺以及质量验收要求，第3章主要介绍楼地面工程的施工工艺以及质量验收要求，第4章主要介绍细部工程的施工工艺，第5章主要介绍幕墙工程的施工工艺以及质量验收要求。

本书为高等职业教育建筑设计类专业“十三五”系列教材，可作为建筑装饰工程技术、建筑室内设计等相关专业的教材，也可供相关工程技术人员参考。

为方便教学，本书配有电子课件，凡使用本书作为教材的教师可登录机工教育服务网 www.cmpedu.com 注册下载。咨询邮箱：cmpgaozhi@sina.com。咨询电话：010-88379375。

图书在版编目（CIP）数据

装饰施工技术与质量检测 / 邱凯杰，肖文静编 . —北京：机械工业出版社，2019.5（2023.1 重印）

高等职业教育建筑设计类专业“十三五”系列教材

ISBN 978-7-111-62521-6

Ⅰ . ①装… Ⅱ . ①邱… ②肖… Ⅲ . ①建筑装饰－工程施工－质量检查－高等职业教育－教材 Ⅳ . ① TU767

中国版本图书馆 CIP 数据核字（2019）第 070510 号

机械工业出版社（北京市百万庄大街 22 号 邮政编码 100037）

策划编辑：常金锋 责任编辑：常金锋 臧程程

责任校对：王 欣 封面设计：陈 沛

责任印制：郜 敏

中煤（北京）印务有限公司印刷

2023 年 1 月第 1 版第 2 次印刷

184mm × 260mm · 12.75 印张 · 264 千字

标准书号：ISBN 978-7-111-62521-6

定价：36.00 元

电话服务　　　　　　　　网络服务

客服电话：010-88361066　机 工 官 网：www.cmpbook.com

010-88379833　机 工 官 博：weibo.com/cmp1952

010-68326294　金 书 网：www.golden-book.com

封底无防伪标均为盗版　机工教育服务网：www.cmpedu.com

前言 PREFACE

“装饰施工技术与质量检测”是高等职业教育建筑装饰工程技术、建筑室内设计专业的一门主要专业课程，对学生职业能力的培养和职业素养的养成起重要支撑作用。它所研究的内容是建筑装饰施工的工艺以及质量要求，按照国家现行的施工规范、质量标准，科学合理地选用建筑装饰材料和施工方法，努力提高建筑装饰业的技术水平，对于创造一个绿色环保的装饰产业有着非常重要的意义。

本书根据《建筑装饰装修工程质量验收标准》（GB 50210—2018）、《住宅装饰装修工程施工规范》（GB 50327—2001）、《建筑工程施工质量验收统一标准》（GB 50300—2013）等国家标准及行业标准的规定，对吊顶工程、墙面工程、楼地面工程、细部工程以及幕墙工程的施工工艺及验收要求进行了全面讲述，汇集了编者长期的专业教学实践和经验，具有较强的适用性、针对性、规范性以及可操作性。

本书的教学参考学时为88学时，各章内容及学时分配见下表：

序号	课程内容	学时数分配		
		理论	实践	合计
1	吊顶工程	14	4	18
2	墙面工程	26	4	30
3	楼地面工程	14	4	18
4	细部工程	8	2	10
5	幕墙工程	8	4	12
6	合计	70	18	88

本书由四川工程职业技术学院邱凯杰、肖文静共同编写。编写的具体分工为：第1章、第2章、第3章由肖文静编写，第4章、第5章由邱凯杰编写。全书由肖文静整体策划，由邱凯杰负责统稿。

本书在编写过程中参考了大量文献资料，在此谨向原著作者们致以诚挚的谢意。

由于编写时间仓促和作者水平有限，书中难免有不足之处，恳请读者批评指正。与本书内容相关的邮件可以发送至49227228@qq.com，我们会给予答复并在今后的工作中改进和完善，谢谢！

编　者

目录 CONTENTS

前　言

第 1 章　吊顶工程……1

1.1　吊顶构造概述……1
1.2　明龙骨吊顶施工……5
1.3　暗龙骨吊顶施工……8
1.4　其他龙骨吊顶施工……13
1.5　吊顶工程质量标准与检验……19
小结……24
思考题……24

第 2 章　墙面工程……25

2.1　墙面构造概述……25
2.2　隔墙工程施工……39
2.3　门窗工程施工……53
2.4　抹灰工程施工……72
2.5　饰面板（砖）工程施工……78
2.6　墙面涂料工程施工……100
2.7　裱糊及软包工程施工……107
2.8　墙面工程质量标准与检验……114
小结……131
思考题……131

第 3 章　楼地面工程……132

3.1　楼地面构造概述……132
3.2　整体地面施工……134
3.3　块材地面施工……139
3.4　竹、木地面施工……144
3.5　塑料面层施工……152
3.6　地毯面层施工……156
3.7　楼地面工程质量标准与检验……159
小结……163

思考题 ······ 163

第4章 细部工程 ······ 164

4.1 一般规定 ······ 164
4.2 窗帘盒施工 ······ 164
4.3 窗台板施工 ······ 167
4.4 门窗套施工 ······ 168
4.5 护栏、扶手施工 ······ 172
小结 ······ 175
思考题 ······ 175

第5章 幕墙工程 ······ 176

5.1 幕墙构造概述 ······ 176
5.2 玻璃幕墙施工 ······ 178
5.3 金属幕墙施工 ······ 181
5.4 石材幕墙施工 ······ 186
5.5 幕墙工程质量标准与检验 ······ 188
小结 ······ 193
思考题 ······ 193

参考文献 ······ 195

第1章　吊顶工程

1.1　吊顶构造概述

1. 吊顶概述

建筑顶棚是室内空间六面体中最富变化的装饰界面，设计者可以充分利用房间顶部结构特点及室内净空高度进行平面或立体的装饰造型和罩面装潢处理。我国人民自古以来特别注重对建筑顶部进行美化并刻意地融入人文内涵，将顶棚以及明露的梁枋、斗拱、雀替、藻井等构件和构造装饰视为十分重要的营造事项。

顶棚装饰装修的目的是从空间、光影、材质等方面渲染室内环境，烘托气氛，隐蔽各种设备管道和装置并便于安装与检修，还可以改善室内光环境、热环境及声环境。顶棚装饰装修首先必须满足空间的舒适和艺术要求、防火要求以及建筑物的物理和安全性要求，并且要求满足自重轻的原则。

悬吊式与直接式区别

吊顶即指悬吊式装饰顶棚，其突出特征在于骨架及罩面装饰层的悬吊构造；与之相对应的直接式顶棚则是将顶棚饰面直接或采取一定措施做于（固定于）建筑顶板结构体底面，比如顶棚抹灰就是直接式顶棚的最主要的一种形式。

吊顶采用龙骨杆件作骨架同时配以吊挂和紧固措施，然后在骨架上安装吊顶板材，是众多现代建筑物常采用的室内上部空间的构造装设手法。根据装配特点及吊顶工程完成后的顶棚装饰效果，分为明龙骨（明架式）和暗龙骨（暗架式、隐蔽式）吊顶。

吊顶工程所使用的龙骨骨架，按其材质区分，主要有型钢龙骨、木龙骨、轻钢龙骨和铝合金龙骨。其中普通型钢作吊顶支承骨架只是在受力较大或特殊情况时采用，木龙骨主要用于面积小、造型复杂或零星的吊顶工程，使用最多的是新型轻金属型材的轻钢和铝合金龙骨。

吊顶工程必须充分考虑结构及使用安全，按照龙骨型材特点及其组装的吊顶骨架形式来配合饰面材料。饰面材料一般为轻质板材，如各种纸面石膏板、装饰石膏板、浇筑石膏嵌装板、纤维增强或机压高强石膏板、矿物纤维或玻璃纤维棉复合装饰板、中密度木质纤维复合板、木质胶合板及其贴面复合装饰板、石棉水泥板或无石棉轻质纤维水泥平板、硬质 PVC 或泡沫塑料（聚苯乙烯或钙塑）吊顶板及其硬质条形扣板、各种金属方形吊顶板及其条形吊顶装饰板、金属格片、金属空腹格栅、木制或金属单体组合造型和金属网等。此外，尚有主要以顶棚空间美化为目的而采用的帷幕悬挂式或所谓“软雕塑”的吊顶装饰方式及其各种材料。特殊情况会使用玻璃等比较重的饰面材料，此时需要考虑龙骨类型和结构承重。

2. 吊顶的构造

吊顶的组成

吊顶一般由三部分组成，即吊杆或吊筋、龙骨或搁栅及面层（图 1-1、图 1-2）。

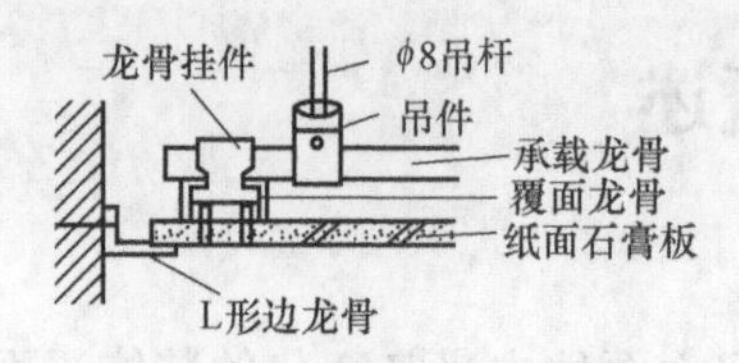

图 1-1 吊顶构造（明龙骨）

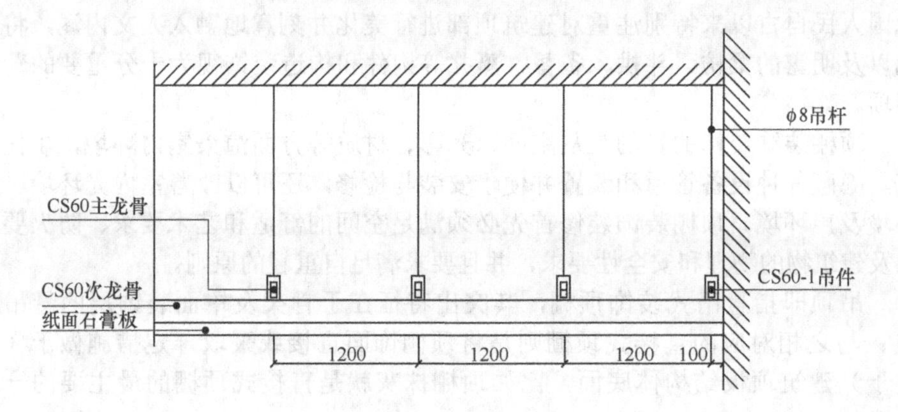

图 1-2 吊顶构造（暗龙骨）

吊杆的四种安装方式

（1）吊杆或吊筋

1）在施工中的现浇板下预装吊杆。按吊顶装饰设计要求，在施工中的现浇混凝土楼板下安装吊杆，吊杆的一端按设计长度伸出底板，另一端弯入楼板混凝土中，并注意其必须要有足够的锚固长度，且应安放在底层板筋上面。或者在现浇混凝土时，先在模板上放置预埋件，待拆模后，吊杆直接焊接在预埋件上，或用螺栓或销钉连接。

2）在预制板缝中安装吊杆。在预制板间缝中浇灌细石混凝土或砂浆灌缝时，沿板缝通长设置 $\phi8 \sim \phi12$mm 钢筋。吊杆一端弯钩钩于缝中通长钢筋上，另一端从板缝中向下伸出，其伸出长度按设计定。或者在两相邻预制板板顶横放长 400mm 的 $\phi12$mm 钢筋段，按吊筋间距，每 1.2m 左右安放 1 根。吊筋的一端则弯钩其上，另一端伸出板缝。预制板上及板缝宜用细石混凝土灌实找平。

3）在已有混凝土楼板下安装吊杆。用射钉枪把角钢的一端用钉固定在楼板上，角钢的另一端钻孔与吊杆固定；或者将尾部带孔的射钉打入楼板底部，在射钉尾孔中穿铜丝或镀锌钢丝绑扎龙骨。或者在设计的吊杆位置上，用冲击钻打孔，将设计长度的全丝镀锌吊杆一端锚上膨胀螺栓头，然后将吊杆放在孔下方，用工具将带膨胀头的吊杆打入孔洞中，然后拧紧膨胀螺栓固定，此法目前施工中最常使用。

4）在梁上设吊杆。在屋架的下弦木梁上用镀锌钢丝把吊杆牢固地绑扎在梁下。如果是木质吊杆也可用钢钉钉在木梁上。

对施工中现浇钢筋混凝土梁，其方法同前述1）。对预制混凝土梁和已有混凝土梁，可在梁侧钻通孔，然后在其中穿入螺栓固定吊杆。

（2）龙骨或搁栅

龙骨是吊顶中承上启下的构件。上连接于吊杆，下为饰面板提供安装节点。上人的吊顶因需在其上做检修通道，故承载较大，一般用大断面木龙骨或用较大规格的型钢龙骨。

1）木龙骨主龙骨与吊杆的连接方式为绑扎或螺栓固定、钢钉连接。龙骨间连接采用做槽榫钉接（图1–3）。

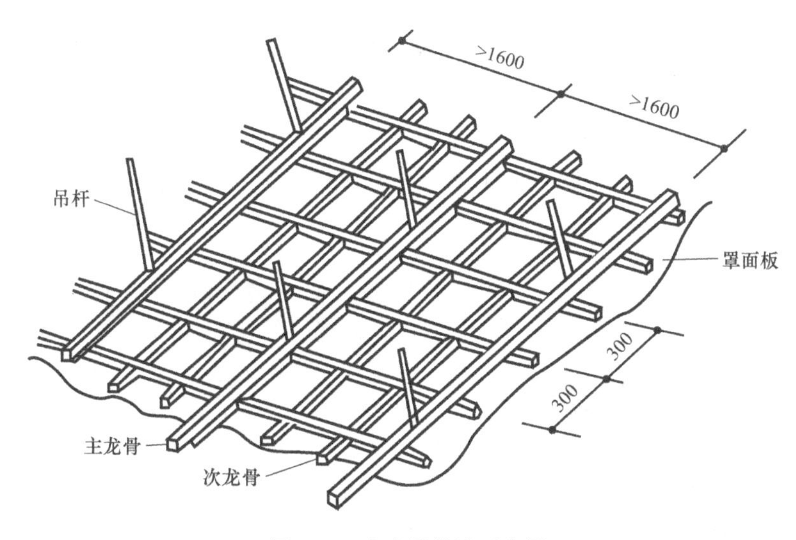

图1–3　木龙骨构造示意图

2）轻钢龙骨是采用薄壁镀锌钢带经冷弯机滚轧冲压成形。常用的有U形（图1–4）和T形龙骨（图1–5）。

龙骨材料

3）铝合金龙骨是目前用得最多的一种，常用的有T形、U形、L形、C形以及嵌条式构造的特制龙骨。具有质轻、刚度大、防火及抗震性能好、安装和加工方便等优点。一般采用明龙骨吊顶时，中小龙骨和边龙骨采用铝合金龙骨，而承担荷载的主龙骨采用钢制龙骨（图1–6）。

饰面板材料

（3）饰面板

吊顶所用的饰面板应尽量便于施工及管道设备安装和维修，因此常选用轻质的板材，常用的饰面板材有各种石膏板、纤维板、胶合板、塑料板及轻金属板等。

饰面板接缝形式

1）面板的接缝处理一般有三种方式：对缝（密缝）、凹缝（离缝）、盖缝（离缝）。

2）与龙骨连接采用钉接、粘结、搁置、卡挂等方式（图1–7）。

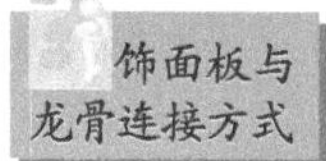

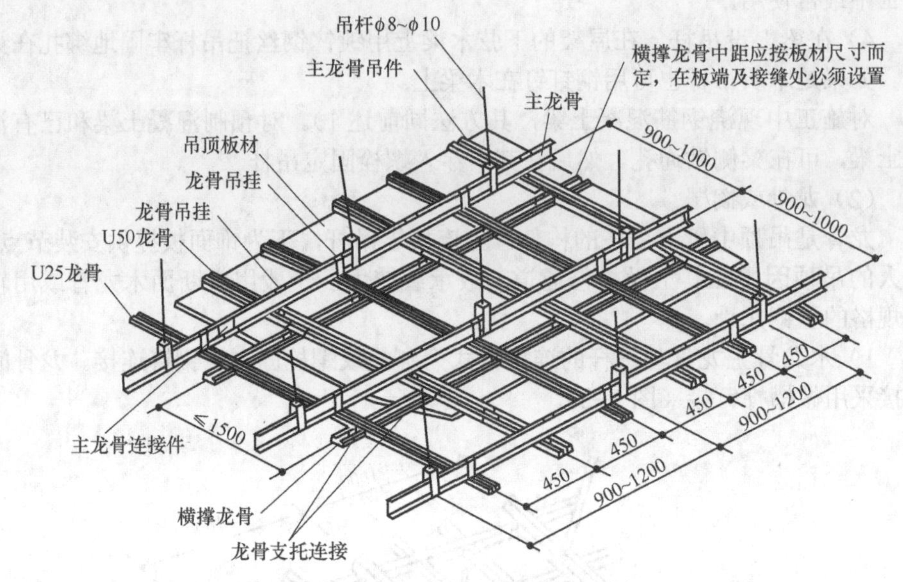

图 1-4　U 形轻钢龙骨构造示意图

图 1-5　T 形龙骨

图 1-6　铝合金龙骨

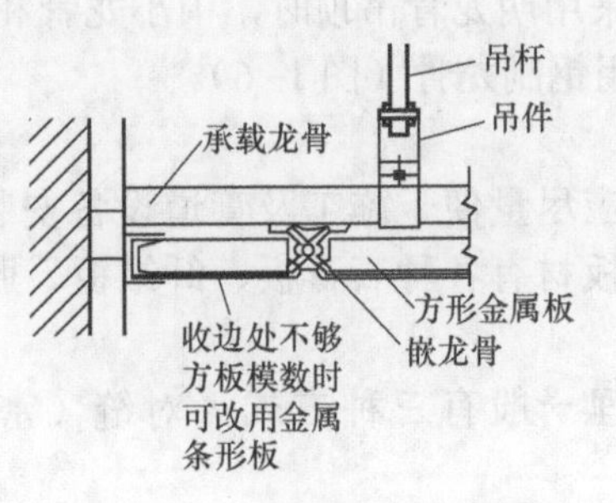

图 1-7　卡挂法安装示意图

1.2 明龙骨吊顶施工

明龙骨吊顶（图1-8）一般为活动式吊顶，采用铝合金龙骨、轻钢龙骨或其他类型配套龙骨，龙骨可以是全露的，也可以是半露的。饰面板明摆浮搁在龙骨上，以便于更换。由于这种吊顶一般不上人，为单层龙骨吊顶，因此，吊顶的悬吊体系比较简单，采用镀锌钢丝绑扎吊杆或自带膨胀头全带丝镀锌吊杆悬吊即可。饰面板主要有：石膏板、钙塑装饰板、泡沫塑料板、铝合金板等。

图1-8 明龙骨吊顶、灯具以及喷淋头

明龙骨吊顶饰面板类型

1. 施工准备

（1）材料准备

龙骨、饰面板、辅材（龙骨吊挂件、连接件、插接件、吊杆、螺栓、射钉、钢丝、自攻螺钉、角码、收边收口条等）、防火涂料。

（2）机具设备

电锯、电刨、无齿锯、手枪钻、冲击电锤、电焊机、角磨机、拉铆枪、射钉枪、手锯、手刨、钳子、扳手、螺钉旋具等。

（3）作业条件

1）施工前应按设计要求对房间的层高、门窗洞口标高和吊顶内的管道、设备及其支架的标高进行测量检查，并办理交接检记录。

2）各种材料配套齐全已进场，并已进行了检验或复试。

3）吊顶内的管道和设备安装已调试完成，并经检验合格，办理完交接手续。

4）室内环境应干燥，湿度不大于70%，通风良好。吊顶内四周墙面的各种孔洞已封堵处理完毕。抹灰已干燥。

5）施工所需的脚手架已搭设好，并经检验合格。

6）施工现场所需的临时用水、用电、各种工（机）具准备就绪。

2. 操作工艺

（1）工艺流程

测量放线→安装吊杆→安装边龙骨及主龙骨→安装次龙骨→安装饰面板→安装收口条→调整。

（2）操作方法

1）测量放线。依据室内标高控制线，在房间内四周墙（柱）上量测出吊顶标高控制点（墙体较长时，宜间距 3 ～ 5m 设一控制点），然后用粉线沿墙（柱）上弹出吊顶标高控制线。按吊顶排板大样或龙骨排列图，在顶板上弹出主龙骨的位置线和嵌入式设备外形尺寸线。由于明龙骨吊顶的主龙骨外露承担饰面板荷载，因此饰面板宽度即为主龙骨间距，主龙骨的间距应在 1200mm 以内，排列时应尽量避开嵌入式设备，并在主龙骨的位置线上用十字线标出固定吊杆的位置。吊杆在主龙骨方向上间距应为 900 ～ 1000mm，且距主龙骨端头应不大于 300mm，均匀布置。若遇较大设备或通风管道，吊杆间距大于 1200mm 时，宜采用型钢扁担来满足吊杆间距。

2）安装吊杆。通常用 $\phi 6$ ～ $\phi 10$mm 冷拔钢筋或盘圆钢筋做吊杆，根据饰面板荷载来确定吊杆直径。使用盘圆钢筋时，应用机械先将其拉直，然后按吊顶所需的吊杆长度下料。断好的钢筋一端焊接L30×30×3 角码（角码另一边打孔，其孔径按固定吊杆的膨胀螺栓直径确定），另一端套出长度大于 100mm 的螺纹固定龙骨。为方便施工，目前施工现场常采用自带膨胀头的全丝镀锌螺杆（图 1-9）作为吊杆。

吊型钢扁担的吊杆，当扁担承担 2 根以上吊杆时，直径应适当增加 1 ～ 2 级。当吊杆长度大于 1500mm 时，还必须设置反向支撑杆。制作好的金属吊杆应做防腐处理。

吊杆用冲击电锤打孔后，用膨胀螺栓固定到楼板上。吊杆应通直并有足够的承载力。在埋件上安装吊杆和吊杆接长时，宜采用焊接并连接牢固。吊顶上的灯具、风口及检修口和其他设备，应设独立吊杆安装，不得固定在龙骨吊杆上。

图 1-9　全丝镀锌螺杆

3）安装边龙骨及主龙骨。边龙骨应按大样图的要求和弹好的吊顶标高控制线进行安装。边龙骨的固定点间距为 300 ～ 600mm。普通砖墙需在固定点位处打孔，安装防腐木楔，作为螺钉锚固连接使用，然后沿墙（柱）上的水平龙骨线把 L 形镀锌轻钢龙骨（或铝合金龙骨）用自攻螺钉锚固在防腐木楔上；如为混凝土墙（柱），可直接用射钉固定。

明龙骨吊顶的主龙骨类型为 T 形烤漆龙骨、T 形铝合金龙骨，主龙骨安装时应采用专用吊挂件（图 1-10）和吊杆连接，吊杆中心应在主龙骨中心线上。明龙骨吊顶的主龙骨安装间距为饰面板宽度，一般宜平行房间长向布置。主龙骨端部悬挑应不大于 300mm，否则应增加吊杆。主龙骨接长时应采取专用连接件，每段主龙骨的吊挂点不得少于 2 处，相邻两根主龙骨的接头要相互错开，不得放在同一吊杆档内。

有较大造型的顶棚，造型部分应形成自己的框架，用吊杆直接与顶板进行吊挂连接。重型灯具、吊扇及其他专业设备严禁直接安装在吊顶龙骨上。遇有各种洞口时，应参照标准图集节点做法增设附加龙骨和吊杆，附加龙骨用拉铆钉连接固定到主、次龙骨上。边龙骨、主龙骨安装完成后，应对其进行一次调平，并注意调好起拱度。起拱高度按设计要求，设计无要求时一般为房间跨度的 0.3% ～ 0.5%。

为什么要设起拱

4）安装次龙骨。次龙骨垂直于主龙骨，其底面与主龙骨底面应在同一平面，方便饰面板安装。次龙骨间距由饰面板规格来确定。次龙骨类型有T形烤漆龙骨、T形铝合金龙骨，或者各种条形扣板厂家配带的专用龙骨。用专用扣件将次龙骨与主龙骨固定牢固。次龙骨的搭接处的间隙不得大于1mm。一般情况下，次龙骨与饰面板同时安装。

图1–10　主龙骨专用吊挂件

5）安装饰面板。在主龙骨安装完，经检查符合要求后，即可开始安装饰面板。安装时从房间中间主龙骨档的一端开始装第一块，将饰面板放在两侧T形主龙骨的翼缘上，向墙边轻推，使饰面板放到边龙骨的翼缘上，然后装上外侧的次龙骨，并轻轻用力挤紧卡牢。再装第二块饰面板，其内侧放在第一块板外侧的次龙骨翼缘上。按上述程序依次进行。边安装边将面层调平整，将缝隙调匀、调直。采用搁置法安装时应留有板材安装缝，每边缝隙不宜大于1mm。安装有花纹、图案的饰面板时，应注意饰面板的方向，以保证花纹、图案的整体性。饰面板上的灯具、烟感探头、喷淋头等设备宜放在板块的中心位置。风口、检修口尺寸应与饰面板规格配套，布置合理、美观，与饰面板交接处严密、吻合。

6）安装收口条。饰面板与四周墙面和各种孔洞的交界部位，应按设计要求或采用与饰面板材质相适应的阴角收口条收口。四边用石膏线收口时，必须在墙（柱）上安装防腐木楔，用螺钉固定石膏线，螺钉间距宜小于600mm。其他轻质收口条，可用胶粘剂粘贴，但必须保证安装牢固可靠、平整顺直。

7）调整。饰面板安装完后，应纵、横挂通线，统一调整板面的平整度，调整收口条缝隙和板块缝隙的均匀、顺直度。

3. 应注意的质量问题

1）水平控制线施测必须准确无误，跨度较大时应在中间适当位置加设控制点。骨架必须调平后再安装面板，安装面板时严格按水平控制线控制标高，在同一房间内应拉通线控制，以免造成吊顶不平、接缝不顺直。

为什么加设控制点

2）轻钢骨架预留的各种孔、洞（灯具口、通风口等）处，其构造应按规范、图集要求设置附加龙骨和吊杆及连接件。避免孔、洞周围出现变形和裂缝。

3）吊杆、骨架应固定在主体结构上，不得吊挂在顶棚内的各种管线、设备上，吊杆螺母调整好标高后必须锁紧，轻钢骨架之间的连接应牢固可靠，以免造成骨架变形使顶板不平、开裂。

4）施工前应注意挑选板块，规格应一致。板块在下料切割时，应控制好切割角度，切口的毛槎、崩边应修整平直；安装时应拉通线找正、找平，避免出现接缝明显、漏白槎、不顺直、错台等问题。

5）各专业工种应与装饰工种密切配合施工，施工前先确定方案，按合理工序施工。各孔、洞应先放好线再开洞，以保证位置准确，吊顶与设备衔接吻合、严密。

1.3 暗龙骨吊顶施工

暗龙骨吊顶（又叫隐蔽式吊顶），主要指龙骨不外露，用饰面板体现整体装修效果的吊顶形式。饰面板与龙骨的连接（固定）有三种方式：企口暗缝连接（将罩面板加工成企口形式，用龙骨将罩面板连接成一整体）、胶粘剂连接（用胶粘剂粘在龙骨上）、自攻螺钉连接（用螺钉拧在龙骨上）。主龙骨和次龙骨一般采用薄壁型钢或镀锌薄钢板挤压成形，其断面形状分为倒“T”形和“U”形。吊杆一般为金属吊杆，可用钢筋加工或型钢等型材加工而成。吊杆一般应吊在主龙骨上，如果龙骨无主、次之分，则吊杆应吊在通长的龙骨上。暗龙骨吊顶的饰面板有：胶合板、铝合金板、石膏吸声板、矿棉板、防火纸面石膏板、钙塑泡沫装饰板等，也可在胶合板上刮灰饰面或裱糊壁纸饰面。

1．施工准备

（1）材料准备

轻钢龙骨、铝合金龙骨及配件在使用前应做防腐处理。木龙骨规格材质应符合设计要求，含水率不得大于8%，使用前必须做防腐、防火处理。饰面板以及辅材（龙骨专用吊挂件、连接件、插接件等附件）。

（2）机具准备

电锯、电刨、无齿锯、手枪钻、冲击电锤、电焊机、角磨机、拉铆枪、射钉枪、手锯、手刨、钳子、扳手、螺钉旋具等。

（3）作业条件

1）施工前应按设计要求对房间的层高、门窗洞口标高和吊顶内的管道、设备及其支架的标高进行测量检查，并办理交接检记录。

2）各种材料配套齐全已进场，并已进行了检验或复试。

3）室内墙面施工作业已基本完成，只剩最后一道涂料。地面湿作业已完成，并经检验合格。

4）吊顶内的管道和设备安装已调试完成，并经检验合格，办理完交接手续。

5）木龙骨已做防火处理，与结构直接接触部分已做好防腐处理。

6）室内环境应干燥，湿度不大于60%，通风良好。吊顶内四周墙面的各种孔洞已封堵处理完毕。抹灰已干燥。

7）施工所需的脚手架已搭设好，并经检验合格。

8）施工现场所需的临时用水、用电、各种工（机）具准备就绪。

2. 操作工艺

（1）工艺流程

测量放线→固定吊杆→安装边龙骨→安装主龙骨→安装次龙骨、横撑龙骨→安装饰面板→安装压条、收口条。

（2）操作方法

1）测量放线。

① 按标高控制水准线在房间内每个墙（柱）上返出高程控制点（墙体较长时，宜3～5m设一点），然后用粉线沿墙（柱）弹出吊顶标高控制线。

② 按吊顶龙骨排列图，在顶板上弹出主龙骨的位置线和嵌入式设备外形尺寸线。主龙骨间距应在1200mm以内，一般为900～1000mm均匀布置，排列时应尽量避开嵌入式设备，并在主龙骨的位置线上用十字线标出固定吊杆的位置。吊杆间距应在1200mm以内，一般为900～1000mm均匀布置，距主龙骨端头应不大于300mm。若遇较大设备或通风管道，吊杆间距大于1200mm时，宜采用型钢扁担来满足吊杆间距。

2）固定吊杆。通常用冷拔钢筋或盘圆钢筋做吊杆。使用盘圆钢筋时，应用机械先将其拉直，然后按吊顶所需的吊杆长度下料。断好的钢筋一端焊接∟30×30×3角码（角码另一边打孔，其孔径按固定吊杆的膨胀螺栓直径确定），另一端套出长度大于100mm的螺纹（也可用全丝镀锌螺杆做吊杆）。为方便施工，目前施工现场常采用自带膨胀头的全丝镀锌螺杆作为吊杆。

上人吊顶与不上人吊顶区别

不上人吊顶，吊杆长度小于1000mm时，直径宜不小于6mm；吊杆长度大于1000mm，直径宜不小于8mm。上人的吊顶，吊杆长度小于1000mm，直径应不小于8mm，吊杆长度大于1000mm，直径应不小于10mm。吊型钢扁担的吊杆，当扁担承担2根以上吊杆时，直径应适当增加1～2级。当吊杆长度大于1500mm时，还必须设置反向支撑杆。制作好的金属吊杆应做防腐处理。

吊杆用冲击电锤打孔后，用膨胀螺栓固定到楼板上。吊杆应通直并有足够的承载力。在埋件上安装吊杆和吊杆接长时，宜采用焊接并连接牢固。吊杆应通直，吊杆距主龙骨端部的距离不得大于300mm，否则应增加吊杆。吊顶上的灯具、风口及检修口和其他设备，应设独立吊杆安装，不得固定在龙骨吊杆上。

3）安装边龙骨（图1-11）。边龙骨应按大样图的要求和弹好的吊顶标高控制线进行安装。边龙骨的固定点间距应不大于吊顶次龙骨的间距，一般为300～600mm，以防止发生变形。普通砖墙需在固定点位处打孔，安装防腐木楔，作为螺钉锚固连接使用，然后沿墙（柱）上的水平龙骨线把边龙骨用自攻螺钉锚固在防腐木楔上；如为混凝土墙（柱），可直接用射钉固定。

图 1-11 边龙骨

4）安装主龙骨。主龙骨分为木龙骨和轻钢龙骨。木龙骨规格 30 ～ 60mm，按照龙骨间距和饰面板荷载来进行配置。轻钢龙骨通常分不上人 UC38 和上人 UC60 两种，安装时应采用专用吊挂件和吊杆连接，吊杆中心应在主龙骨中心线上。主龙骨安装间距不得大于 1200mm，一般为 900 ～ 1000mm，一般宜平行房间长向布置。主龙骨端部悬挑应不大于 300mm，否则应增加吊杆。主龙骨接长时应采取专用连接件，每段主龙骨的吊挂点不得少于 2 处，相邻两根主龙骨的接头要相互错开，不得放在同一吊杆档内。木质主龙骨安装时，将预埋钢筋端头弯成圆钩，穿 8 号镀锌钢丝与主龙骨绑牢，或先将木龙骨钻孔，再将 ϕ6mm、ϕ8mm 吊杆穿入木龙骨锁紧固定。

为何要错开

吊顶跨度大于 15m 时，应在主龙骨上每隔 15m 垂直主龙骨加装一道大龙骨，连接牢固。有较大造型的顶棚，造型部分应形成自己的框架，用吊杆直接与顶板进行吊挂连接。重型灯具、吊扇及其他专业设备严禁直接安装在吊顶龙骨上。主龙骨安装完成后，应对其进行一次调平，并注意调好起拱度。起拱高度按设计要求，设计无要求时一般为房间跨度的 0.3% ～ 0.5%。

对比安装明龙骨吊顶时要求有何不同

5）安装次龙骨、横撑龙骨。金属次龙骨用专用连接件与主龙骨固定（图 1-12）。次龙骨必须对接，不得有搭接。一般次龙骨间距不大于 600mm。潮湿或重要场所，次龙骨间距宜为 300 ～ 400mm。次龙骨的靠墙一端应放在边龙骨的水平翼缘上。次龙骨需接长时，应使用专用连接件进行连接固定。每段次龙骨与主龙骨的固定点不得少于 2 处，相邻两根次龙骨的接头要相互错开，不得放在两根主龙骨的同一档内。次龙骨安装完后，若饰面板在次龙骨下面安装，还应安装横撑龙骨，通常横撑龙骨间距不大于 1000mm。最后调整次龙骨，使其间距均匀、平整一致，并在墙上标出次龙骨中心位置线，以防安装饰面板时找不到次龙骨。木质主、次龙骨间的连接宜采用小吊杆连接。小吊杆钉在龙骨侧面时，相邻吊杆不得钉在龙骨的同一侧，必须相互错开。次龙骨接头应相互错开，采用双面夹板用圆钉错位钉牢，接头两侧最少各钉两个钉子。木质龙骨安装完后，

横撑龙骨作用

横撑龙骨

必须进行防腐、防火处理。各种洞口周围应设附加龙骨和吊杆，附加龙骨用拉铆钉连接固定到主、次龙骨上。次龙骨安装完后应拉通线进行一次整体调平、调直，并注意调好起拱度。起拱高度按设计要求，设计无要求时一般为房间跨度的 0.3% ～ 0.5%。

图 1-12　次龙骨与主龙骨连接

6）安装饰面板。饰面板通常采用纸面石膏板、纤维水泥加压板、矿棉板、胶合板等。吊顶上面四周未封闭时，不宜进行饰面板安装，以防止风压、潮湿等使龙骨或饰面板损坏变形。

骨架为金属龙骨时，一般用沉头自攻螺钉固定饰面板。采用木龙骨做骨架时，一般用木螺钉固定饰面板，饰面板为胶合板时，可用圆钉直接固定。金属饰面板按产品说明书的规定，用专用吊挂连接件、插接件固定。若饰面板采用复合粘贴法安装时，胶粘剂必须符合环保要求，在未完全固化前，不得受到强烈振动。用自攻螺钉安装饰面板时，饰面板接缝处的龙骨宽度应不小于 40mm。若设计要求有吸声填充物，在安装饰面板前，应先安装吸声材料，并按设计要求进行固定，设计无要求时，可用金属或尼龙网固定，其固定点间距宜不大于次龙骨间距。饰面板上的各种灯具、烟感探头、喷淋头、风口等的布置应合理、美观，与饰面板交接处应吻合、严密。

① 矿棉板安装。房间内湿度过大时不宜安装矿棉板。矿棉板安装可采用螺钉固定和直接将板插、卡到次龙骨上两种形式。无论采用哪种形式，均应注意板背面的箭头方向和白线方向必须保持一致，以保证表面的花样、颜色、图案的整体性。自攻螺钉固定时，与板边距离宜不小于 10mm，钉距宜不大于 300mm，螺钉应与板面垂直，不得有弯曲、变形现象。自攻螺钉帽宜低于板面 1mm 左右，钉帽应做防锈处理后用专用腻子补平。

② 纸面石膏板安装。石膏板材应在自由状态下安装固定。每块板均应从中间向四周放射状固定，不得从四周多点同时进行固定，以防出现弯棱、凸鼓的现象。通常整块石膏板的长边应沿次龙骨铺设方向安装。自攻螺钉距板的未切割边为 10 ～ 15mm，距切割边为 15 ～ 20mm。板周边钉间距为 150 ～ 170mm，

板中钉间距不大于250mm。钉应与板面垂直，不得有弯曲、倾斜、变形现象。钉发生弯曲、倾斜、变形时，应在相隔50mm的部位重新安装自攻螺钉。自攻螺钉头宜略低于板面，但不得损坏纸面。钉帽做防锈处理后，用石膏腻子抹平。石膏板的接缝宜选用厂家配套的腻子按设计要求进行处理。拌制腻子时，必须用清水和洁净容器。双层石膏板安装时，两层板的接缝不得放在同一根龙骨上，应相互错开。

7）安装压条或收口条。各种饰面板吊顶与四周墙面的交界部位，应按设计要求或采用与饰面板材质相适应的收边条、阴角线或收口条收边。收边用石膏线时，必须在四周墙（柱）固定点位上打孔安装防腐木楔，再用螺钉固定，固定螺钉间距宜不大于600mm。其他轻质收边、收口条可用胶粘剂粘贴，但必须保证安装牢固可靠、平整顺直。

3. 成品保护

1）骨架、饰面板及其他材料进场后，应存入库房内码放整齐，上面不得放置重物。露天存放必须进行遮盖，保证各种材料不受潮、不霉变、不变形。

2）骨架及饰面板安装时，应注意保护顶棚内各种管线及设备。吊杆、龙骨及饰面板不准固定在其他设备及管道上。

3）吊顶施工时，对已施工完毕的地、墙面和门、窗、窗台等必须进行保护，防止污染、损坏。

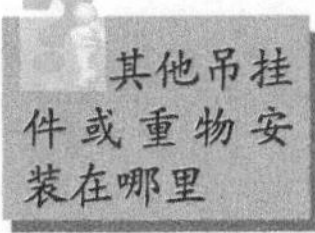

4）不上人吊顶的骨架安装好后，不得上人踩踏。其他吊挂件或重物严禁安装在吊顶骨架上。

5）安装饰面板时，作业人员宜戴干净的线手套，以防污染板面或板边划伤手。

4. 应注意的质量问题

1）严格按弹好的水平和位置控制线安装周边骨架；受力节点应按要求用专用件组装连接牢固，保证骨架的整体刚度；各龙骨的规格、尺寸应符合设计要求，纵横方向起拱均匀，互相适应，用吊杆螺栓调整骨架的起拱度；金属龙骨严禁有硬弯，以确保吊顶骨架安装牢固、平整。

暗龙骨吊顶平整度的要求

2）施工前应准确弹出吊顶水平控制线；龙骨安装完后应拉通线调整高低，使整个底面平整，中间起拱度符合要求；龙骨接长时应采用专用件对接；相邻龙骨的接头要错开，龙骨不得向一边倾斜；吊件安装必须牢固，各吊杆的受力应一致，不得有松弛、弯曲、歪斜现象；龙骨分档尺寸必须符合设计要求和饰面板块的模数。安装饰面板的螺钉时，不得出现松紧不一致的现象；饰面板安装前应调平、规方；龙骨安装完应经检验合格后再安装饰面板，以确保吊顶面层的平整度。

3）饰面板安装前应逐块进行检验，边角必须规整，尺寸应一致；安装时应拉纵横通线控制板边；安装压条应按线进行钉装；以保证接缝均匀一致、平顺光滑，线条整齐、密合。

4）轻钢骨架预留的各种孔、洞（灯具口、通风口等）处，其构造应按规范、图集要求设置龙骨及连接件。避免孔、洞周围出现变形和裂缝。

5）吊杆、骨架应固定在主体结构上，不得吊挂在顶棚内的各种管线、设备上，吊杆螺母调整好标高后必须固定拧紧，轻钢骨架之间的连接必须牢固可靠。以免造成骨架变形使顶板不平、开裂。

6）饰面板、块在下料切割时，应控制好切割角度，切口的毛槎、崩边应修整平直。避免出现接缝明显、接口漏白槎、接缝不平直、接缝错台等问题。

7）各专业工种应与装饰工种密切配合施工，施工前先确定方案，按合理工序施工；各孔、洞应先放好线后再开洞，以保证位置准确、吊顶与设备衔接吻合、严密。

1.4　其他龙骨吊顶施工

1.4.1　轻钢骨架金属饰面板吊顶施工工艺

金属饰面板按形状分为条板和方板两种，按材质分为铝合金板、铝塑板、不锈钢板及金属合金板等多种，这些饰面板采用轻钢骨架时的施工工艺按照以下方式进行。

1. 施工准备

（1）材料准备

龙骨、饰面板、附材、配件（吊杆、膨胀螺栓、角码、自攻螺钉、清洗剂、胶粘剂、嵌缝等）。

（2）机具准备

型材切割机、电锯、无齿锯、手枪钻、冲击电锤、电焊机、角磨机、拉铆枪、射钉枪、手锯、钳子、扳手、螺钉旋具等。

（3）作业条件

与暗龙骨吊顶相同，不做赘述。

2. 操作工艺

（1）工艺流程

放线→固定吊杆→安装主龙骨→安装次龙骨→饰面板安装→收口安装压条→清理。

（2）操作方法

1）放线

① 放吊顶标高及龙骨位置线：依据室内标高控制线（点），用尺或水准仪找出吊顶设计标高位置，在四周墙上弹一道墨线，作为吊顶标高控制线。

② 放设备位置线：按施工图上的位置和设备的实际尺寸、安装形式，将吊顶上的所有大型设备、灯具、电扇等的外形尺寸和吊具、吊杆的安装位置，用

墨线弹于顶板上。

2）固定吊杆。同暗龙骨吊顶施工相同，通常用自带膨胀头的全带丝镀锌吊杆。

3）安装主龙骨。主龙骨按设计要求选用，通常用UC38或UC50轻钢龙骨，也可用型钢或其他金属方管做主龙骨。主龙骨间距不得大于1200mm。龙骨安装时采用专用吊挂件与吊杆连接，吊杆中心应在主龙骨中心线上。主龙骨安装完成后，应拉通线对其进行一次调平，并调整至各吊杆受力均匀。

对比暗龙骨吊顶安装时，次龙骨安装间距是否相同

4）安装次龙骨。次龙骨按设计要求选用。通常选用与主龙骨配套的U形或T形龙骨，用专用连接件与主龙骨固定。次龙骨间距按设计要求确定，一般不大于600mm。次龙骨安装完成后也应拉通线调平，并注意调好起拱度。

5）饰面板安装。有基层板的金属饰面板安装：根据设计要求确定基层板和饰面板的材质、规格、颜色，通常基层板选用胶合板或细木工板。粘贴、安装施工过程，必须拉通线，从房间一端开始，按一个方向依次进行，并边粘贴、安装，边将板面调平，板缝调匀、调直。

在暗龙骨上安装：次龙骨调平、调直后，用自攻螺钉将基层板固定到龙骨上，然后用胶粘剂将金属饰面板粘贴到基层板上。粘贴时应采取临时固定措施，涂胶应均匀，厚薄一致，不得漏刷，并及时擦去挤出的胶液。金属饰面板块之间，应根据设计要求留出适当的缝隙，待粘贴牢固后，用嵌缝胶嵌缝。

在明龙骨上安装：先在加工厂将基层板按金属饰面板的规格和设计要求尺寸裁好，然后把金属饰面板粘贴到基层板上，加工成需要的饰面板块。现场安装时，根据吊顶施工大样图，将加工好的饰面板置于T形龙骨的翼缘上，应放置平稳、固定牢固。

无基层板的金属饰面板安装：按设计要求确定饰面板的材质、规格、颜色及安装方式。安装方式有钉固法和卡挂法两种。

钉固法安装（适用于矩形金属饰面板安装）：通常金属饰面板均较薄，易发生变形，因此板块四周应按设计要求扣边，一般扣边尺寸应不小于10mm；板块边长大于600mm时，板背面应加肋。安装前应在工厂按设计尺寸将板块加工好，然后运抵现场安装。安装时，先在地上将角码用拉铆钉固定在板块的扣边上，角码的材质应与饰面板相适应，固定位置、间距按设计要求确定，一般应不大于600mm且每边不少于两个角码。相对两边角码的位置应相互错开，避免安装时相邻两块板的角码打架。然后用自攻螺钉通过角码将板块固定到龙骨上。板与板之间应按设计要求留缝，通常留缝宽度为8～15mm以便拆装板块。安装过程中必须双方向拉通线，从房间一端开始，按一个方向依次进行，并边安装，边将板面调平，板缝调匀、调直。最后在缝隙中塞入胶棒，用嵌缝胶进行嵌缝。

两种安装方法的区别

卡挂法安装（适用于条形金属饰面板安装）：通常金属饰面板与龙骨由厂家配套供应，饰面板已经扣好边，可以直接卡挂安装。安装应在龙骨调平、调直后进行。安装时，将条板双手托起，把条板的一边卡入龙骨的卡槽内，再顺势将另一边压入龙骨的卡槽内。条板卡入龙骨的卡槽后，应选用与条板配套的

插板与邻板调平，插板插入板缝应固定牢固。通常条板应与龙骨垂直，走向应符合设计要求，吊顶大面应避免出现条板的接头，一般将接头布置在吊顶的不明显处。施工时应从房间一端开始，按一个方向依次进行，并拉通线进行调整，将板面调平，板边和接缝调匀、调直，以确保板边和接缝严密、顺直，板面平整。

6）收口安装压条。吊顶的金属饰面板与四周墙、柱面的交界部位及各种预留孔洞的周边，应按设计要求收口，所用材料的材质、规格、形状、颜色应符合设计要求，一般用与饰面板材质相适应的收口条、阴角线进行收口。墙、柱边用石膏线收口时，应在墙、柱固定点位上打孔安装防腐木楔，再用螺钉固定，螺钉间距宜小于600mm。其他轻质收口条，可用胶粘剂粘贴或卡挂，但必须保证安装牢固可靠、平整顺直。

7）清理。在整个施工过程中，应保护好金属饰面板的保护膜。待交工前再撕去保护膜，用专用清洗剂擦洗金属饰面板表面，将板面清理干净。

1.4.2　玻璃吊顶、格栅吊顶施工工艺

玻璃吊顶、格栅吊顶是将承重、维护、美观融于一体，是一种特殊形式的装饰。对美化空间环境，效果尤为突出。具有保温、隔热、防水等使用要求，主要应用于展览厅、图书馆等建筑物。它打破了空间的封闭感，增加了采光效果（图1–13、图1–14）。

图1–13　格栅吊顶

图1–14　玻璃吊顶

1. 施工准备

（1）材料准备

轻钢龙骨、木龙骨、格栅通常用铝板或镀锌钢板加工制作，主要有100mm×100mm、150mm×150mm、200mm×200mm、600mm×600mm等规格的格栅，宽度为100mm、150mm、200mm、300mm、600mm等规格的垂片。

饰面板，主、次龙骨吊挂件，连接件，插接件，吊杆，膨胀螺栓，ϕ6mm或ϕ8mm螺栓，收边收口条，射钉，圆钉，钢丝，插挂件，自攻螺钉，角码，固

定玻璃板的半圆头（带胶垫）不锈钢螺钉等，其他材料（胶粘剂、防火剂、防腐剂）。

（2）机具设备

电锯、电刨、无齿锯、手枪钻、冲击电锤、电焊机、角磨机、拉铆枪、射钉枪、手锯、手刨、钳子、扳手、螺钉旋具、平刨、槽刨、线刨、斧、锤、手摇钻等。

（3）作业条件

与暗龙骨吊顶相同，不再叙述。

2. 操作工艺

（1）工艺流程

1）骨架胶合板基层镜面、钢化镀膜玻璃吊顶：放线→吊杆安装→主龙骨安装→次龙骨安装→撑挡龙骨安装→补刷防锈漆→基层板安装→面层玻璃安装→收口收边。

2）木骨架玻璃吊顶：放线→吊杆安装→主龙骨安装→次龙骨安装→防腐、防火处理→面层玻璃安装→钉（粘）装饰条。

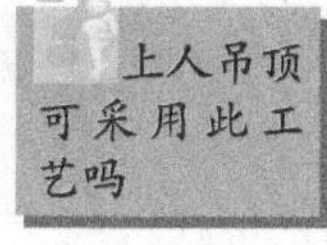

该工艺流程适用于不上人吊顶。用于上人吊顶或吊顶内有其他较重设备时，龙骨截面及布置应进行结构计算，并绘制详细施工图。

3）有骨架格栅的吊顶：放线→固定吊杆→边龙骨安装→主龙骨（承载龙骨）安装→格栅安装→整理、收边。

4）无骨架格栅的吊顶：放线→固定吊杆→格栅安装→整理、收边。

（2）操作方法

1）骨架胶合板基层镜面、钢化镀膜玻璃吊顶

① 放线：依据室内标高控制线，在房间内四角墙（柱）上，标出设计吊顶标高控制点（墙体较长时，中间宜增加控制点，其间距宜为 3 ～ 5m），然后沿四周墙壁弹出吊顶水平标高控制线，线应位置准确，均匀清晰。按吊顶龙骨排列图，在顶板上弹出主龙骨的位置线和嵌入式设备外形尺寸线。

② 吊杆安装：通常用全带丝镀锌吊杆。

③ 主龙骨安装：主龙骨通常分不上人 UC38 和上人 UC60 两种，安装时应采用专用吊挂件和吊杆连接，吊杆中心应在主龙骨中心线上。

④ 次龙骨安装：应按设计规定选择次龙骨，设计无要求时，上人吊顶宜选用 CB 60 × 27U 型轻钢龙骨，不上人吊顶次龙骨与主龙骨应配套。

⑤ 撑挡龙骨安装：应按设计规定选用撑挡龙骨，设计无要求时，上人吊顶宜选用 CB 60 × 27U 型轻钢龙骨做撑挡龙骨，不上人吊顶应配套选用。

⑥ 补刷防锈漆：骨架安装完成后，所有焊接处和防锈层破坏的部位，应补刷防锈漆进行防腐。

⑦ 基层板安装：骨架安装完成并经验收合格后，按基层板的规格、拼缝间隙弹出分块线，然后从顶棚中间沿次龙骨的安装方向先装一行基层板，作为基准，再向两侧展开安装。基层板应按设计要求选用，设计无要求时，宜选用

7mm 厚胶合板。基层板按设计要求的品种、规格和固定方式进行安装。采用胶合板时，应在胶合板朝向吊顶内侧面满涂防火涂料，用自攻螺钉与龙骨固定，自攻螺钉中心距不大于 250mm。

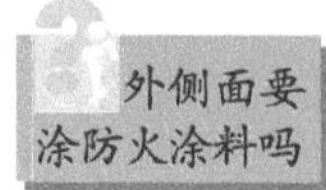

⑧ 面层玻璃安装：面层玻璃应按设计要求的规格和型号选用。一般选用 3mm+3mm 厚镜面夹胶玻璃或钢化镀膜玻璃。先按玻璃板的规格在基层板上弹出分块线，线必须准确无误，不得歪斜、错位。先用玻璃胶或双面玻璃胶纸将玻璃临时粘贴，再用半圆头不锈钢装饰螺钉在玻璃四周固定。螺钉的间距、数量由设计确定，但每块玻璃上不得少于 4 个螺钉。玻璃上的螺钉孔应委托厂家加工，孔距玻璃边缘应大于 20mm，以防玻璃破裂。玻璃安装应逐块进行，不锈钢螺钉应对角安装。

⑨ 收口、收边：吊顶与四周墙（柱）面的交界部位和各种孔洞的边缘，应按设计要求或采用与饰面材质相适应的收边条、收口条或阴角线进行收边。收边用石膏线时，必须在四周墙（柱）上预埋木砖，再用螺钉固定，固定螺钉间距宜不大于 600mm。其他轻质收边、收口条，可用胶粘贴，但应保证安装牢固可靠、平整顺直。

2）木骨架玻璃吊顶

① 放线与上文相同，不再赘述。

② 吊杆安装：利用预留钢筋吊环或打孔安装膨胀螺栓固定吊杆，吊杆中心距 900 ～ 1000mm，吊杆的规格、材质、布置应符合设计要求，设计无要求时，宜采用大于 40mm × 40mm 的红、白松方木，先用膨胀螺栓将方木固定在楼板上，再用 100mm 长的钢钉将木吊杆固定在方木上，每个木吊杆上不少于两个钉子，并错位钉牢。吊杆要逐根错开，不得钉在方木的同一侧面上或用 ϕ8mm 钢筋吊杆。

③ 主龙骨安装：木质主龙骨的材质、规格、布置应按设计要求确定。设计无要求时，主龙骨宜采用 50 ～ 70mm 的红、白松，中心距 900 ～ 1000mm。主龙骨与木质吊杆的连接采用侧面钉固法时，相邻两吊杆不得钉在主龙骨的同一侧，应相互错开。木质龙骨采用金属吊杆时，先将木龙骨钻孔，并将龙骨下表面孔扩大，能够将螺母埋入，再将吊杆穿入木龙骨锁紧，并使螺母埋入木龙骨与下表面平。

④ 次龙骨安装：木质次龙骨的材质、规格、布置应按设计要求确定。设计无要求时，次龙骨宜采用 50mm × 50mm 的红、白松，正面刨光，中心距按饰面玻璃规格确定，一般不大于 600mm。木质主、次龙骨间的连接宜采用小吊杆连接，小吊杆钉在龙骨侧面时，相邻吊杆不得钉在龙骨的同一侧，应相互错开；也可采用 12# 镀锌低碳钢丝绑扎固定。

⑤ 防腐、防火处理：木质吊杆、龙骨安装完成形成骨架后，应进行全面检查，对防火、防腐层遭到破坏处应进行修补。

⑥ 面层玻璃安装：应按设计要求的规格和型号选用安全玻璃。设计无要求时，通常采用 8 ～ 15mm 厚的微晶玻璃、激光玻璃、幻影玻璃、彩色有机玻璃等安全玻璃。用胶粘贴后，用木压条或半圆头不锈钢装饰玻璃螺钉直接固定在

幻影玻璃

木龙骨上。

⑦ 钉（粘）装饰条：应按设计要求的材质、规格、型号、花色选用装饰条。装饰条安装时，宜采用钉固或胶粘。

3）有骨架格栅的吊顶施工

① 放线：依据房间内标高控制水准线，按设计要求在房间四角量测出顶棚标高控制点（房间面积较大时，控制点间距宜为 3 ～ 5m），然后用粉线沿四周墙（柱）弹出水平标高控制线。

② 固定吊杆：在钢筋混凝土楼板固定角码和吊杆应采用膨胀螺栓。

③ 主龙骨（承载龙骨）安装：主龙骨（承载龙骨）通过专用挂件与吊杆固定，中心距为 900 ～ 1200mm。

④ 格栅安装：安装前应按设计大样图将格栅组装好。安装时一般使用专用卡挂件将格栅卡挂到承载龙骨上，并应随安装随将格栅的底标高调平。

⑤ 边龙骨安装：边龙骨应按大样图的要求和弹好的吊顶标高控制线进行安装。

⑥ 整理、收边：格栅安装完后，应拉通线对整个顶棚表面和分格、分块缝调平、调直，使其吊顶表面平整度满足设计或相关规范要求，顶棚分格、分块缝位置准确，均匀一致，通畅顺直，无宽窄不一、弯曲不直现象。周边部分应按设计要求收边，收边条通常采用铝合金型材条。收边条固定在墙上时，一般采用钉粘法安装，中间分格、分块缝的收边条，一般采用卡挂法安装。

4）无骨架格栅吊顶施工

① 放线：应按大样图准确确定出每一根吊杆的位置，并在楼板上弹线。

② 固定吊杆：无骨架格栅吊顶是将格栅直接用吊杆安装在楼板上。

③ 格栅安装：将铝合金格栅板按设计要求在地面上拼装成整体块，其纵、横尺寸宜不大于1500mm。拼装时应使栅板的底边在同一水平面上，不得有高低差。每块栅板应顺直，不得有歪斜、弯曲、变形之处。纵横栅板间应相互插、卡牢固，咬缝严密。然后将拼装好的格栅块水平托起，直接用挂件吊挂到吊杆上，并将吊杆和挂件上的螺钉拧紧。空腹 U 形栅板穿螺钉处，应将栅板空腹内用防腐木块垫实，以免螺钉拧紧时将栅板挤压变形。

④ 整理、收边。

3. 季节性施工

1）雨期各种吊顶材料的运输、搬运、存放，均应采取防雨、防潮措施，以防止发生霉变、生锈、变形等现象。

2）冬期玻璃吊顶施工前，应完成外门窗安装工程。否则应对门、窗洞口进行临时封挡保温。

3）冬期玻璃安装施工时，宜在有采暖条件的房间进行施工，室内作业环境温度应在 0℃以上。打胶作业的环境温度不得低于 5℃。玻璃从过冷或过热的环境中运入操作地点后，应待玻璃温度与操作场所温度相近后再行安装。

为什么要这么做

4. 成品保护

1）骨架、基层板、玻璃板等材料入场后，应存入库房码放整齐，上面不得压重物。露天存放必须进行遮盖，保证各种材料不受潮、不霉变、不变形。玻璃存放处应有醒目标志，并注意做好保护。

2）玻璃饰面板安装完成后，应在吊顶玻璃上粘贴提示标签，防止损坏。

其余要求与暗龙骨吊顶相同，不再赘述。

5. 应注意的质量问题

1）主龙骨安装完后应认真进行一次调平，调平后各吊杆的受力应一致，不得有松弛、弯曲、歪斜现象。同时应拉通线检查主龙骨的标高是否符合设计要求，平整度是否符合规范、标准的规定。避免出现大面积的吊顶不平整现象。

2）各种预留孔、洞处的构造应符合设计要求，节点应合理，以保证骨架的整体刚度、强度和稳定性。

3）顶棚的骨架应固定在主体结构上，骨架整体调平后吊杆的螺母应拧紧。顶棚内的各种管线、设备件不得安装在骨架上，避免造成骨架变形、固定不牢现象。

4）饰面玻璃板应保证加工精度，尺寸偏差应控制在允许范围内。安装时应注意板块规格，并挂通线控制板块位置，固定时应确保四边对直。避免造成饰面玻璃板之间的隙缝不顺直、不均匀现象。

1.4.3 柔性吊顶

软膜吊顶是产于法国的一种高档的新型环保吊顶材料。它质地柔韧，色彩丰富，可随意张拉造型，彻底突破传统吊顶在造型、色彩、小块拼装等方面的局限性。同时，它又具有防火、防菌、防水、节能、环保、抗老化、安装方便等卓越特性。由于吊顶出产前已经过防静电处理，表面不沾染尘埃，基本不需维护。

软膜顶棚

1.5 吊顶工程质量标准与检验

1. 暗龙骨吊顶工程质量标准

本节适用于以轻钢龙骨、铝合金龙骨、木龙骨等为骨架，以石膏板、金属板、矿棉板、木板、塑料板或格栅等为饰面材料的暗龙骨吊顶工程的质量验收。

（1）主控项目

1）吊顶标高、尺寸、起拱和造型应符合设计要求。检验方法：观察；尺量检查。

2）饰面材料的材质、品种、规格、图案和颜色应符合设计要求。检验方法：观察；检查产品合格证书、性能检测报告、进场验收记录和复验报告。

3）暗龙骨吊顶工程的吊杆、龙骨和饰面材料的安装必须牢固。检验方法：观察；手扳检查；检查隐蔽工程验收记录和施工记录。

4）吊杆、龙骨的材质、规格、安装间距及连接方式应符合设计要求。金属吊杆、龙骨应经过表面防腐处理；木吊杆、龙骨应进行防腐、防火处理。检验方法：观察；尺量检查；检查产品合格证书、性能检测报告、进场验收记录和隐蔽工程验收记录。

暗龙骨吊顶工程验收的文件资料有哪些

5）石膏板的接缝应按其施工工艺标准进行板缝防裂处理。安装双层石膏板时，面层板与基层板的接缝应错开，并不得在同一根龙骨上接缝。检验方法：观察。

（2）一般项目

1）饰面材料表面应洁净、色泽一致，不得有翘曲、裂缝及缺损。压条应平直、宽窄一致。检验方法：观察；尺量检查。

2）饰面板上的灯具、烟感器、喷淋头、风口箅子等设备的位置应合理、美观，与饰面板的交接应吻合、严密。检验方法：观察。

3）金属吊杆、龙骨的接缝应均匀一致，角缝应吻合，表面应平整，无翘曲、锤印。木质吊杆、龙骨应顺直，无劈裂、变形。检验方法：检查隐蔽工程验收记录和施工记录。

4）吊顶内填充吸声材料的品种和铺设厚度应符合设计要求，并应有防散落措施。检验方法：检查隐蔽工程验收记录和施工记录。

5）暗龙骨吊顶工程安装的允许偏差和检验方法应符合表 1–1 的规定。

表1–1　暗龙骨吊顶工程安装的允许偏差和检验方法

项次	项目	允许偏差 /mm				检验方法
		纸面石膏板	金属板	矿棉板	木板、塑料板、格栅	
1	表面平整度	3	2	2	0	用 2m 靠尺和塞尺检查
2	接缝直线度	3	1.5	3	3	拉 5m 线，不足 5m 拉通线，用钢直尺检查
3	接缝高低差	1	1	1.5	1	用钢直尺和塞尺检查

2. 明龙骨吊顶施工质量标准

（1）主控项目

1）吊顶标高、尺寸、起拱和造型应符合设计要求。检验方法：观察、尺量检查。

2）饰面材料的材质、品种、规格、图案和颜色应符合设计要求。当饰面材料为玻璃板时，应使用安全玻璃或采取可靠的安全措施。检验方法：观察、检查产品合格证书、性能检测报告和进场验收记录。

3）饰面材料的安装应稳固严密。饰面材料与龙骨的搭接宽度应大于龙骨受力面宽度的 2/3。检验方法：观察、手扳检查、尺量检查。

4）吊杆、龙骨的材质、规格、安装间距及连接方式应符合设计要求。金属吊杆、龙骨应进行表面防腐处理；木龙骨应进行防腐、防火处理。检验方法：观察、尺量检查、检查产品合格证书、性能检测报告、进场验收记录和隐蔽工程验收记录。

5）明龙骨吊顶工程的吊杆和龙骨安装必须牢固。吊杆及主、次龙骨和撑挡龙骨的安装、连接方式必须正确，牢固无松动。检验方法：检查隐蔽工程验收记录和施工记录。

（2）一般项目

1）饰面材料的表面应洁净、色泽一致，不得有翘曲、裂缝及缺损。压条应平直、宽窄一致。饰面板与明龙骨的搭接应平整、吻合。检验方法：观察、尺量检查。

2）饰面板上的灯具、烟感器、喷淋头、监控器、风口箅子等设备的位置应合理、美观，与饰面板的交接应吻合、严密。检验方法：观察。

3）金属龙骨的接缝应平整、吻合、颜色一致，不得有划伤、擦伤等表面缺陷。木质龙骨应平整、顺直，无劈裂。检验方法：观察。

4）吊顶内填充吸声材料的品种和铺设厚度应符合设计要求，并应有防散落措施。检验方法：检查隐蔽工程验收记录和施工记录。

5）明龙骨吊顶工程安装的允许偏差和检验方法见表1-2。

规范要求

表1-2 明龙骨吊顶工程安装的允许偏差和检验方法

项类	项目	允许偏差/mm						检验方法
		矿棉板		玻璃板		硅钙板		
		国标、行标	企标	国标、行标	企标	国标、行标	企标	
龙骨	龙骨间距	2.0	2.0	2.0	2.0	2.0	2.0	尺量检验
	龙骨平直	2.0	2.0	2.0	2.0	2.0	2.0	尺量检验
	起拱高度	3.0	3.0	3.0	3.0	3.0	3.0	拉线，用钢尺检查
	龙骨四周水平	5.0	5.0	3.0	3.0	5.0	5.0	尺量或用水准仪检查
面板	表面平整	3.0	2.0	2.0	1.5	2.0	2.0	用2m靠尺和塞尺检查
	接缝平直	3.0	2.0	3.0	2.0	1.5	1.5	拉5m线，不足5m拉通线，用钢直尺检查
	接缝高低差	2.0	1.5	1.0	0.5	1.0	1.0	用钢直尺和塞尺检查
	顶棚四周水平	2.0	2.0	2.0	2.0	2.0	2.0	拉线或用水准仪检查
压条	压条平直	1.5	1.5	1.5	1.5	1.5	1.5	拉5m线检查
	压条间距	1.0	1.0	1.0	1.0	1.0	1.0	尺量检验

3. 轻钢骨架金属饰面板吊顶施工质量标准

（1）主控项目

1）吊顶标高、尺寸、起拱和造型应符合设计要求。检验方法：观察、尺量检查。

2）饰面材料材质、品种、规格、图案和颜色应符合设计要求。检验方法：观察、检查产品合格证书、性能检测报告、进场验收记录和复验报告。

3）吊顶的吊杆、龙骨和饰面材料的安装必须牢固。饰面材料与龙骨的搭接宽度应大于龙骨受力面宽度的2/3。检验方法：观察、手扳检查、尺量检查。

4）吊杆、龙骨的材质、规格、安装间距及连接方式应符合设计要求。金属吊杆应经过表面防腐处理。检验方法：观察、尺量检查、检查产品合格证书、性能检测报告、进场验收记录和隐蔽工程验收记录。

（2）一般项目

1）格栅板表面应洁净、色泽一致，不得有扭曲、变形及划伤，镀膜完好、无脱层。格栅板接头、接缝形式应符合设计要求，无错台、错位现象，接口位置错落有序，排列顺直、方正、美观。检验方法：观察、尺量检查。

2）饰面上的灯具、烟感器、喷淋头、风口箅子等设备的位置应合理、美观，与饰面板的交接应吻合、严密。检验方法：观察。

3）龙骨的接缝应均匀一致，角缝应吻合，表面应平整，无翘曲、锤印。检验方法：观察。

4）轻钢骨架金属饰面板吊顶工程安装的允许偏差和检验方法见表1-3。

企标和国标哪个要求高

表1-3　轻钢骨架金属饰面板吊顶工程安装的允许偏差和检验方法

项目	允许偏差 /mm		检验方法
	国标、行标	企标	
表面平整度	2.0	1.5	用2m靠尺和楔形塞尺检查
分格线平直度	1.0	1.0	用尺量检查
接缝平直度	2.0	1.5	拉5m线（不足5m拉通线）用钢直尺尺量检查
接缝高低差	1.0	0.5	用钢直尺和塞尺检查
收口线高低差	—	2.0	用水准仪或尺量检查

4. 玻璃吊顶施工质量标准

（1）主控项目

1）吊顶标高、尺寸、起拱和造型应符合设计要求。检验方法：观察、尺量检查。

2）饰面板的材质、品种、规格、图案和颜色应符合设计要求。检查方法：观察，检查产品合格证书、性能检测报告、进场验收记录和复验报告。

3）吊杆、龙骨和饰面材料的安装必须稳固、严密、无松动。饰面材料与龙骨、压条的搭接宽度应大于龙骨、压条受力面宽度的2/3。检验方法：观察、手扳检查、尺量检查。

4）吊杆、龙骨的材质、规格、安装间距及连接方式应符合设计及规范要求。金属吊杆、龙骨应经过防锈或防腐处理；木吊杆、龙骨应进行防火、防腐处理。检验方法：观察，尺量检查，检查产品合格证书、性能检测报告、进场验收记录和隐蔽。

（2）一般项目

1）饰面材料表面应洁净、色泽一致，不得有翘曲、裂缝及缺损。压条应平直、宽窄一致。检验方法：观察、尺量检查。

2）饰面板上的灯具、烟感器、喷淋头、风口箅子等设备的位置应合理、美观，与饰面板的交接应吻合、严密。检验方法：观察。

3）金属吊杆、龙骨的接缝应均匀一致，角缝应吻合，表面应平整，无翘曲、锤印。木质吊杆、龙骨应顺直，无劈裂、变形。检验方法：检查隐蔽工程验收记录和施工记录。

4）吊顶内填充吸声材料的品种和铺设厚度应符合设计要求，并应有防散落措施。检验方法：检查隐蔽工程验收记录和施工记录。

5）玻璃板吊顶工程安装的允许偏差和检验方法见表1-4。

表1-4　玻璃板吊顶工程安装的允许偏差和检验方法

项类		允许偏差 /mm		检验方法
		国标、行标	企标	
龙骨	龙骨间距	2.0	2.0	尺量检查
	龙骨平直	2.0	2.0	尺量检查
玻璃板	表面平整	2.0	1.5	用2m靠尺检查
	接缝平直	3.0	2.0	拉5m线检查
	接缝高低	1.0	0.5	用直尺或塞尺检查
	顶棚四周水平	—	3.0	拉线或用水准仪检查

5. 格栅吊顶施工质量标准

（1）主控项目

1）吊顶标高、尺寸、起拱和造型应符合设计要求。检验方法：观察、尺量检查。

2）格栅板的材质、品种、式样、规格、图案、颜色和造型尺寸必须符合设计要求。检验方法：观察，检查产品合格证书、性能检测报告、进场验收记录和复验报告。

3）吊杆、龙骨和格栅板的安装必须稳固、严密、无松动。检验方法：观察、手扳检查、检查隐蔽工程验收记录和施工记录。

4）吊杆、龙骨的材质、规格、安装间距及连接方式应符合设计及规范要求。金属吊杆、龙骨应经过防锈或防腐处理；木吊杆、龙骨应进行防火、防腐处理。检验方法：观察，尺量检查，检查产品合格证书、性能检测报告、进场验收记录和隐蔽工程验收记录

（2）一般项目

1）格栅板表面应洁净、色泽一致，不得有扭曲、变形及划伤，镀膜完好、无脱层。格栅板接头、接缝形式应符合设计要求，无错台、错位现象，接口位置错落有序，排列顺直、方正、美观。检验方法：观察、尺量检查。

2）格栅吊顶上的灯具、烟感器、喷淋头、风口箅子等设备的位置应合理、

美观，与格栅板的交接应吻合。异形板排放位置合理、美观，套割尺寸准确，边缘整齐，不露缝。检验方法：观察。

3）金属吊杆、龙骨的接缝应均匀一致，角缝应吻合，表面应平整，无翘曲、锤印，颜色一致，不得有划伤、擦伤等表面缺陷。检验方法：观察、检查隐蔽工程验收记录和施工记录。

4）收边条的材质、规格、安装方式应符合设计要求，安装应顺直。分格、分块缝应宽窄一致。检验方法：观察、尺量检查。

5）格栅吊顶工程安装的允许偏差和检验方法见表 1-5。

表1-5 格栅吊顶工程安装的允许偏差和检验方法

项目	允许偏差 /mm		检验方法
	国标、行标	企标	
表面平整度	2.0	2.0	用 2m 靠尺和楔形塞尺检查
分格间距	2.0	2.0	用尺量检查
接缝平直度	3.0	2.0	拉 5m 线（不足 5m 拉通线）用钢直尺尺量检查
接缝高低差	1.0	1.0	用钢直尺和塞尺检查
收口线标高差	5.0	3.0	用水准仪或尺量检查

小　结

本章主要讲解了吊顶工程构造，明龙骨吊顶、暗龙骨吊顶、其他吊顶工程的质量验收标准，重点应掌握吊顶工程类别、构造，明龙骨吊顶、暗龙骨吊顶、其他吊顶工程施工工艺及质量验收标准以及吊顶工程中易出现的质量问题。

思 考 题

1. 悬吊式顶棚与直接式顶棚的区别有哪些？
2. 试述铝合金龙骨的特点。
3. 明龙骨吊顶施工应注意哪些质量问题？
4. 简述明龙骨吊顶施工工艺流程。
5. 简述暗龙骨吊顶施工工艺流程。
6. 暗龙骨吊顶如何安装金属扣板？
7. 简述轻钢骨架金属饰面板吊顶施工工艺流程。
8. 简述钢化镀膜玻璃吊顶施工工艺流程。
9. 简述暗龙骨吊顶工程的主控项目。
10. 简述明龙骨吊顶工程的主控项目。

第2章 墙面工程

2.1 墙面构造概述

1. 轻质隔墙的分类及构造

轻质隔墙可分为砌块隔墙、骨架隔墙、板材隔墙几类。

砌块隔墙是用各种小型砌块砌筑而成的非承重墙，具有防潮、防火、隔声、取材方便、造价低等特点。常用砌块有页岩实心砖、页岩空心砖、页岩多孔砖、加气混凝土块、玻璃砖等。在装饰工程中，页岩砖砌筑的隔墙普遍应用在厨房、卫生间、室外等容易受潮的部位；加气混凝土块、轻质隔墙板块砌筑应用在其余室内隔墙位置；玻璃砖砌筑隔墙（图2-1），一般用在半隐蔽空间中，是一种强度高、外观整洁、美丽而光滑、易清洗，保温、隔热、隔声性能好的优质砌块隔墙。目前，装饰装修工程中采用的玻璃砖隔墙不仅能分隔空间，而且还可以作为一种采光的墙壁，具有较强的装饰效果。

传统砌块隔墙和玻璃砖隔墙比较

骨架隔墙是由骨架和饰面材料组成的轻质隔墙。常用的骨架有木骨架（图2-2）和金属骨架，饰面有抹灰饰面和板材饰面两种。抹灰饰面骨架隔墙是在骨架上加钉板条、钢板网、钢丝网，然后做抹灰饰面，还可在此基础上另外加其他饰面。这种隔墙现在已很少采用。目前室内采用较多的是板材饰面骨架隔墙，它具有自重轻、材料新、厚度薄、干作业、施工灵活方便等特点。

骨架隔墙板材饰面特点

木骨架隔墙质轻、壁薄、拆装方便，但是防火、防潮、隔声性能差，并且耗用木材较多。要求木骨架做防火、防腐处理，其饰面板多为胶合板、纤维板等木质板，表面可油漆涂饰，也可以作为其他装饰的基层板。其固定方式有两种，一种是将面板镶嵌或用木压条固定于骨架中间，称为嵌装式；另一种是将面板封于木骨架之外，并将骨架全部掩盖，称为贴面式。常见的拼缝方式有坡缝、凹缝、嵌缝和压缝（图2-3）。

木骨架隔墙基层板安装方法有几种

金属骨架隔墙一般采用薄壁轻型钢、铝合金或拉眼钢板做骨架，两侧铺钉饰面板（图2-4）。

这种隔墙因其材料来源广泛、强度高、质轻、防火、易于加工和大批量生产等特点，近几年来得到了广泛的应用，其中轻钢龙骨纸面石膏板隔墙（图2-5）使用最广。纸面石膏板之间的接缝有明缝和暗缝两种，明缝一般适用于公共建筑大房间的隔墙；暗缝适用于居住建筑小房间的隔墙。

明暗缝的区别

板材隔墙是用各种板状材料直接拼装而成的隔墙，这种隔墙一般不用骨架，有时为了提高其稳定性也可以设置竖向龙骨。隔墙所用板材一般为等于房间净高的条形板材，通常分为复合板材、单一材料板材、空心板材等类型。板材隔墙构造主要解决板底与楼地面的固定和板顶与顶棚相接处及板缝处理的构造问题（图2-6～图2-8）。

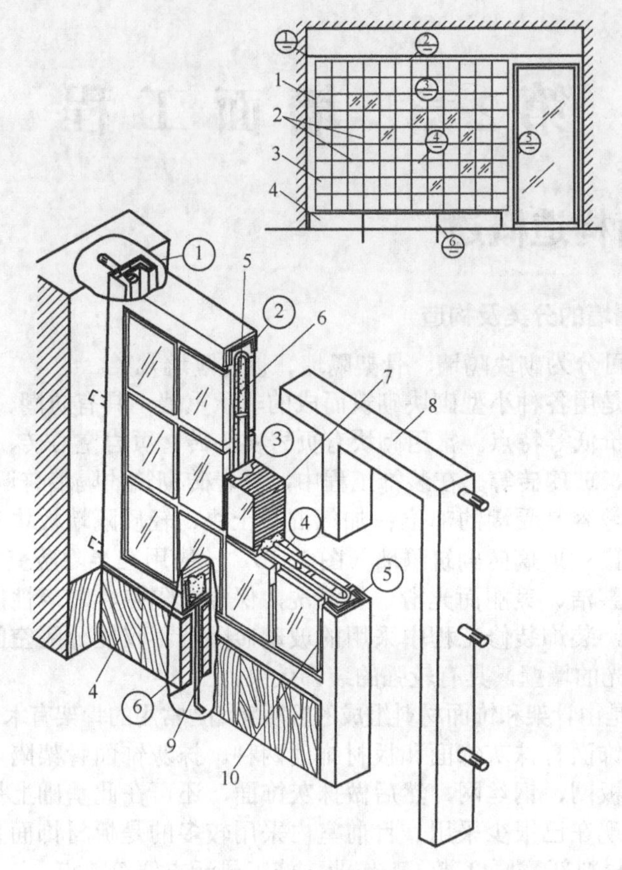

图 2-1　玻璃砖隔墙构造

1—边框　2—补强筋　3—玻璃砖　4—大理石踢脚　5—1∶2 白水泥，白石渣灌严

6—补强筋 2ϕ6 中距双向 3 块砖　7—120mm×120mm×90mm 玻璃砖　8—铝合金框

9—ϕ12mm 锚栓　10—白水泥勾缝

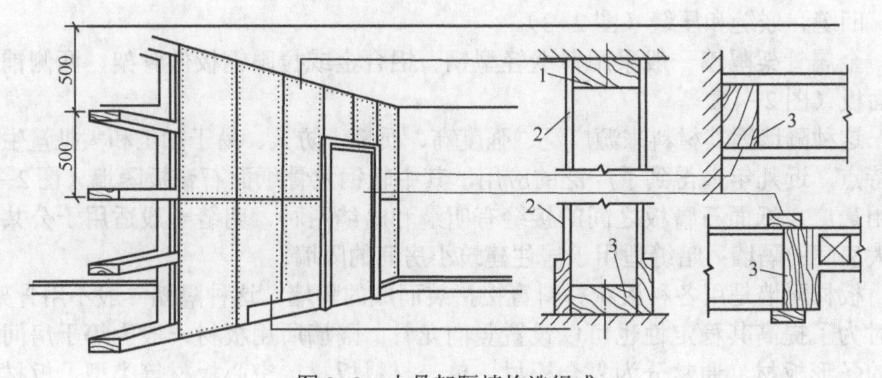

图 2-2　木骨架隔墙构造组成

1—射钉　2—胶合板或纤维板　3—50mm×100mm 木龙骨

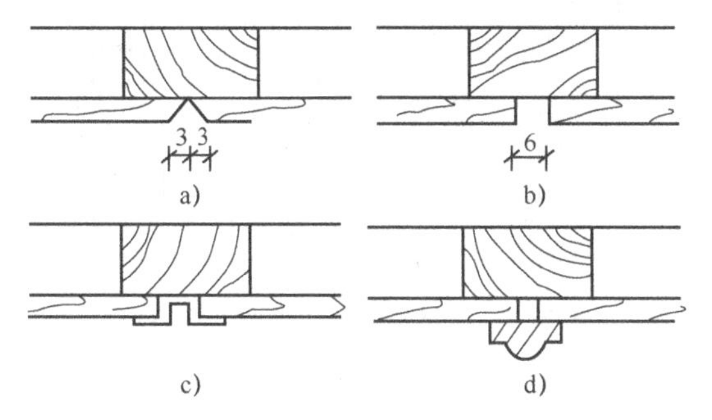

图 2-3 贴面式木骨架隔墙饰面板拼缝方式

a）坡缝 b）凹缝 c）嵌缝 d）压缝

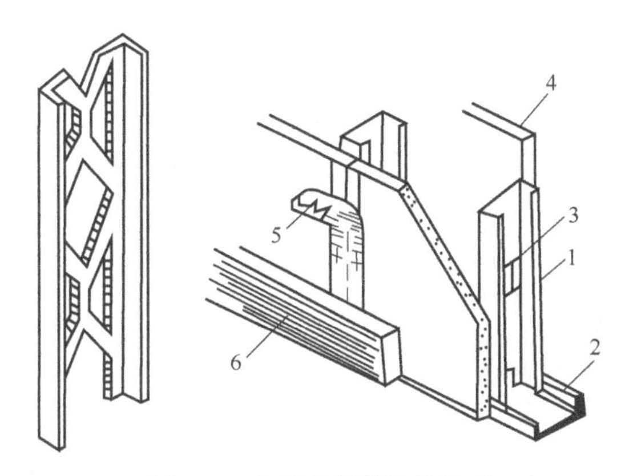

图 2-4 金属骨架隔墙的组成

1—钢龙骨 2—导向龙骨 3—走线孔 4—石膏板
5—贴缝纸 6—踢脚（内部可走线）

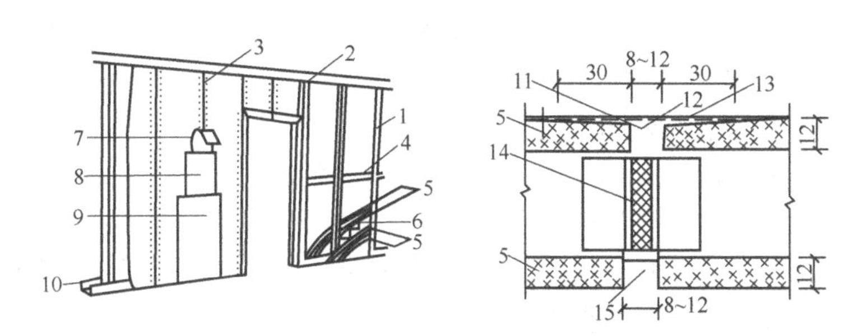

图 2-5 轻钢龙骨纸面石膏板接缝构造

1—竖龙骨 2—沿顶龙骨 3—螺钉 4—中间横龙骨 5—石膏板 6—玻璃矿棉 7—纸带
8—第一层（塑性连接） 9—第二层（装修连接） 10—沿地龙骨 11—嵌缝腻子
12—暗缝 13—穿孔纸带 14—108 胶水泥砂浆 15—明缝

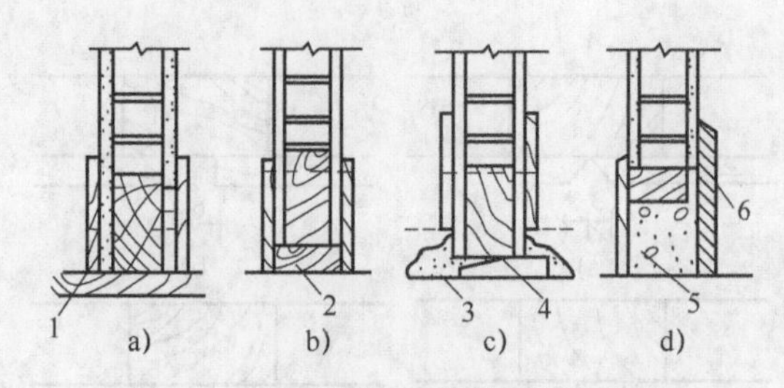

图 2-6　板材隔墙与楼地面固定构造

a）直钉式　b）加套式　c）加楔式　d）砌筑式

1—36.5mm × 36.5mm × 120mm 垫木每 400mm 一根　2—58mm × 27mm 木片　3—石膏
4—木契　5—43mm × 37mm 混凝土肋　6—卫生间瓷质踢脚

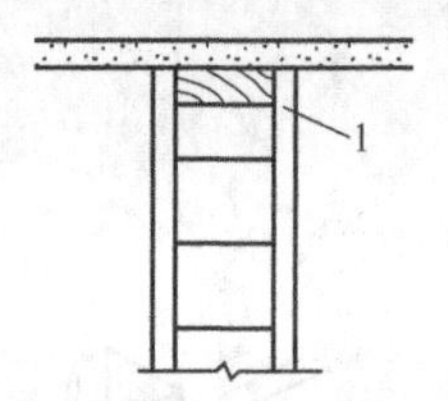

图 2-7　板材隔墙与顶棚相接处构造

1—365mm × 18mm 木导轨

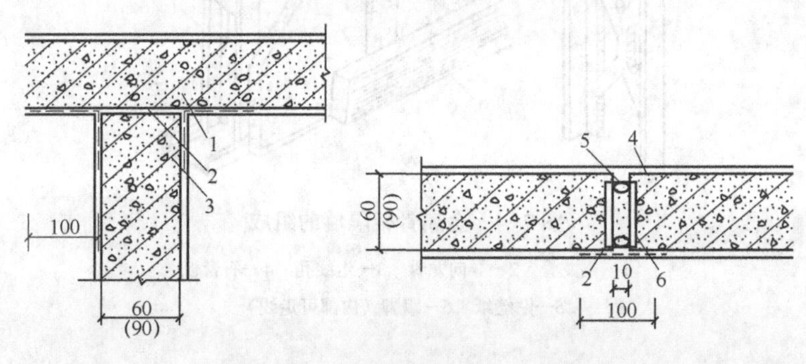

图 2-8　板材隔墙板缝处理构造

1—陶粒条板　2—膨胀水泥砂浆　3—阴角附加玻璃纤维布条一层，用 1 号粘结剂粘结
4—板缝外附加玻璃纤维布条一层，用 1 号粘结剂粘结　5—夹 ϕ8mm 短钢筋点焊　6—预埋钢板

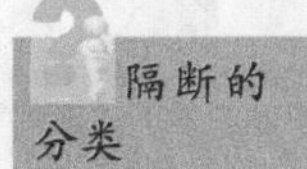

隔断分为固定式隔断和活动式隔断两种。

固定式隔断所用材料有木制、竹制、玻璃、金属及水泥制品等，可做成花格、落地罩、飞罩、博古架等各种形式，俗称空透式隔断。常见的固定式隔断有木隔断、玻璃隔断。木隔断有两种，一种是木饰面隔断；另一种是硬木花格隔断。另外，还有一种开放式办公室的隔断，高度为 1.3 ～ 1.6m，用高密度板做骨架，防火装饰板为罩面，用金属连接件组装而成，如图 2-9 所示。玻璃隔断是将玻璃安装在框架上的空透式隔断。这种隔断可到顶或不到顶，其特点是空透、明快，而且在光的作用下色彩有变化，可增强装饰效果。玻璃隔断按框架的材质不同有带裙板玻璃木隔断、落地玻璃木隔断、铝合金框架玻璃隔断、不锈钢柱框玻璃隔断。

图 2-9 开放式办公室的隔断

1—连接件 2—木螺钉 3—罩面板 4—高密度板 5—橡胶垫

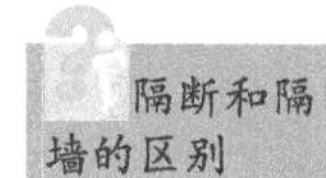

活动式隔断又称移动式隔断，其特点是使用时灵活多变，可以随时打开和关闭，使相邻空间根据需要成为一个大空间或几个小空间，关闭时能与隔墙一样限定空间，阻隔视线和声音。也有一些活动式隔断全部或局部镶嵌玻璃，其目的是增加透光性，不强调阻隔人们的视线。活动式隔断有拼装式（图 2-10）、直滑式（图 2-11）、折叠式（图 2-12）、卷帘式和起落式，起落式构造较为复杂。

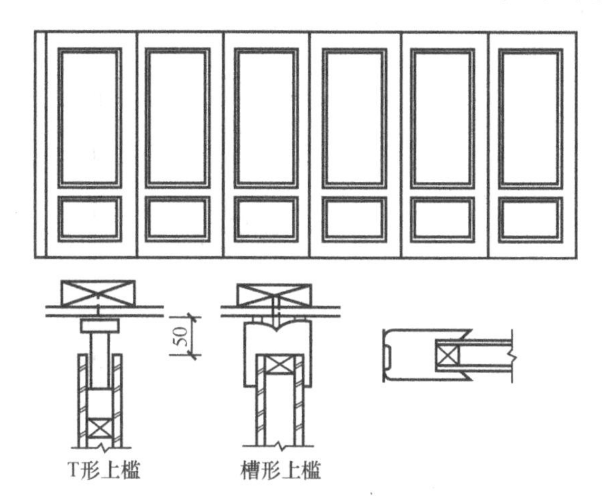

图 2-10 拼装式隔断立面与构造

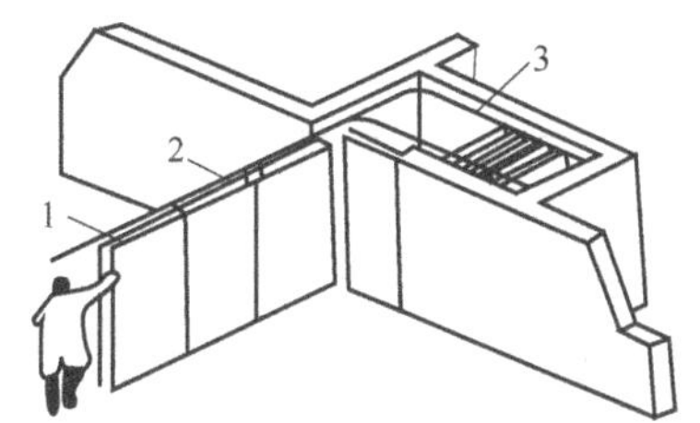

图 2-11 直滑式隔断示意图

1—滑轮 2—导轨 3—贮藏间

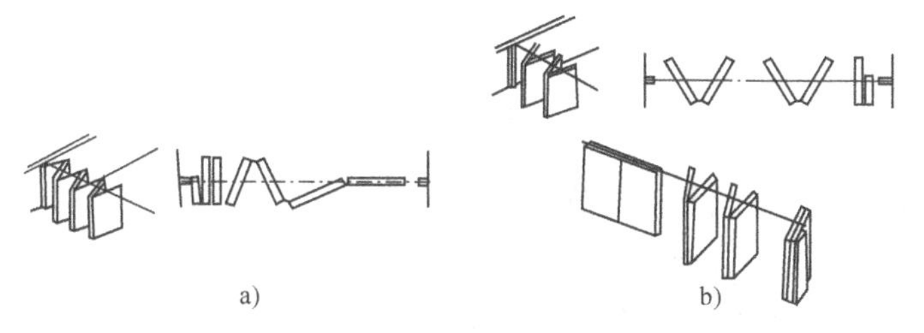

图 2-12 折叠式隔断示意图

a）连接铰合 b）单对铰合

2. 裱糊与软包工程的主要构造

裱糊与软包构造的区别

（1）裱糊墙面的基本构造

可分为底层和面层两部分。

1）裱糊墙面的底层要求平整度高，有一定的强度。

2）裱糊墙面的面层必须平整，接缝对齐，无气泡、错缝等现象。

（2）软包工程的基本构造

可分为底层、吸声层和面层三部分。

1）软包墙面的底层要求平整度好，有一定的强度和刚度，多用阻燃性胶合板。

2）软包墙面的吸声层必须采用轻质不燃多孔材料，如玻璃棉、自熄型泡沫塑料等。

3）软包墙面的面层必须采用阻燃型高档豪华软包面料，如种人造革和装饰布，如图 2-13 所示。

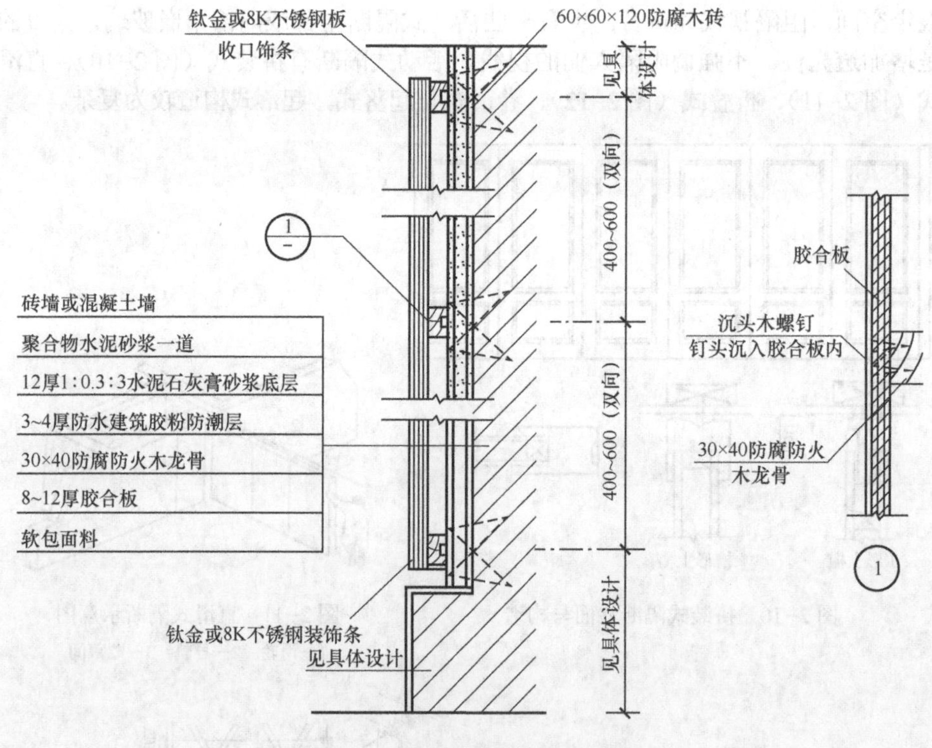

图 2-13　软包墙面构造图（剖面）

3. 门窗工程的节能及组成分类

裱糊软包材料

为贯彻执行国家可持续发展战略，提高节约能源利用效率和人民的居住水平，目前依照标准正在大规模开展的居住建筑设计与施工，对采暖和空调能耗规定了控制指标，提出了各方面的节能措施，从而在保证相同的室内热环境指标的前提下，与采取节能措施前相比，采暖能耗降低 50%。建筑的节能设计和技术措施可以多种多样，包括各地区的地方材料、节能产品及其应用技术。其中，建筑装饰门窗的选择和使用，具有不容忽略的重要意义。

首先，应对户门的保温、密闭性能进行实地考察；应在户门关闭的状态下，测量门框与墙身、门框与门扇、门扇与门扇之间的缝隙宽度，在缝隙部位设置耐久性较好的密封条。应提高户门的保温性能，在门芯板内贴高效保温材料，如聚苯板、玻璃棉、岩棉板、矿棉板等，并应使用强度较高且能阻止空气渗透的面板加以保护。然后，对于建筑外窗，应对原有的窗户进行气密性能检查或抽样检测。若不符合指标，必须进行更新或改造。窗墙间隙宜采用高效保温气密材料加弹性密封胶封堵，具体做法可按图 2-14 ～图 2-16 所示选择采用。

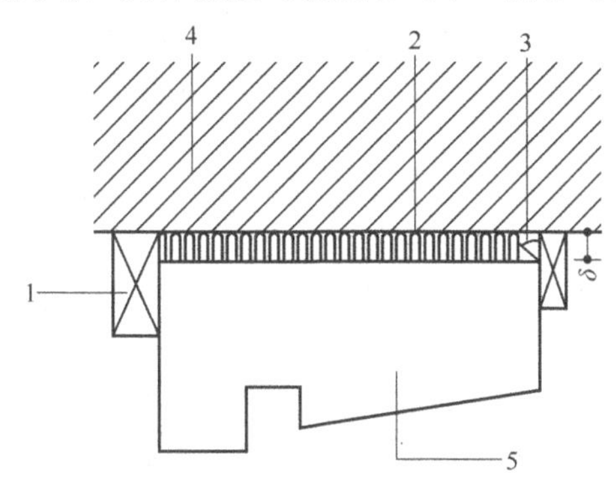

图 2-14　封堵窗墙间缝隙做法（缝宽 < 7mm）

1—木条　2—袋装矿棉　3—弹性密封胶　4—外墙　5—窗框

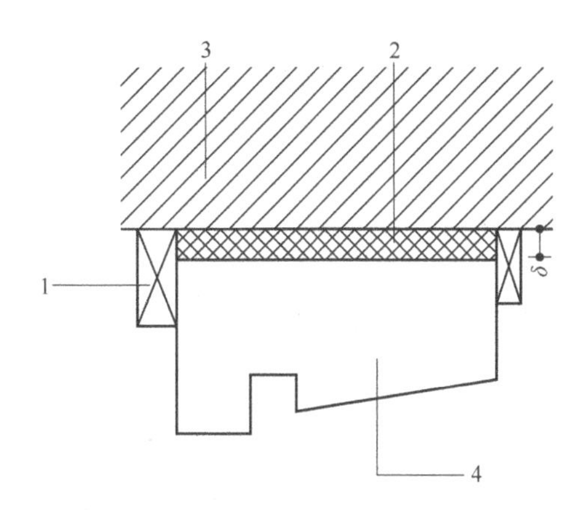

图 2-15　封堵窗墙间缝隙做法（缝宽 = 7 ～ 10mm）

1—木条　2—发泡聚氨酯　3—外墙　4—窗框

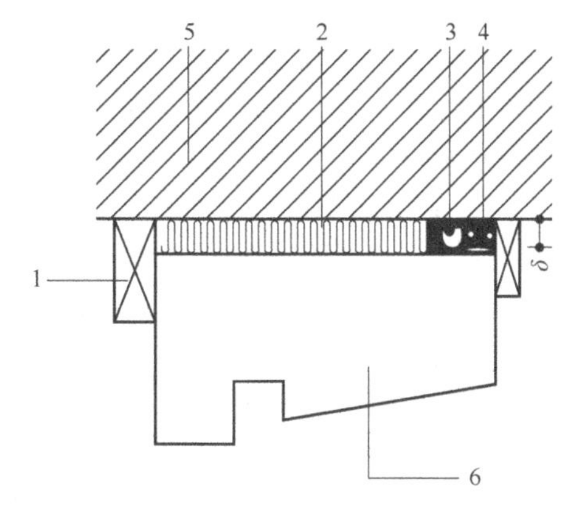

图 2-16　封堵窗墙间缝隙做法（缝宽 = 10 ～ 20mm）

1—木条　2—袋装玻璃棉　3—底部密封条　4—弹性密封胶　5—外墙　6—窗框

（1）门窗的组成

1）门的组成。门一般由门框（门樘）、门扇、五金零件及其他附件组成。

什么情况下加设中横框和中竖框

门框一般由边框和上框组成，当高度大于2400mm时，在上部可加设亮子，需增加中横框。当门宽度大于2100mm时，需增设一根中竖框。有保温、防水、防风、防沙和隔声要求的门应设下槛。门扇一般由上冒头、中冒头、下冒头、边梃、门芯板、玻璃、百叶等组成。

2）窗的组成。窗由窗框（窗樘）、窗扇、五金零件等组成。窗框由边框、上框、中横框、中竖框等组成，窗扇由上冒头、下冒头、边梃、窗芯子、玻璃等组成。

（2）门窗的分类

门窗的种类、形式很多，其分类方法也多种多样。在一般情况下，主要按不同材质、不同功能、不同结构形式和不同镶嵌材料进行分类。

门窗按不同材质分类，可以分为木门窗、铝合金门窗、钢门窗、塑料门窗、全玻璃门窗、复合门窗、特殊门窗等。钢门窗又有普通钢窗、彩板钢窗和渗铝钢窗三种。

门窗按不同功能分类，可以分为普通门窗、保温门窗、隔声门窗、防火门窗、防盗门窗、防爆门窗、装饰门窗、安全门窗、自动门窗等。

门窗按不同结构分类，可以分为推拉门窗、平开门窗、弹簧门窗、旋转门窗、折叠门窗、卷帘门窗、自动门窗等。

门与窗分类方法的不同

窗按不同镶嵌材料分类，可分为玻璃窗、纱窗、百叶窗、保温窗、防风沙窗等。玻璃窗能满足采光的功能要求，纱窗在保证通风的同时，可以防止蚊蝇进入室内，百叶窗一般用于只需通风而不需采光的房间。

4. 抹灰的组成及分类

（1）抹灰饰面的组成

为使抹灰层与建筑主体表面粘结牢固，防止开裂、空鼓和脱落等质量弊病的产生，并使之表面平整，装饰工程中所采用的抹灰均应分层操作，即将抹灰饰面分为底层、中层和面层三个构造层次。

1）底层为粘结层，其作用主要是确保抹灰层与基层牢固结合并初步找平。

2）中层为找平层，主要起找平作用。根据具体工程的要求可以一次抹成，也可以分遍完成，所用材料通常与底层抹灰相同。

3）面层为装饰层，对于以抹灰为饰面的工程施工，其面层均通过一定的操作工艺使表面达到规定的效果，起到饰面美化作用，如图2-17所示。

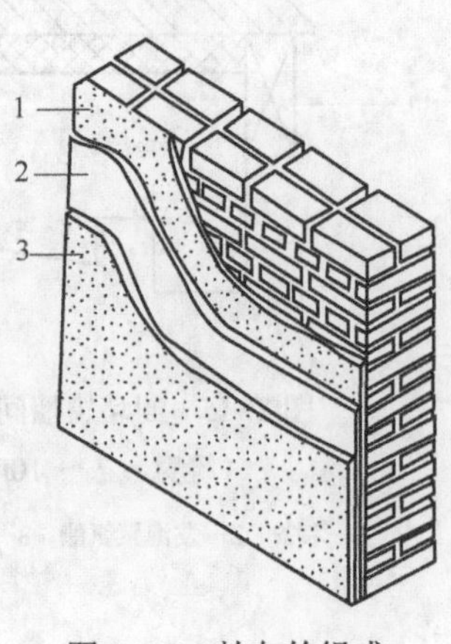

图2-17 抹灰的组成

1—底层 2—中层 3—面层

底、中、面层的作用

（2）抹灰的分类

1）按施工部位的不同，抹灰工程可分为室内抹灰（内抹灰）和室外抹灰（外抹灰）。

2）按使用要求及装饰效果的不同，抹灰工程分为一般抹灰、装饰抹灰和特种砂浆抹灰。

① 一般抹灰：一般抹灰所使用的材料有石灰砂浆、水泥砂浆、水泥混合砂浆、聚合物水泥砂浆、麻刀灰、纸筋灰和石膏灰等。

② 装饰抹灰：是指通过选用适当的抹灰材料及操作工艺等方面的改进，使抹灰面层直接具备装饰效果而无须再做其他饰面，如水刷石、干粘石、斩假石、假面砖等。

③ 特种砂浆抹灰：系指采用保温砂浆、防水砂浆、耐酸砂浆等材料进行的有特殊要求的抹灰工程。

3）按主要工序和表面质量的不同，一般抹灰工程分为普通抹灰和高级抹灰（具体工程的抹灰等级应由设计单位按照国家有关规定，根据技术、经济条件和装饰美观的需要予以确定，并在施工图中注明）。

① 普通抹灰：由一遍底层、一遍中层、一遍面层组成。其质量要求为表面应光滑、洁净、接槎平整，分格缝应清晰，阳角方正。

② 高级抹灰：由一遍底层、数遍中层、一遍面层组成。其质量要求为表面应光滑、洁净、颜色均匀、无抹纹，分格缝和灰线应清晰美观，阴阳角方正。

高级抹灰与普通抹灰的区别

5. 饰面板（砖）的分类与构造

（1）饰面板的材料分类

饰面板常用的材料有木质饰面板、天然石材饰面板、人造石饰面板、金属饰面板、塑料饰面板、镜面玻璃装饰板。

（2）饰面砖的材料分类

饰面砖常用的材料为陶瓷面砖、玻璃面砖。

1）陶瓷面砖是指以陶瓷为原料制成的面砖，主要分为釉面瓷砖、外墙面砖、陶瓷锦砖、陶瓷壁画等。近年来，又出现不少新品种，如劈离砖等。

2）玻璃面砖是由各种颜色的玻璃生料掺入其他原料，经高温熔炼发泡后，压延制成不同色彩的小板块，镶嵌而成的半透明平面装饰小薄板材。作为一种新的饰面材料，用得最多的部位是建筑物的外墙。它具有色调柔和、朴实、典雅、美观大方、不变色、不积尘、能雨天自涤、经久常新、堆积密度小、与水泥粘结性好、便于施工等特点，广泛用于各宾馆、舞厅、礼堂、商店的门面，也适用于一般家庭住宅的厨房、卫生间或化验室、医疗室、外墙、地坪，还可以镶嵌成各种特色的大型壁画及醒目标志。玻璃面砖的新产品还有彩色玻璃面砖、釉面玻璃、玻璃大理石、玻璃质石英饰面砖、彩色玻璃熔珠饰面砖等。

（3）室内墙面饰面板饰面构造

1）木质饰面板饰面：具体做法是首先在墙体内预埋木砖，再钉立木骨架，最后将罩面板用镶贴、钉、拧螺钉等方法固定在骨架上，如图2-18所示。为防止墙体内的潮气使夹板产生翘曲，应采取防潮措施。对于木质饰面板细部构造处理，是影响木质饰面板装饰效果及质量的重要因素，因此要认真对待细部问题。

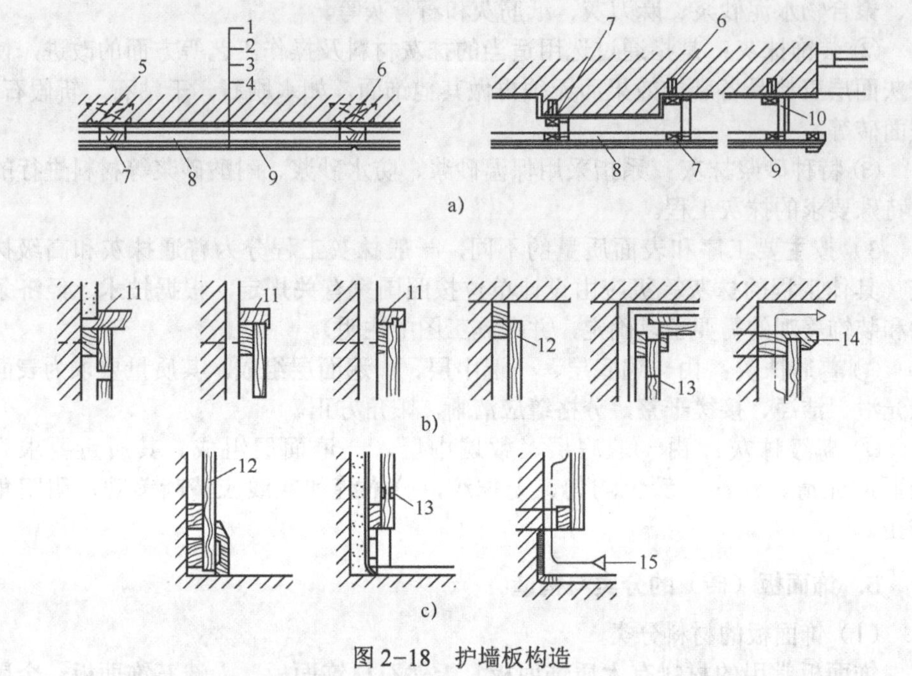

图 2-18　护墙板构造

a）护墙板或墙裙截面构造　b）护墙板上部构造　c）护墙板下部构造

1—墙体　2—防潮层　3—木龙骨架　4—面层　5—预埋木砖　6—防腐木楔　7—纵向木龙骨

8—横向木龙骨　9—面层板　10—横向支撑龙骨　11—硬木压顶　12—夹板或木板

13—ϕ10mm 气孔　14—硬木边　15—气流

2）玻璃装饰板饰面：构造做法分为有龙骨做法和无龙骨做法两种。有龙骨做法要求清理墙面，整修后涂防水建筑胶粉防潮层，安装防腐防火木龙骨，然后在木龙骨上安装阻燃型胶合板，最后固定玻璃，如图 2-19 所示。玻璃的固定方法有螺钉固定法、粘贴固定法、托压固定法等，如图 2-20 所示。

无龙骨做法要求用水泥石灰膏砂浆打底，然后找平、压实后，涂防潮层，做玻璃保护层，最后用强力胶粘贴玻璃，封边收口完成。

3）金属薄板饰面：构造做法有扣板龙骨做法、龙骨贴墙做法、铝合金龙骨做法、木龙骨装饰做法。由于内墙装饰与顶棚、楼地面的关系比较复杂，墙面本身也比外墙装饰复杂、多样，故内墙金属薄板饰面多用木龙骨做法。

① 铝合金板饰面构造有插接式、嵌条式两种。其中嵌条式适用于较薄板材，多用于室内墙面装饰，如图 2-21 所示。

② 不锈钢板饰面构造做法有四种：铝合金或型钢龙骨贴墙、金属板直接贴墙、金属板离墙吊挂（图 2-22）、木龙骨贴墙。

铝塑板应贴在哪里

无论采用哪种构造，均不允许将铝塑板直接贴于抹灰找平层上，而应贴于纸面石膏板或阻燃型胶合板等比较平整光滑的基层上。可用胶粘剂直接粘贴，也可用双面胶带及胶粘剂并用粘贴，或者是用发泡双面胶带直接粘贴。

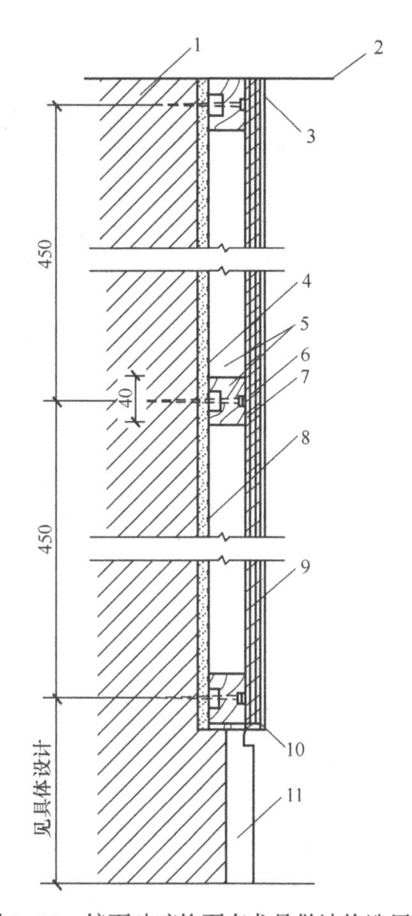

图 2-19 镜面玻璃饰面有龙骨做法构造层次

1—砖或混凝土墙 2—顶棚或其他基层（见具体设计） 3—顶部处理（见具体设计）
4—M10×72 射钉（钉头射入木龙骨内） 5—30mm×40mm 防腐防火木龙骨
6—钉眼用油性腻子腻平 7—镜面玻璃 8—6～12mm 厚防水建筑胶粉
9—双面刨光阻燃性一级胶合板 10—金属收口条 11—踢脚（见具体设计）

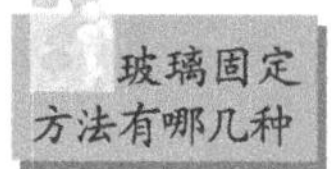

4）人造、天然石材板饰面

其构造做法与外墙基本相同，分为传统钢筋网挂贴法、钢筋钩挂贴法、干挂法、粘贴法四种。其构造图详见外墙饰面板构造。

（4）外墙饰面板饰面构造

外墙饰面板饰面通常是指用天然石材或人造石材板块做成的高档或中档外墙饰面。板材的规格一般边长在 500 ～ 2000mm 之间，厚 20 ～ 40mm。

1）传统钢筋网挂贴法：这种构造做法历史悠久，造价比较便宜，但存在一些缺点：施工复杂、进度慢、周期长；饰面板打眼、剔槽费时费工，而且必须由熟练的技术工人操作；因水泥的化学作用，致使饰面板发生花脸、变色、锈斑等污染；由于挂贴不牢固，常发生空鼓、裂缝、脱落等问题，修补困难，如图 2-23 所示。

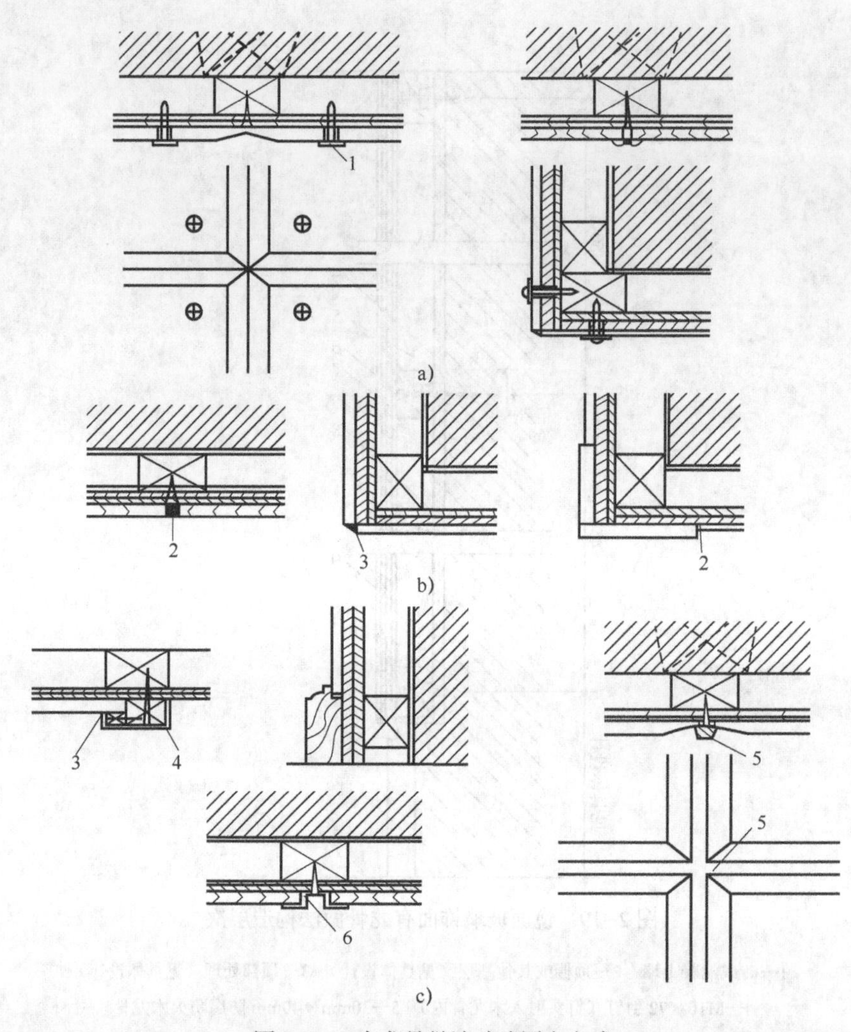

图 2-20 有龙骨做法玻璃固定方式

a）螺钉固定玻璃 b）粘贴固定玻璃 c）托压固定玻璃

1—特制螺钉 2—密封 3—封玻璃胶 4—扣金属板 5—木压条 6—金属压条

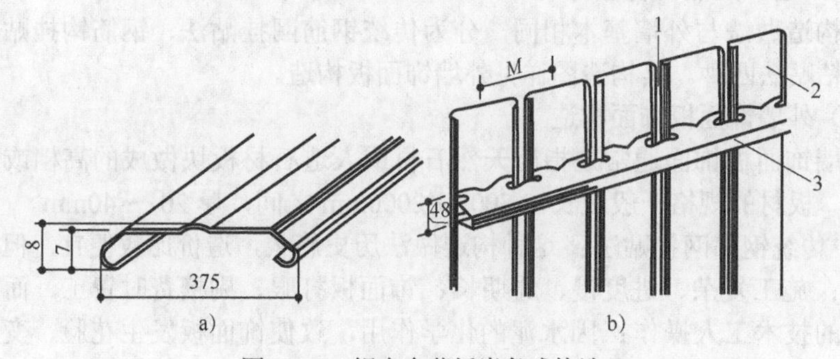

图 2-21 铝合金薄板嵌条式构造

a）铝合金条板形状和断面尺寸 b）铝合金条板的安装

1—铝合金插缝条 2—弧形铝合金外墙板 3—V_4、V_5、V_6 型龙骨

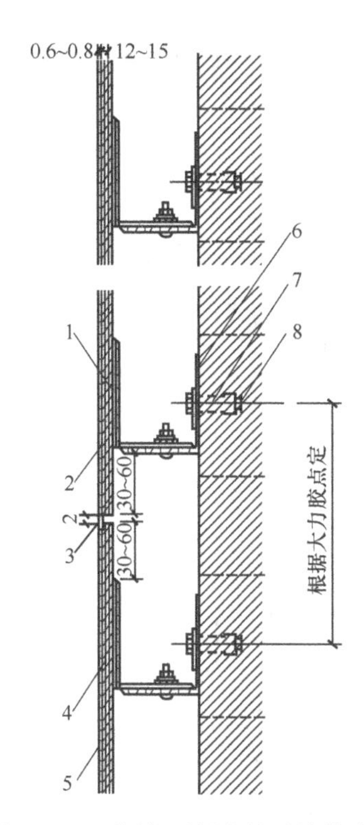

图 2-22 不锈钢平板离墙吊挂构造

1—不锈钢角钢二次吊挂件 2—大力胶点涂 80mm × 80mm 3—透明型大力胶调色嵌缝 4—不锈钢平板 5—12～15mm 厚胶合板 6—不锈钢角钢一次吊挂件 7—ϕ10mm 不锈钢膨胀螺栓横、竖向间距根据大力胶点定 8—如系砖墙，此处加 C20 细石混凝土块

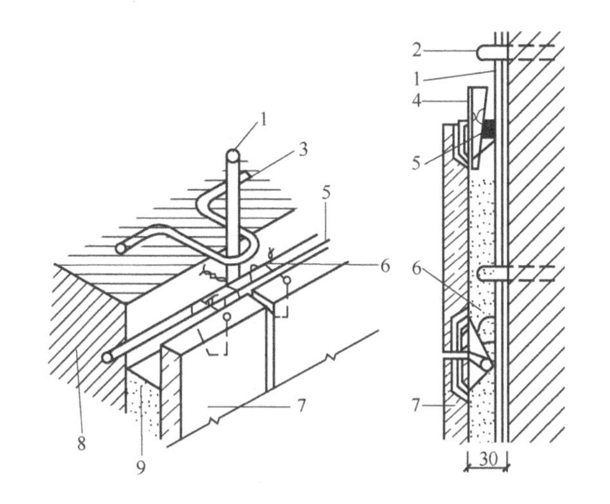

图 2-23 饰面板传统钢筋网挂贴法构造

1—立筋 2—铁环 3—铁环卧于墙内 4—定位木楔 5—横筋 6—钢丝绑牢 7—大理石 8—墙体 9—水泥砂浆

2）钢筋钩挂贴法：与传统方法不同之处是将饰面板用不锈钢钩直接楔固于墙体上，如图 2-24 所示。

3）干挂法：又称空挂法，是用高强度螺栓和耐腐蚀、高强度的柔性连接件将饰面板直接吊挂于墙体上或空挂于钢骨架上的构造做法，不需要再灌浆粘贴。饰面板与结构表面之间有 80 ～ 90mm 距离。饰面板与墙体空腔，可彻底避免由于水泥的化学作用而造成的板材表面花斑、变色等问题，同时也不会有空鼓、裂缝和脱落问题。饰面板分块独立吊挂于墙体，无水泥砂浆重量也不会传递重量，减轻了墙体的承重荷载。同时施工速度快、周期短，减少污染，安装灵活，安装质量容易保证。但是造价比较高，且不适用于普通黏土砖墙体和加气混凝土墙体，如图 2-25 所示。

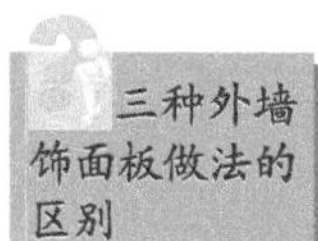

（5）饰面砖饰面构造

1）陶瓷面砖饰面：粘贴面砖采用分层构造做法，12mm 厚 1∶3 水泥砂浆打底；6mm 厚 1∶0.2∶2.5 水泥石灰膏砂浆找平；粘贴 6 ～ 12mm 厚面砖；1∶1 水泥细砂浆勾缝。面砖的布缝方法有六种，分别为齐密缝，齐离缝，错缝离缝，

划块留缝，水平离缝、垂直密缝，垂直离缝、水平密缝，如图 2-26 所示。

2）外墙锦砖饰面：其构造做法如图 2-27 所示。

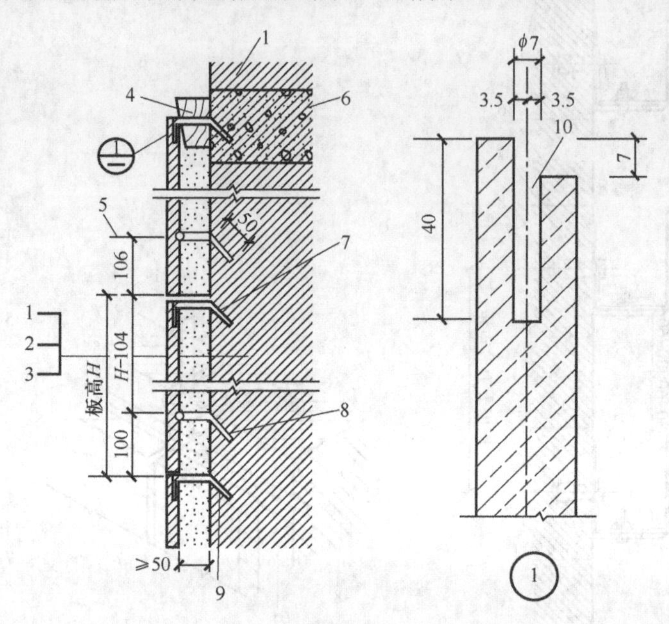

图 2-24　饰面板钢筋钩挂贴法构造做法

1—砖墙或混凝土墙　2—1∶2.5 水泥砂浆　3—饰面石板　4—大头木楔　5—墙洞中心线

6—砖墙此处宜加 C20 细石混凝土块或小梁　7—ϕ7mm 墙洞深 50mm

8—ϕ6mm T 形钉满刷大力胶一道，窝入墙洞及板槽内

9—ϕ6mm 不锈钢钩，满刷大力胶一道，窝入墙洞及板洞内　10—剔槽

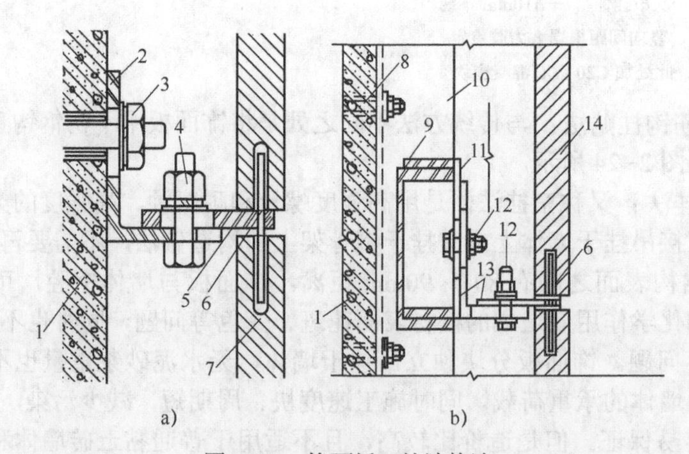

图 2-25　饰面板干挂法构造

a）直接干挂法　b）间接干挂法

1—主体结构　2—不锈钢挂件　3—不锈钢膨胀螺栓　4—不锈钢螺栓　5—不锈钢连接板　6—不锈钢钢针

7—花岗岩挂板　8—用膨胀螺栓将竖向槽钢与主体结构连接　9—水平槽钢　10—竖向槽钢

11—挂件垫板　12—螺栓　13—连接板　14—花岗石饰面板

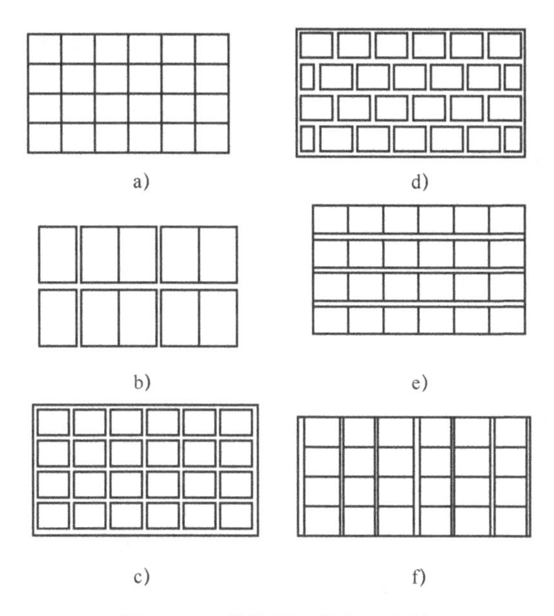

图 2-26　外墙面砖的布缝方法

a）齐密缝　b）划块留缝　c）齐离缝　d）错缝离缝
e）水平离缝、垂直密缝　f）垂直离缝、水平密缝

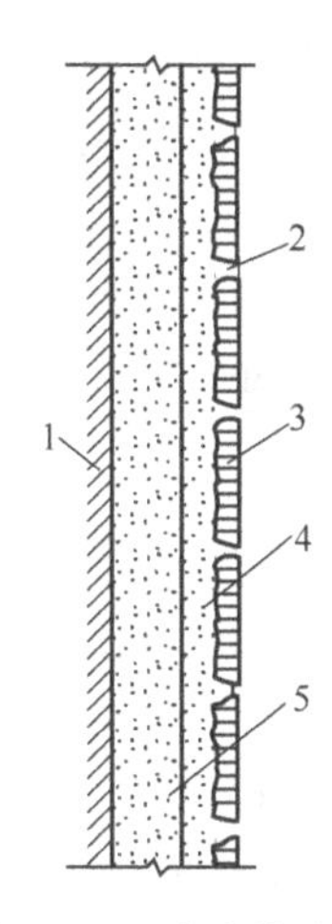

图 2-27　玻璃锦砖饰面

1—墙体　2—白水泥擦缝　3—玻璃锦砖
4—3mm 厚 1∶1∶2 纸筋石灰膏水泥混合灰
（内掺水泥质量 4% ～ 5% 乳白胶）
5—12mm 厚 1∶3 水泥砂浆

2.2　隔墙工程施工

2.2.1　板材类隔墙施工

2.2.1.1　钢丝网架水泥聚苯乙烯夹芯板隔墙施工工艺

钢丝网架水泥聚苯乙烯夹芯板隔墙是以三维构架式钢丝网为骨架，以膨胀珍珠岩、阻燃型聚苯乙烯泡沫塑料、矿棉、玻璃棉等轻质材料为芯材，由工厂制成的新型轻质墙板。此类隔墙的施工要点为墙位放线应按设计要求，沿地、墙、顶弹出隔墙的中心线和宽度线，宽度线应与隔墙厚度一致。弹线应清晰，位置应准确。

钢丝网架水泥聚苯乙烯夹芯板隔墙由什么构成

1．施工准备

（1）材料准备

钢丝网架水泥聚苯乙烯夹芯板、水泥、砂、辅助材料（如 ϕ4mm 钢筋、界面剂）。

（2）机具准备

砂浆喷射设备、砂浆搅拌机、电焊机、无齿锯、手电钻、电锤、铁抹子、木抹子、阴阳角抹子、刮杠、大克丝钳、手锯、手推车、灰槽、灰勺、水桶、壁纸刀、铁锹、扫帚等。

（3）作业条件

1）标高控制线、隔墙板控制线施测完。

2）隔墙板施工处的楼（地）面已剔凿至基层并经验收合格。

3）施工场地清理完，无影响施工安装的障碍物。

4）施工用脚手架已搭设好，并经检验合格。

2. 操作工艺

（1）工艺流程

弹线→钻孔→植筋、立板→墙板固定→门窗洞口加强→水、电安装→墙面抹灰→养护。

（2）操作方法

1）弹线：根据施工图的设计要求和现场实际尺寸，在墙面、楼顶和地面上放出隔墙位置线及钻孔定位线，标出门窗口控制线。

2）钻孔：用电锤在楼顶板、墙面和地面上按钻孔位置线钻两排孔径 6mm、间距 200mm、深 60mm 的孔，并将孔内杂物清理干净。

3）植筋、立板：在钻好的孔内填入聚合物水泥砂浆，植入 ϕ4mm 钢丝进行养护，三天后方可立板。立板时，按隔墙板位置线安装芯板，将植入楼板的 ϕ4mm 钢丝与 GJ 芯板钢丝搭接绑扎，搭接长度不小于 300mm，板与板之间用之字形钢丝网条与芯板钢丝绑扎牢固。

4）墙板固定：芯板就位后，用木楔子逐一固定，上下端固定点间距不大于 400mm，再用细石混凝土将板端钢丝搭接缝填塞并捣固密实，24h 后浇水养护。

5）门窗洞口加强：在门窗位置安装门窗框，按设计要求进行加强，设计无要求时，可用现浇暗柱加过梁方法；也可用加 2 根 ϕ4mm 斜筋按 45° 双向双面加固，以增加强度及抗拉裂功能。

6）水、电安装：板固定后，进行机电设备的预留、预埋和安装，同时对机电设备安装所做的剔凿处进行必要的修补，以避免抹灰后剔凿。

7）墙面抹灰：机电设备安装完并检验合格后，进行抹灰作业，将墙体与楼地面连接处及芯板的周边缝隙内的聚苯板碎屑等杂物清理干净，用 1∶3 水泥砂浆填实补平。在抹一侧底灰前先在芯板另一侧做适当支顶加固以防晃动，抹灰时先抹隔墙的一面，48h 后再抹另一面，避免墙体两面同时抹灰。伸入吊顶内的芯板也应抹灰，厚度不应小于 25mm。抹灰要求与墙体相同。

8）养护：抹灰 24h 后，用喷壶浇水养护不少于 7d。

2.2.1.2 轻集料条板隔墙施工工艺

1. 施工准备

（1）材料准备

轻集料墙板、粘合剂、水泥、砂、100mm 的玻璃纤维网布条、辅助材料（如U形钢板卡、界面剂）。

（2）机具准备

导向支撑撬棒、木楔、抹灰板、拖线板、切割机、钢卡、射钉枪、砂浆搅拌机、手推车、灰槽、灰勺、水桶、壁纸刀、铁锹、扫帚等。

（3）作业条件

1）标高控制线、隔墙板控制线施测完。

2）施工场地清理完，无影响施工安装的障碍物。

3）施工用脚手架已搭设好，并经检验合格。

2. 操作工艺

（1）工艺流程

轻隔墙与结构墙面、楼面接触部位基层清理→测放墙面板边线→弹出门窗、洞口、管线及预留孔洞位置线→钉隔墙钢卡→安装隔墙板→处理门窗洞口→拼接缝处理。

（2）操作方法

1）轻隔墙与结构墙面、楼面接触部位基层清理：对即将安装隔墙板的顶板、楼板面及结构墙面进行彻底清理，必须保证隔墙板安装接触的混凝土结构面平整、密实。

2）测放墙面板边线：根据设计施工图，测放出隔墙板边线，作为安装依据。

3）弹出门窗、洞口、管线及预留孔洞位置线：根据施工图的设计要求和现场实际尺寸，在墙、顶和地面上弹出门窗、洞口、管线及预留孔洞位置线。

4）钉隔墙钢卡：根据排板图，在条板拼缝的上端，预先将U形钢板卡用射钉固定在顶板上。

5）安装隔墙板：先固定整体墙板，后固定门窗洞口墙板，先整板后补板。安装墙板时应将其顶端和侧边缘粘结面处涂满粘合剂，涂刮应均匀，不得漏刮，粘合剂涂刮厚度不应少于5mm。墙板竖起时用撬棒用力挤紧就位，校正垂直度和相邻板面平整度，保证接缝密合顺直，随即在墙板顶头部用木楔顶紧，缝隙不宜大于5mm，挤出的砂浆及时刮平补齐，用靠尺和托线板将墙面找平找垂直。主要节点做法如图2-28所示。

补板制作应根据排板实际尺寸，在整板上划线，用切割机切割，竖向切口处应用水泥砂浆封闭填平，拼接时表面仍应涂满粘合剂。

如遇卫生间的由需方浇制150mm高度的滞水带方可安装施工。

一道隔墙安装完毕，经检验平整度、垂直度合格后，将板底缝用1∶3砂浆或细石混凝土塞严堵实，待达到强度后，撤出木楔，再用同样砂浆堵实。严禁未达到强度时撤出木楔。

墙板与墙板连接，墙板与主体结构连接处必须坐灰并挤出浆为止，一定要做到满缝满浆。

6）处理门窗洞口：门头板宽度大于1200mm底下第一孔穿筋混凝土灌实，门边板第一孔用混凝土灌实。墙板安装后5至7天后才可进行下一道工序施工。

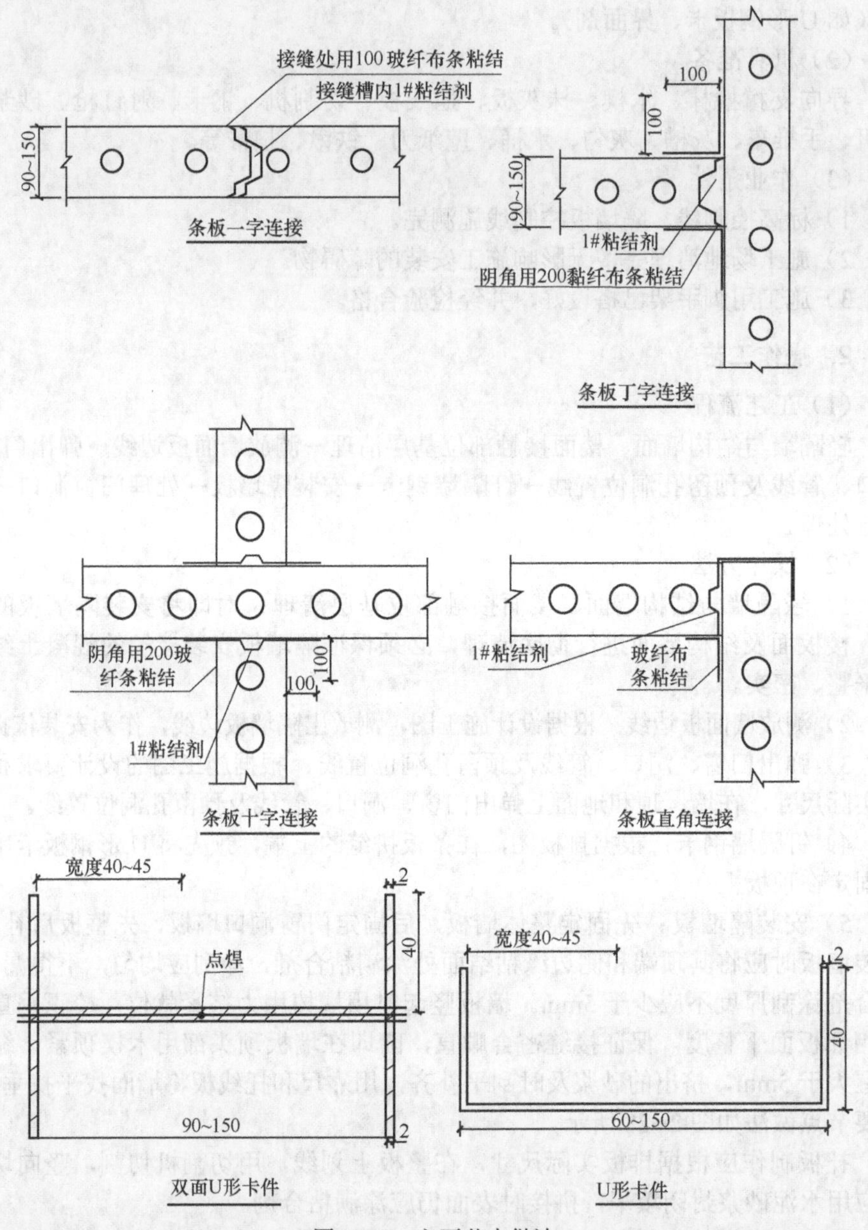

图 2-28　主要节点做法

超过 5m 高度应加构造梁，加层部分应现浇混凝土构造梁。墙体超过 25m 的需加构造柱，配筋尺寸由设计有关技术部门定。

相邻门或相邻窗设计尺寸小于 600mm，中间空穿筋细石混凝土灌实，或由土建班组现浇构造柱。两侧边洞口需灌浆。

电气线路可利用隔墙孔敷设线路，可水平开槽，长度根据需要不受限制。

7）拼接缝处理：为防止安装后的墙面开裂，板与板，板与主体结构的垂直缝用 100mm 的玻璃纤维网布条粘接。网布粘贴要整齐，目测端正。

2.2.2 骨架式隔墙施工工艺

骨架式隔墙是指那些以饰面板镶嵌于骨架中间或固定于骨架两侧面形成的轻质隔墙。在隔声要求比较高时，也可在两层面板之间加设隔声层，或可同时设置三、四层面板，形成二至三层空气层，以提高隔声效果。

骨架式隔墙采用的骨架多为木龙骨、石膏龙骨和轻钢龙骨；板材的种类较多，有纸面石膏板、纤维石膏板、埃特板、TK 板、刨花板等。骨架式隔墙均在施工现场进行组装。在施工时要求注意以下两点：

1）墙位放线应按设计要求，弹出 +500mm 标高线，沿地、墙、顶弹出隔墙的中心线和宽度线。宽度线应与隔墙厚度一致并应与龙骨的边线吻合。弹线应清晰，位置应准确。

2）骨架隔墙在安装饰面板前应检查骨架的牢固程度、墙内设备管线及填充材料的安装是否符合设计要求，如有不符合处应采取措施。预埋墙内的水暖、电气设备，应按设计要求采取局部加强措施固定牢固。为保证结构安全，墙内敷设管线时，不得切断横、竖向龙骨。为保证密实，墙体内的填充材料应干燥，填充均匀无下坠，接头无空隙。

2.2.2.1 轻钢龙骨隔墙施工工艺

1. 施工准备

（1）材料准备

轻钢龙骨主件、轻钢龙骨配件、紧固材料、填充隔声材料、罩面板材、嵌缝材料。

（2）机具准备

直流电焊机、砂轮切割机、手电钻、电锤、射钉枪、电动螺钉旋具、螺钉旋具、墨斗、拉铳枪、壁纸刀、靠尺、钢锯、开刀。

（3）作业条件

1）结构工程施工完并验收合格，墙面抹灰和屋面防水施工完。

2）标高控制线（+500mm 水平线）测设完并预检合格。

3）隔墙地垄施工完，并达到设计强度。

4）施工场地清理完，无影响施工安装的障碍物。

5）轻钢骨架隔断工程施工前，应先安排外装，安装罩面板应待屋面、顶棚和墙体抹灰完成后进行。基底含水率已达到装饰要求，一般应小于 12%，并经有关单位、部门验收合格，办理完工种交接手续。如设计有地枕时，地枕应达到设计强度后方可在上面进行隔墙龙骨安装。

6）安装各种系统的管、线盒弹线及其他准备工作已到位。

2. 操作工艺

（1）工艺流程

放线→安装沿顶、地龙骨→安装门窗框→分档安装竖龙骨→安装横向龙骨→安装管线与设备→安装罩面板（两面）→接缝及面层处理→细部处理。

（2）操作方法

1）放线：根据设计施工图，在地面或地垄上测设隔墙位置线、门窗洞口边框线和墙顶龙骨位置边线。

2）安装沿顶、地龙骨：按墙顶龙骨位置边线，安装顶龙骨和地龙骨。安装时一般用射钉或金属膨胀螺栓固定于主体结构上，其固定间距不大于600mm。

3）安装门窗框：隔墙的门窗框安装并临时固定，在门窗框边缘安加强龙骨，加强龙骨通常采用对扣轻钢竖龙骨。

4）分档安装竖龙骨：按门窗位置进行竖龙骨分档。根据板宽不同，竖龙骨中心距尺寸一般为453mm、603mm。当分档存在不足模数板块时，应避开门窗框边第一块板的位置，使破边石膏板不在靠近门窗边框处。安装时，按分档位置将竖龙骨上下两端插入沿顶、地龙骨内，调整垂直，用抽芯铆钉固定。靠墙、柱的边龙骨除与沿顶、地龙骨用抽芯铆钉固定外，还需用金属膨胀螺栓或射钉与墙、柱固定，钉距一般为900mm。竖龙骨与沿顶、地龙骨固定时，抽芯铆钉每面不少于三颗，品字形排列，双面固定。

5）安装横向龙骨：根据设计要求布置横向龙骨。当使用贯通式横向龙骨时，若高度小于3m应不少于一道；3～5m之间设两道；大于5m设三道横向龙骨，与竖向龙骨采用抽芯铆钉固定。使用支撑卡式横向龙骨时，卡距（即横向龙骨间距）一般为400～600mm，支撑卡应安装在竖向龙骨的开口上，并安装牢固。

6）安装管线与设备：安装墙体内水、电管线和设备时，应避免切断竖横向龙骨，同时避免在沿墙下端设置管线。要求固定牢固，并采取局部加强措施。

7）安装石膏板

① 石膏板安装前应检查龙骨的安装质量：门、窗框位置及加固是否符合设计及构造要求；龙骨间距是否符合石膏板的宽度模数，并办理隐检手续。水电设备需系统试验合格后办理交接手续。

② 从门口处开始安装一侧的石膏板，无门洞口的墙体由墙的一端开始。石膏板宜竖向铺设，长边接缝落在竖向龙骨上。曲线墙石膏板宜横向铺贴。门窗口两侧应用刀把形板。

③ 安装墙体内防火、隔声、防潮填充材料，与另一侧石膏板同时进行安装填入，填充材料应铺满、铺平。

④ 安装墙体另一侧石膏板：安装方法同第一侧石膏板，接缝应与第一侧面板缝错开，拼缝不得放在同一根龙骨上。

⑤ 双层石膏板墙面安装：第二层板的固定方法与第一层相同，但第二层板的接缝应与第一层错开，不能与第一层的接缝落在同一龙骨上。

8）胶合板和纤维复合板安装

① 安装胶合板的基体表面，应用油毡、釉质防潮时，应铺设平整，搭接严密，不得有皱折、裂痕和透孔等。

② 胶合板如用钉子固定，钉距为80～150mm，宜采用直钉或∩形钉固定。

③ 胶合板如涂刷清油等涂料时，相邻板面的木纹和颜色应近似。

④ 墙面用胶合板、纤维板装饰时，阳角处宜做护角。

⑤ 胶合板、纤维板用木压条固定时，钉距不应大于200mm，钉帽应打扁，并钉入木压条0.5～1.0mm，钉眼用油性腻子抹平。

⑥ 用胶合板、纤维板作罩面时，应符合防火的有关规定，在湿度较大的房间，不得使用未经防水处理的胶合板和纤维板。

9）塑料板罩面安装

塑料板罩面安装方法，一般有粘结和钉接两种。

① 粘结：用刮板或毛刷同时在墙面和塑料板背面涂刷，不得有漏刷。涂胶后见胶液流动性显著消失，用手接触胶层感到粘性较大时，即可粘结。粘结后应采用临时固定措施，同时将挤压在板缝中多余的胶液刮除、将板面擦净。

② 钉接：安装塑料贴面板复合板应预先钻孔，再用木螺钉加垫圈紧固。也可用金属压条固定。木螺钉的钉距一般为400～500mm，排列应一致整齐。加金属压条时，应拉横竖通线拉直，并应先用钉子将塑料贴面复合板临时固定，然后加盖金属压条，用垫圈找平固定。需要隔声、保温、防火的应根据设计要求在龙骨一侧安装好塑料贴面复合板，进行隔声、保温、防火等材料的填充；一般采用玻璃丝棉或30～100mm岩棉板进行隔声、防火处理；采用50～100mm苯板进行保温处理。再封闭另一侧的罩面板。

10）铝合金装饰条板安装：用铝合金条板装饰墙面时，可用螺钉直接固定在结构层上，也可用锚固件悬挂或嵌卡的方法，将板固定在轻钢龙骨上，或将板固定在墙筋上。

11）接缝及面层处理

隔墙石膏板之间的接缝一般做平缝，并按以下程序处理：

① 刮嵌缝腻子：刮嵌缝腻子前，将接缝内清除干净，固定石膏板的螺钉帽进行防腐处理，然后用小刮刀把腻子嵌入板缝，与板面填实刮平。

② 粘贴接缝带：嵌缝腻子凝固后粘贴接缝带。先在接缝上薄刮一层稠度较稀的胶状腻子，厚度一般为1mm，比接缝带略宽，然后粘贴接缝带，并用中开刀沿接缝带自上而下一个方向刮平压实，使多余的腻子从接缝带的网孔中挤出，使接缝带粘贴牢固。

③ 刮中层腻子：接缝带粘贴后，立即在上面再刮一层比接缝带宽80mm左右、厚度约1mm的中层腻子，使接缝带埋入腻子中。

④ 刮平腻子：用大开刀将腻子在板面接缝处满刮，尽量薄，与板面填平为准。

12）细部处理：墙面、柱面和门口的阳角应按设计要求做护角；阳角处应粘贴两层玻璃纤维布，角两边均拐过100mm，表面用腻子刮平。

2.2.2.2　木龙骨板材隔墙施工工艺

（1）工艺流程

弹隔墙定位线→划龙骨分档线→安装大龙骨→安装小龙骨→防腐处理→安

装罩面板→安装压条。

（2）操作方法

1）弹线：在基体上弹出水平线和竖向垂直线，以控制隔断龙骨安装的位置、格栅的平直度和固定点。

2）墙龙骨的安装：沿弹线位置固定沿顶和沿地龙骨，各自交接后的龙骨，应保持平直。固定点间距应不大于1m，龙骨的端部必须固定，固定应牢固。门窗或特殊节点处，应使用附加龙骨，其安装应符合设计要求。

3）罩面板安装：石膏板、胶合板和纤维板（埃特板）、人造板、塑料板、铝合金装饰条板。

2.2.2.3 玻璃隔墙施工工艺

平板玻璃隔墙的构造做法及施工安装，基本上同于玻璃门窗工程。当单块玻璃面积较大时，必须确保使用安全，对其涉及安全性的部位和节点应突出其施工质量检查。

1. 施工准备

（1）主要材料

玻璃板（钢化玻璃、夹胶玻璃）、金属材料（铝合金型材、不锈钢板）、辅助材料（膨胀螺栓、玻璃胶）。

（2）机具设备

切割机、电焊机、玻璃吸盘机、玻璃吸盘、线锯、小钢锯、锤子、线坠等。

（3）作业条件

1）施工场地清理完，施工区域内无影响正常施工安装的障碍物。

2）预埋件安装完，若有漏埋部位应根据实际需要补装预埋件。

3）安装需用的脚手架搭设完，并经检查符合安全要求。

4）现场材料存放和加工场地准备完，加工平台、各种现场加工机械设备安装调试完毕。

2. 操作工艺

（1）工艺流程

弹线定位→框材下料→安装框架、边框→安装玻璃→边框装饰→嵌缝打胶→清洁。

（2）操作方法

1）弹线定位：根据隔墙安装定位控制线，先在地面弹出隔墙的位置线，再用垂直线法在墙、柱上弹出位置及高度线和沿顶位置线，有框玻璃板隔墙标出竖框间隔和固定点位置。

2）框材下料：有框玻璃隔墙型材下料时，应先复核现场实际尺寸，有水平横档时，每个竖框均以底边为准，在竖框上划出横档位置线和连接部位的安装尺寸线，以保证连接件安装位置准确和横档在同一水平线上。下料应使用专用工具（型材切割机），保证切口光滑、整齐。

3）安装框架、边框

① 组装铝合金玻璃隔墙的框架有两种方式。一是隔墙面积较小时，先在平坦的地面上预制组装成形，然后再整体安装固定。二是隔墙面积较大时，则直接将隔墙的沿地、沿顶型材，靠墙及中间位置的竖向型材按控制线位置固定在墙、地、顶上。用第二种方式施工时，一般从隔墙框架的一端开始安装，先将靠墙的竖向型材与角铝固定，再将横向型材通过角铝件与竖向型材连接。角铝件安装方法是：先在角铝件上打出两个孔，孔径按设计要求确定，设计无要求时，按选用的铆钉孔径确定，一般不得小于 3mm。孔中心距角铝件边缘 10mm，然后用一小截型材（截面形状及尺寸与横向型材相同）放在竖向型材划线位置，将已钻孔的角铝件放入这一小截型材内，握稳小截型材，固定位置准确后，用手电钻按角铝件上的孔位在竖向型材上打出相同的孔，并用自攻螺钉或拉铆钉将角铝件固定在竖向型材上。铝合金框架与墙、地面固定可通过铁件来完成。

② 当玻璃板隔断的框为型钢外包饰面板时，将边框型钢（角钢或薄壁槽钢）按已弹好的位置线进行试安装，检查无误后与预埋件或金属膨胀螺栓焊接牢固，再将框内分格型材与边框焊接。型钢材料在安装前应做好防腐处理，焊接后经检查合格，补做防腐。

③ 当面积较大的玻璃隔墙采用吊挂式安装时，应先在建筑结构梁或板下做出吊挂玻璃的支撑架，并安好吊挂玻璃的夹具及上框。夹具距玻璃两个侧边的距离为玻璃宽度的 1/4（或根据设计要求）。要求上框的底面与吊顶标高应保持平齐。

4）安装玻璃

① 玻璃就位：边框安装好后，先将槽口清理干净，并垫好防振橡胶垫块。安装时两侧人员同时用玻璃吸盘把玻璃吸牢，抬起玻璃，先将玻璃竖着插入上框槽口内，然后轻轻垂直落下，放入下框槽口内。如果是吊挂式安装，在将玻璃送入上框时，还应将玻璃放入夹具内。

② 调整玻璃位置：先将靠墙（或柱）的玻璃就位，使其插入贴墙（柱）的边框槽口内，然后安装中间部位的玻璃。两块玻璃之间应按设计要求留缝，一般留 2 ～ 3mm 缝隙或留出与玻璃稳定器（玻璃肋）厚度相同的缝，因此玻璃下料时应考虑留缝尺寸。如果采用吊挂式安装，应逐块将玻璃夹紧、夹牢。对于有框玻璃隔墙，一般采用压条或槽口条在玻璃两侧压住玻璃，并用螺钉固定或卡在框架上。

5）边框装饰：无竖框玻璃隔墙的边框一般情况下均嵌入墙、柱面和地面的饰面内，需按设计要求的节点做法精细施工。边框不嵌入墙、柱或地面时，则按设计要求对边框进行装饰，一般饰面材料选用不锈钢板，然后进行下料、加工，将加工后的不锈钢内表面和饰面钢件的外表面清洁干净，最后将饰面板粘贴或卡在边框上，保证玻璃槽口尺寸，不锈钢表面平整、垂直、安装到位。

6）嵌缝打胶：玻璃全部就位后，校正平整度、垂直度，用嵌条嵌入槽口内定位，然后打硅酮结构胶或玻璃胶。注胶应从缝隙的一端开始，一只手握住注胶枪，均匀用力将胶挤出，另一只手托住注胶枪，顺着缝隙匀速移动，将胶均匀地注入缝隙中，用塑料片刮平玻璃胶，胶缝宽度应一致，表面平整，并清除溢到玻璃表面的玻璃胶，玻璃板之间的缝隙注胶时，可以采用两面同时注胶的方式。

7）清洁：玻璃板隔墙安装后，应将玻璃面和边框的胶迹、污痕等清洗干净。普通玻璃一般情况下可用清水清理；有油污，可用液体溶剂先将油污洗掉，然后再用水洗。镀膜玻璃可用水清洗，污垢严重时，应先用液体洗涤剂或酒精等将污垢洗净，然后再用清水洗净；玻璃清洁时不能用质地太硬的清洁工具，也不能采用磨料或酸、碱性较强的洗涤剂。其他饰面用专用清洁剂清洗时，不要让专用清洁剂溅落到镀膜玻璃上。

2.2.3 活动隔墙施工

活动隔墙大多使用成品板材及其金属框架、附件在现场组装完成，其金属框架及饰面板一般不需要再做饰面层。也有些活动隔墙不需要金属框架，使用半成品板材在现场加工制作成活动隔墙。

活动隔墙常用于大空间多功能厅的间隔，由于此类内隔墙属于重复和动态使用，必须保证使用的安全性及其灵活性，故应强调其专业性及确保工程质量。

1. 施工准备

（1）主要材料

活动隔墙板，上、下轨道，滑轮组件及其配件，五金配件等。

（2）机具设备

电锯、曲线锯、电刨、木工开槽机、木工修边机、电钻、冲击钻、气泵、气钉枪、电焊机、各种手工刨子、木锯、小铁锤、扁铲、木钻、丝锥、螺钉旋具、扳手、凿子、钢锉、墨斗、粉线包等。

2. 操作工艺

（1）工艺流程

弹线定位→轨道固定件安装→预制隔扇→安装轨道→安装活动隔扇→饰面。

（2）操作方法

1）弹线定位：根据施工图，在室内地面放出活动隔墙的位置控制线，并将隔墙位置线引至侧墙及顶板。弹线时应弹出固定件的安装位置线。

2）轨道固定件安装：按设计要求选择轨道固定件。安装轨道前要考虑墙面、地面、顶棚的收口做法并方便活动隔墙的安装，通过计算活动隔墙的重量，确定轨道所承受的荷载和预埋件的规格、固定方式等。轨道的预埋件安装要牢固，轨道与主体结构之间应固定牢固，所有金属件应做防锈处理。

3）预制隔扇：首先根据设计图结合现场实际测量的尺寸，确定活动隔墙的净尺寸。再根据轨道的安装方式、活动隔墙的净尺寸和设计分格要求，计算确定活动隔墙每一块隔扇的尺寸，最后绘制出大样图委托加工。由于活动隔墙是活动的墙体，要求每块隔扇都应像装饰门一样美观、精细，应在专业厂家进行预制加工，通过加工制作和试拼装来保证产品的质量。预制好的隔扇出厂前，为防止开裂、变形，应涂刷一道底漆或生桐油。若现场加工，隔扇制作主要工序是：配料、截料、刨料、划线凿眼、倒楞、裁口、开榫、断肩、组装、加楔净面、刷底油。饰面在活动隔墙安装后进行。

活动隔墙的高度较高时，隔扇可以采用铝合金或型钢等金属骨架，防止由于高度过大引起变形。有隔声要求的活动隔墙，在委托专业厂家加工时，应提出隔声要求，不但保证隔扇本身的隔声性能，而且还要保证隔扇四周缝隙也能密闭隔声。

4）安装轨道

① 悬吊式轨道：悬吊导向的固定方式是在隔扇顶面安装滑轮，并与上部悬吊的轨道相连。轨道、滑轮应根据承载重量的大小选用。轻型活动隔墙轨道用木螺钉或对拧螺钉固定在沿顶木框或钢框上。重型活动隔墙轨道用对拧螺钉或焊接固定在型钢骨架上。

② 支承式轨道：支承导向的固定方式是滑轮在隔板下部，与地面轨道构成下部支承点。轨道用胀栓或与轨道预埋件固定，并在沿顶木框上安装导向轨。

③ 安装轨道时应根据轨道的具体情况，提前安装好滑轮或轨道预留开口（一般在靠墙边 1/2 隔扇）。地面支承式轨道和地面导向轨道安装时，必须认真检查，确保轨道顶面与完成后的地面面层表面平齐。

5）安装活动隔扇：根据安装方式，在每块隔扇上准确划出滑轮安装位置线，然后将滑轮的固定架用螺钉固定在隔扇的上梃或下梃上。再把隔扇逐块装入轨道，调整各块隔扇垂直于地面，且推拉转动灵活，最后进行各扇连接固定。通常情况下相邻隔扇之间用合页连接。

6）饰面：根据设计要求进行饰面。一般采用软包、裱冷装实木板、贴饰面板、镶玻璃等。饰面做好后，才要进行油漆涂饰或收边。饰面装饰施工按相应的二装要求进行。

2.2.4　砌筑类隔墙施工

2.2.4.1　轻质砌块隔墙施工工艺

1. 施工准备

（1）技术准备

1）砌块砌筑前应做好技术交底工作。

2）墙体砌筑前必须熟悉图样，做好相应的施工准备。

① 放好砌体墙身位置线，门窗洞口等位置线，经验线符合设计图要求，预检合格。

② 按砌筑操作需要，找好标高，立好标尺杆。

③ 配置异形尺寸砌块。

（2）材料准备

1）空心砖、砌块的品种、强度等级符合设计要求，并规格一致、色泽均匀、边角整齐，符合材料规范要求。

2）砂浆：现场搅拌砂浆。

① 采用水泥砂浆。

② 施工前按设计文件的要求并将自拌砂浆的进场材料等有关资料纳入工程技术档案资料中。

3）其他材料：拉结筋、预埋件等应满足设计及规范要求。

（3）机具准备

铲、靠尺、手推车、刮尺、铁水平尺、卷尺、线坠、小白线等。

（4）作业条件

1）砌筑前经结构墙上弹好 1000mm 标高的水平线，在相应部位弹好墙身边线、门窗洞口线，在结构墙柱上弹好砌筑墙的边线。

2）遇有穿墙管线，应预先核实其位置、尺寸，以预留为主，减少事后剔凿，损害墙体。

3）砌墙的前一天应将砌块墙与结构墙相连接的部位洒水湿润，保证砌体粘接牢固。砌筑墙体时，应向砌筑面适量浇水。

2. 操作工艺

（1）工艺流程

基层处理→排砖撂底→组砌轻质砌块→拉结筋设置→清理。

（2）操作方法

1）基层处理：将要砌墙的根部的混凝土或砖表面清扫干净，用砂浆找平，拉线，用水平尺检查其平整度，当最下一皮的水平灰缝厚度大于 20mm 时，应用细石混凝土找平。

2）排砖撂底：砌筑砌块墙前先将墙根部清理干净、整洁，无浮土。根据弹好的门窗洞口位置线，认真核对墙尺寸，其长度是否符合排砖模数，如不符合模数时，尺寸较小时采用调整灰缝的方法。

组砌方式

3）组砌轻质砌块：砌块砌体采用全顺法。

① 砌砖，砌筑前应先根据墙长进行排砖，不够整块时可以用分头块或锯成需要的尺寸，但不得小于 200mm。

② 应选择棱角整齐，无弯曲、裂纹，规格一致的砌块。

③ 每皮砌块应使其底面朝上砌筑。

④ 砌筑时满铺满挤，上下错缝，搭接长度不宜小于砌块长度的 1/3，转角处相互咬砌搭接。

⑤ 砌砖采用一铲灰、一块砖、一挤揉的“三一”砖砌法，砌砖时砖要放平。

⑥ 砌块应对孔错缝搭砌，个别情况下无法对孔砌筑时，允许错孔砌筑，但搭接长度不应小于 90mm。

⑦ 采用外手挂线，可照顾墙体两面平整，为下道工序控制抹灰厚度奠定基础。

⑧ 砌体的灰缝厚度和宽度应正确。红机砖砌体砂浆灰缝应为 8 ～ 12mm，

轻集料砌体砂浆灰缝应为 2 ～ 3mm。水平灰缝应平直，砂浆饱满，轻集料混凝土小型空心砌块及红机砖按净面积计算的砂浆饱满度不应低于 80%。竖向灰缝应采用加浆方法，使其砂浆饱满，严禁用水冲浆灌缝，不得出现瞎缝、透明缝。竖缝的砂浆饱满度不应低于 80%。砌块端头与墙、柱接缝处各涂刮 5mm 厚度的砂浆粘接，挤紧塞实，将挤出的砂浆刮平。

⑨ 墙体转角处及交接处应同时砌起，如不能同时砌起时，应留置斜槎，斜槎的长度应等于或大于斜槎高度。

⑩ 填充墙砌至接近梁、板底时，应留一定空隙，待填充墙砌筑完并至少间隔 7 天，砂浆应饱满。

⑪ 在操作过程中出现偏差应及时纠正。

4）拉结筋设置

① 按建筑施工图中位置，沿墙高每隔 500mm（二皮砌块高度）一道。

② 内设 2ϕ6 沿墙全长的通长钢筋，理平顺直置于砌体水平灰缝内。

5）清理。对现场材料和工具进行整理清扫，保证工完场清。

2.2.4.2 玻璃砖隔墙施工工艺

玻璃砖，又称特厚玻璃，有实心砖和空心砖之分。用于室内整体式轻质隔墙的应为空心玻璃砖，砖块四周有 5mm 深的凹槽，按其透光及透过视线效果的不同，可分为透光透明玻璃砖、透光不透明玻璃砖、透射光定向性玻璃砖以及热反射玻璃砖等。在实际工程中，常根据室内艺术格调及装饰造型的需要，选择不同的玻璃砖品种进行组合砌筑。

1. 施工准备

（1）施工材料

1）玻璃砖：其规格多为 100mm × 100mm × 100mm 和 300mm × 300mm × 100mm。

2）胶结材料：一般宜选用强度等级 32.5 级的普通硅酸盐水泥。某些场合也有选用其他透明胶粘剂的。

3）细集料：宜选择筛余的白色砾砂。粒径为 0.1 ～ 1.0mm，不得含泥及其他杂质。

4）掺合料：石灰膏或石灰粉以及少量胶粘剂。

5）其他材料：钢筋、玻璃丝毡或聚苯乙烯、槽钢等。

（2）工具准备

大铲、托线板、线坠、小白线、2m 卷尺、铁水平尺、皮数杆、小水桶、贮灰槽、扫帚、透明塑料胶带、橡胶锤。

（3）作业条件

1）做好防水层及保护层（外墙）。

2）用素混凝土或垫木找平，并控制好标高。

3）在玻璃砖墙四周弹好墙身线。

4）固定好墙顶及两端的槽钢或木框。

5）弹好撂底玻璃砖墙线，按标高立好皮数杆，皮数杆的间距以 15 ～ 20m 立一根为宜。

2. 操作工艺

（1）工艺流程

隔墙定位放线→踢脚台施工→检查预埋锚件→玻璃空心砖砌筑。

（2）操作方法

1）隔墙定位放线：根据建筑设计图，在室内楼地面上弹出隔墙位置的中心线和边线，然后引测到两侧结构墙面和楼板底面。当设计有踢脚台时，应在踢脚台宽度，弹出边线。

2）踢脚台施工：踢脚台结构构造如为混凝土的应将楼板凿毛，立模，洒水浇注混凝土。如为砖砌体，则按踢脚台的边线，砌筑砖踢脚。在踢脚台施工中，两端应与结构墙锚固并按设计要求的间距，预埋防腐木砖。表面应用 1∶3 的水泥砂浆抹平、收光，进行养护。

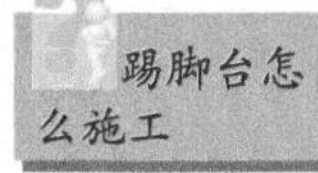

3）检查预埋锚件：隔墙位置线弹好后，应检查两侧墙面及楼底面上预埋木砖或铁件的数量及位置。如偏离中心线很大，则应按隔墙的中心线和锚件设计间距钻膨胀螺栓孔。

4）玻璃空心砖砌筑

① 选砖：玻璃砖应挑选棱角整齐，规格相同，对角线尺寸基本一致，表面无裂痕、无磕碰的砖。

② 排砖：根据弹好的玻璃砖墙位置线，认真核对玻璃砖墙长度尺寸是否符合排砖模数。如砖墙长度尺寸不符合排砖模数，可调整砖墙两端的槽钢或木框的厚度及砖缝的厚度。砖墙两端调整的宽度要保持一致，同时砖墙两端调整后的槽钢或木框的宽度应与砖墙上部槽钢调整后的宽度尽量保持一致。

③ 挂线：砌筑之前，应双面挂线。如果玻璃砖墙较长，则应在中间多设几个支线，并用盒尺找好线的高度，使线尽可能保持在一个高度上。每皮玻璃砖砌筑时需挂平线，并穿线看平，使水平灰缝均匀一致，平直通顺。

④ 砌砖：砌玻璃砖采用整跨度分皮砌。

首皮撂底玻璃砖要按弹好的墙线砌筑。在砌筑墙两端的第一块玻璃砖时，将玻璃纤维毡或聚苯乙烯放入两端的边框内。玻璃纤维毡或聚苯乙烯随砌筑高度的增加而放置，一直到顶对接。砌筑完一皮后，用透明塑料胶带将玻璃砖墙立缝贴封，然后往立缝内灌入砂浆并捣实。玻璃砖墙皮与皮之间应设置 ϕ6mm 双排钢筋梯网，钢筋搭接位置选在玻璃砖墙中央。最上一皮玻璃砖砌筑在墙中间收头，顶部槽钢内放置玻璃纤维毡或聚苯乙烯。水平灰缝和竖向灰缝厚度一般为 8 ～ 10mm。划缝紧接立缝灌好砂浆后进行。划缝深度为 8 ～ 10mm，须深浅一致，清扫干净。划缝 2 ～ 3h 后，即可勾缝，勾缝砂浆内掺入水泥质量 2% 的石膏粉。砌筑砂浆应根据砌筑量，随时拌和，且其存放时间不得超过 3h。

2.3 门窗工程施工

在门窗安装前应先检查门窗的品种、规格、开启方向、平整度等是否符合国家现行有关标准规定，附件是否齐全，以及门窗洞口是否符合设计要求。

为保证门窗安装质量，在门窗安装之前，应根据设计和厂方提供的门窗节点图和构造图进行检查，核对类型、规格、开启方向是否符合设计要求，零部件、组合件是否齐全，并且核对洞口位置、尺寸及方正，有问题应提前进行剔凿、找平等处理。

门窗贮存的要求

门窗的存放、运输过程中注意木门窗应采取措施防止受潮、碰伤、污染与暴晒。塑料门窗贮存的环境温度应小于50℃；与热源的距离不应小于1m。当在环境温度为0℃的环境中存放时，安装前应在室温下放置24h。铝合金、塑料门窗运输时应竖立排放并固定牢靠。樘与樘间应用软质材料隔开，防止相互磨损及压坏玻璃和五金件。

门窗框、扇在安装过程中，应防止变形和损坏。为了保护门窗在施工过程中免受磨损、受力变形，门窗安装应采用预留洞口的施工方法，不得采用边安装边砌口或先安装后砌口的施工方法。对于所安装的推拉门窗扇必须有防脱落措施，扇与框的搭接量应符合设计要求。为保证使用安全，特别是防止高层住宅窗扇坠落事故，推拉窗扇必须有防脱落措施，扇与框的搭接量均应符合设计要求。在施工高层建筑时，我们必须考虑建筑外门窗的安装必须牢固。门窗的固定应根据不同材质的墙体确定不同的方法。如混凝土墙洞口应采用射钉或膨胀螺钉。在砖砌体上安装门窗严禁用射钉固定。砖墙洞口应采用膨胀螺钉或水泥钉固定，但不得固定在砖缝上。砖受冲击之后易碎，因此在砖砌体安装门窗时严禁用射钉固定。

特种门安装除应符合设计要求外，还应符合国家标准及有关专业标准和主管部门的规定。

2.3.1 木制装饰门窗工程施工工艺

普通木门窗的气密性、抗风压和空气渗透性能以及抵御潮湿、防水、抗腐蚀和耐久性能等一般不能与现代新型节能门窗作相同水平的比较。但在建筑装饰装修工程中，特别是店面和室内工程，包括现代多层及高层建筑的楼层分户门，采用木质门窗产品的情况依然很普遍，细木制品的材质和造型特点与工艺处理的艺术效果及其所显示的温馨优雅的视觉魅力，也是金属或塑料类产品所不可取代的。同时，木门窗的保温隔热性能优于金属门窗，其造型较为灵活，表面装饰处理比较容易，可充分利用雕刻、表面饰材贴覆或与其他材料复合、运用大线条组成图案等各种手法而形成不同风格的制品。

2.3.1.1 木门窗工程施工要点

1）门窗框与砖石砌体、混凝土或抹灰层接触部位以及固定用木砖等均应进行防腐处理。

2）门窗框安装前应校正方正，加钉必要拉条避免变形。安装门窗框时，每边固定点不得少于两处，其间距不得大于 1.2m。

3）门窗框需镶贴脸时，门窗框应凸出墙面，凸出的厚度应等于抹灰层或装饰面层的厚度。

2.3.1.2 木门窗的制作与安装

根据规范要求对木门窗制作的有关规定，木门窗的木材品种、材质等级、规格、尺寸、框扇的线型及人造木板的甲醛含量，均应符合设计要求。

1. 施工准备

（1）材料准备

木门窗及其他细木制品如有允许限值以内的死结及直径较大的虫眼等缺陷，应用同一树种的木塞加胶填补；对于采用清漆油饰的显露木纹的制品，所用木塞的色泽和木纹应与制品一致。但是，在制品结构的结合部位和安装配件处，不得有木节或经填补的木节。

木门窗应采用烘干的木材，含水率应符合现行规定，应通过检查材料进场记录的方法进行检验。由木材加工厂供应的木门窗应有出厂合格证及环保检测报告且木门窗制作时的木材含水率不应大于 12%。木门窗的防火、防腐、防虫处理，应符合设计要求。当采用马尾松、木麻黄、桦木、杨木等易腐朽和虫蛀的树种木材制作木门窗及其他细木制品时，整个构件应用防腐、防虫药剂处理。

（2）机具准备

工具：手提电锯、电刨、电钻、电锤、木工钻、锯、刨子、锤子、斧子、螺钉旋具、墨斗、扁铲、凿子、粉线包等。

（3）作业条件

1）结构工程已完成并验收合格。

2）室内已弹好 +500mm 水平线。

3）门窗框、扇在安装前应检查窜角、翘扭、弯曲、劈裂、崩缺、榫槽间结合处无松离，如有问题，应进行修理。

4）门窗框进场后，应将靠墙的一面涂刷防腐涂料，刷后分类码放平整。

5）门窗框安装在砌墙前或室内、外抹灰前进行，门窗扇安装应在饰面完成后进行。

2. 施工工艺

（1）工艺流程

放样→配料、截料→划线→打眼→开榫、拉肩→裁口与倒角→拼装→框安装→扇安装→小五金安装。

（2）操作工艺

1）放样：放样是根据施工图上设计好的木制品，按照足尺 1∶1 将木制品构造画出来，做成样板（或样棒），放样是配料和截料、划线的依据，在使用的过程中，注意保持其划线清晰，不要使其弯曲或折断。

2）配料、截料：配料是在放样的基础上进行的，因此，要计算出各部件的尺寸和数量，列出配料单，按配料单进行配料。配料时，要合理确定加工余量，各部件的毛料尺寸要比净料尺寸加大些，在选配的木料上按毛料尺寸画出截断、锯开线，考虑到锯解木料的损耗，一般留出 2 ～ 3mm 的损耗量。锯时要注意锯线直，端面平。

配料余量一般为多少

3）刨料：刨料时，宜将纹理清晰的里材作为正面。

4）划线：划线是根据门窗的构造要求，在每根刨好的木料上划出榫头线、打眼线等。

5）打眼：打眼之前，应选择等于眼宽的凿刀。凿出的眼，顺木纹两侧要直，不得出错槎。

6）开榫、拉肩：开榫就是按榫头线纵向锯开。拉肩就是锯掉榫头两旁的肩头。通过开榫和拉肩操作就制成了榫头。

7）裁口与倒棱：裁口即刨去框的一个方形角部分（一般为 10mm × 10mm 或 8mm × 10mm），供装玻璃用。倒棱也称为倒八字，即沿框刨去一个三角形部分。

8）拼装：拼装先将楔头沾抹上胶再用锤轻轻敲打拼合（图 2-29 ～图 2-31）。门窗框、扇组装好后，为使其成为一个结实的整体，必须在眼中加木楔，使榫在眼中挤紧。安装前，门窗框靠墙一面，均要刷一道防腐剂，以增强防腐能力。门窗框组装、净面后，应按房间编号、按规格分别码放整齐，堆垛大面垫木块。不得在露天堆放，以防止日晒雨淋。门窗框进场后应尽快刷一道底油防止风裂和污染。

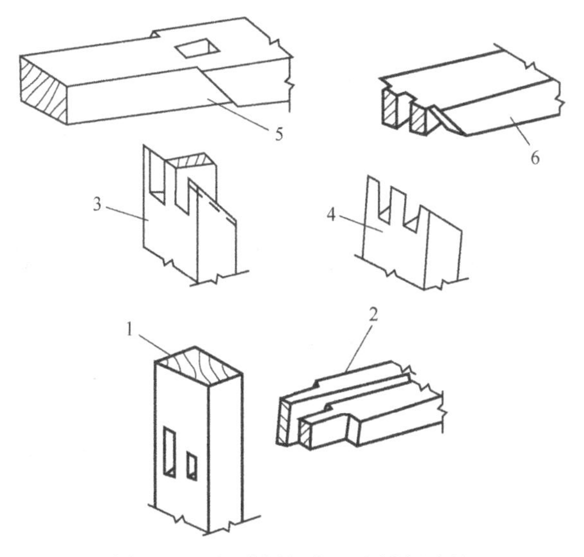

图 2-29　门边框与上、中横框连接

1—门边框　2—中横框　3、4—门边框　5—走头　6—门上框

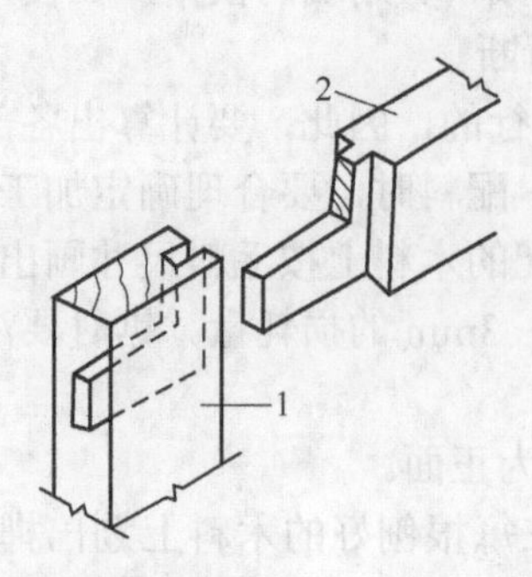

图 2-30　门边梃与上、中冒头的连接

1—门边梃　2—上冒头（或中冒头）

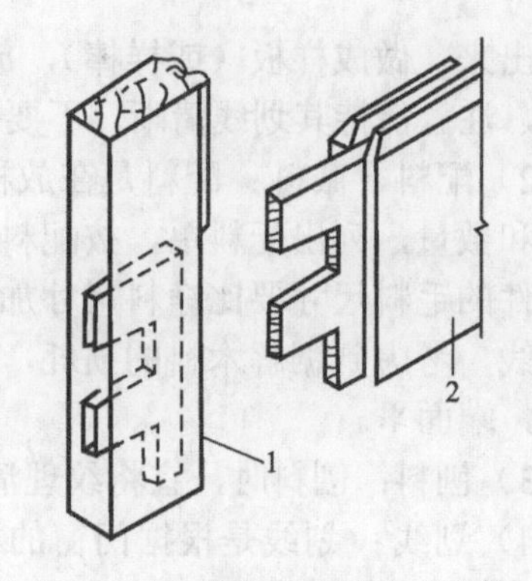

图 2-31　门边梃与下冒头的连接

1—门边梃　2—下冒头

9）门窗框安装：门、窗框安装应在地面和墙面抹灰施工前完成。根据门、窗的规格，按规范要求，确定固定点数量。门、窗框安装时，以弹好的控制线为准，先用木楔将框临时固定于门、窗洞内，用水平尺、线坠、方尺调平、找垂直、找方正，在保证门、窗框的水平度、垂直度和开启方向无误后，再将门、窗框与墙体固定，门框的安装位置如图 2-32 所示。

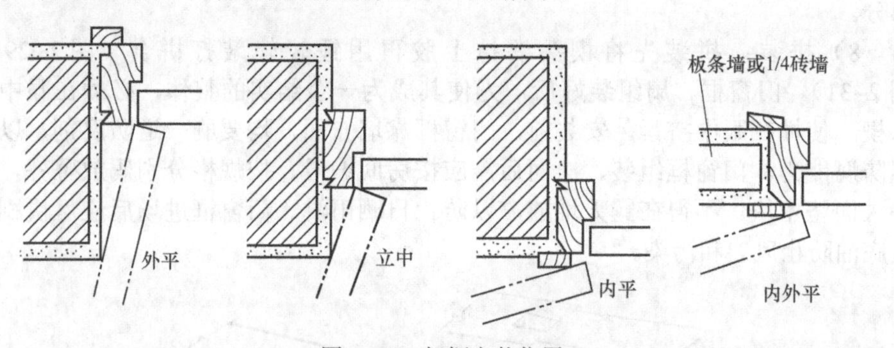

图 2-32　门框安装位置

① 找规矩、弹线：弹放垂直控制线、水平控制线、墙厚度方向的位置线，应考虑墙面抹灰的厚度（按墙面冲筋，确定抹灰厚度）。

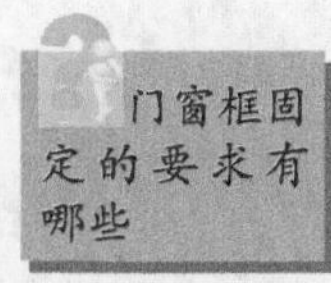

② 门窗框固定：用木砖固定框时，在每块木砖处应用 2 个钉帽砸扁的 100mm 长钉子钉进木砖内。使用膨胀螺栓时，螺杆直径≥ 6mm。用射钉时，要保证射钉射入混凝土内不少于 40mm，达不到时，必须使用固定条固定，除混凝土墙外，禁止使用射钉固定门、窗框。若为混凝土墙，宜采用 50mm 宽、1.5mm 厚薄钢板做固定条，一端用不少于 2 颗木螺钉固定在框上，另一端用射钉固定在墙上。

③ 门、窗框嵌缝：内门窗通常在墙面抹灰前，用与墙面抹灰相同的砂浆将门窗框与洞口的缝隙塞实。外门窗一般采用保温砂浆或发泡胶将门窗框与洞口的缝隙塞实。

10）门窗扇安装

① 量出樘口净尺寸，考虑留缝宽度。

② 试装门窗扇时，应先用木楔塞在门窗扇的下边，然后再检查缝隙，并注

意窗楞和玻璃芯子平直对齐。合格后画出合页的位置线，剔槽装合页。

11）门窗小五金安装

① 所有小五金必须用木螺钉固定安装。严禁用钉子代替。

② 铰链距门窗扇上下两端的距离为扇高的 1/10，且避开上下冒头。安好后必须灵活。

为何要避开冒头

③ 门锁距地面高 0.9 ～ 1.05m，应错开中冒头和边梃的榫头。

④ 门窗拉手应位于门窗扇中心线以下，窗拉手距地面 1.5 ～ 1.6m。

⑤ 窗风钩应装在窗框大冒头与窗扇下冒头夹角处，使窗开启后成 90° 角，并使上下各层窗扇开启后整齐一致。

⑥ 门插销位于门拉手下边。装窗插销时应先固定插销底板，再关窗打插销压痕，凿孔，打入插销。

⑦ 门扇开启后易碰墙的门，为固定门扇应安装门吸。

⑧ 小五金应安装齐全，位置适宜，固定可靠。

2.3.2 铝合金门窗工程施工工艺

铝合金门窗是经过表面处理的型材，通过下料、打孔、铣槽、攻丝、制窗等加工工艺而制成的门窗框料构件，然后再与连接件、密封件、开闭五金件一起组合装配而成的。

铝合金门窗制品较木制装饰门窗以及渐被淘汰的普通空腹或实腹钢门窗具有突出的使用性能，且由于铝合金材质的特点，使其加工制作、型材装配及制品安装可以达到较高的精度，为建筑围护结构的节能设计及使用安全等标准要求提供了重要和必要的条件。

2.3.2.1 铝合金门窗制作工艺

组装工艺流程：下料→铣榫槽→打眼→安装角铝→四角组装→安装玻璃→装密封件（弹性密封条、毛条、密封膏、压条等）→安装五金配件。

1）配料下料：铝合金门窗型材长度一般为 4 ～ 6m。将同一断面的长短料搭配下料，以减少耗材。

2）铣槽榫：门窗框（或扇）直角对接时横斜切成榫头，竖料铣槽。

3）打眼：按插接件位置打紧固件螺钉眼，要求位置准确。

4）安装接件（角铝）：先在竖料内侧两端用拉铆钉固定角铝一个边，位置必须准确。45° 斜角对接时，角铝固定在竖料外侧空腔壁内。

5）四角组装：四角对接，并校正调整后紧固。先将两横料与一边竖料插接，再与另一边竖料插接，校正好尺寸与角度。用卡具卡紧，在上下横料外侧打眼，用拉铆钉与内插角铝紧固。其四角的紧固强度要求应达到规定。

6）安装玻璃：在门窗扇四框组装完成之后，将玻璃嵌入型材槽内。先在下部型材槽内放入橡胶垫块两个，将玻璃放入，用玻璃压条扣紧，再压入弹性密封条，搭接处扣毛条，拼缝处挤密封胶做密封处理。

7）合页、拉手、风撑、锁扣等五金件均采用不锈钢。

2.3.2.2 铝合金门窗安装工艺

1. 施工准备

(1) 材料准备

铝合金门窗、五金配件、纱窗、嵌缝剂、密封条、密封膏等。

(2) 机具准备

手枪钻、电锤、抹子、锤子、螺钉旋具、木楔、射钉枪、割刀、拉锚枪等。

(3) 作业条件

1) 主体结构经相关单位检查验收合格。或墙面已粉刷完毕。

2) 检查门窗洞口尺寸及标高是否符合设计要求。有预埋件的门窗口还应检查预埋件的数量、位置及埋设方法是否符合设计要求。

3) 按施工图要求尺寸，弹好门窗中线，并弹好室内 +500mm 水平线。

4) 检查铝合金门窗，如有劈棱窜角和翘曲不平、偏差超标、表面损伤、变形及松动、外观色差较大者，应经处理验收合格后才能安装。

2. 施工工艺

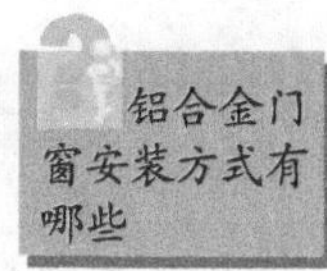

铝合金门窗安装方式有哪些

(1) 工艺流程

划线定位→防腐处理→铝合金门窗的安装就位→铝合金门窗的固定→门窗框与墙体间隙的处理→门窗扇及门窗玻璃的安装→安装五金配件。

(2) 操作工艺

铝合金门窗的安装方式是通过装设于外框上的金属连接件用紧固件与洞口墙体直接固定，或将连接件与预埋件焊接。当设计要求设置预埋件时，门窗安装工程需要与土建施工密切结合，在建筑结构施工中不仅要将门窗洞口准确留出，特别应按设计要求把门窗安装预埋件准确地埋设到位。铝合金门窗的常用安装节点，如图 2-33 所示。

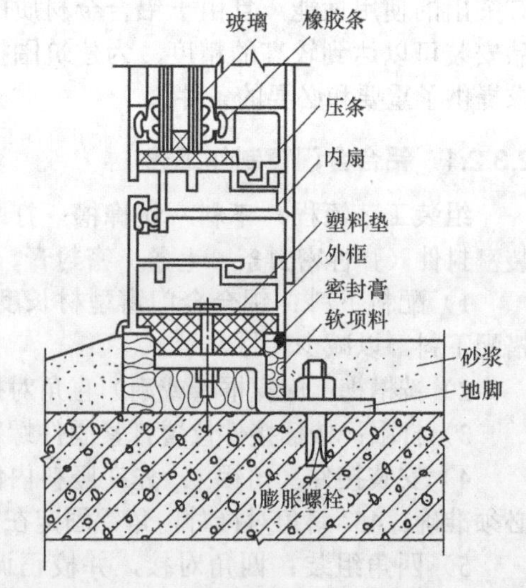

图 2-33 铝合金窗安装节点及缝隙处理示意图

1) 划线定位

① 根据设计图中门窗的安装位置、尺寸和标高，依据门窗中线向两边量出门窗边线。若为多层或高层建筑时，以顶层门窗边线为准，用线坠或经纬仪将门窗边线下引，并在各层门窗口处划线标记，对个别不直的口边应剔凿处理。

② 门窗的水平位置应以楼层室内 50cm 的水平线为准向上反量出窗下皮标高，弹线找直。每层必须保持窗下皮标高一致。

③ 门的安装应注意地面的标高，安装地弹簧门时，地弹簧的表面必须与楼地面装饰层的表面标高相一致。

2）防腐处理

① 门窗框四周外表面的防腐处理设计无要求时，可涂刷防腐涂料或粘贴塑料薄膜进行保护，以免水泥砂浆直接与铝合金门窗表面接触，产生电化学反应，腐蚀铝合金门窗。

② 安装铝合金门窗时，如果采用连接件固定，则连接件、固定件等安装用金属件最好用不锈钢件。否则必须进行防腐处理，以免产生电化学反应，腐蚀铝合金门窗。

3）铝合金门窗安装就位：根据划好的门窗定位线，安装铝合金门窗框，并及时调整好门窗框的水平、垂直及对角线长度等达到质量标准，然后用木楔临时固定。

4）铝合金门窗的固定

① 当墙体上预埋有铁件时，可直接把铝合金门窗的铁脚与墙体上的预埋件焊牢，焊接处需做防锈处理。

② 当墙体上没有预埋件时，可用金属膨胀螺栓或塑料膨胀螺栓将铝合金门窗的铁脚固定到墙上。要求紧固点距离墙（柱、梁）边缘不得小于 50mm，且应注意错开墙体缝隙，以防紧固失效。

③ 当墙体上没有预埋件时，也可用电钻在墙体上打 80mm 深、直径为 6mm 的孔。用 L 形 80mm × 50mm 的 6mm 钢筋，在长的一端粘涂 108 胶水泥浆，然后打入孔中。待 108 胶水泥浆终凝后，再将铝合金门窗的铁脚与埋置的 6mm 钢筋焊牢。

5）门窗框与墙体间缝隙的处理

① 铝合金门窗安装固定后，应先进行隐蔽工程验收，合格后及时按设计要求处理门窗框与墙体之间的缝隙。铝合金门窗的周边填缝，应作为一道重要工序认真进行，根据施工规范要求，铝合金门窗框与洞口墙体之间应采用弹性连接，框周缝隙宽度宜在 20mm 以上，分层按设计要求完成填缝。

为何采用弹性连接

② 如果设计未要求时，可采用弹性保温材料或玻璃棉毡条分层填塞缝隙，外表面留 5 ～ 8mm 深的槽口，待洞口饰面施工完成并干燥后，清除槽口内的渣土、浮灰，填嵌嵌缝油膏或密封胶。不用水泥砂浆填塞的原因是硅酸盐类水化后将产生大量氢氧化钙，使水泥砂浆呈强碱性，pH 值可达 11 ～ 12，从而腐蚀铝合金。

6）门窗扇及门窗玻璃的安装

① 门窗扇和门窗玻璃应在洞口墙体表面装饰完工，验收后安装。

② 推拉门窗在门窗框安装固定后，将配好玻璃的门窗扇整体安入框内滑槽，调整好与扇的缝隙即可。

③ 平开门窗在框与扇格架组装上墙、安装固定好后再安玻璃，即先调整好框与扇的缝隙，再将玻璃安入扇并调整好位置，最后镶嵌密封条及密封胶。

④ 地弹簧门应在门框及弹簧主件入地安装固定后再安门扇。先将玻璃嵌入门

扇格架并一起入框就位，调整好框扇缝隙，最后填嵌门扇玻璃的密封条及密封胶。

7）安装五金配件

五金配件与门窗连接用镀锌螺钉。安装的五金配件应结实牢固，使用灵活。

2.3.3 塑料门窗安装施工

1. 准备工作

1）验收门、窗。塑料门、窗运到现场后，应由现场材料及质量检查人员按照设计图对其进行品种、规格、数量、制作质量以及有否损伤、变形等进行检验。

2）门、窗存放。塑料门、窗应放置在清洁、平整的地方，且应避免日晒雨淋。

3）门、窗运输。运输塑料门、窗应竖立排放并固定牢靠，防止颠振破坏，樘与樘之间应用非金属软质材料隔开。

4）机具准备。冲击电钻、手枪钻、射钉枪、打胶筒、鸭嘴榔头、橡胶锤、锤子、一字形和十字形螺钉旋具、扁铲、钢凿、铁锉、刮刀、对拔木楔、挂线板、线坠、水平尺、粉线包等工具。

5）洞口检查。用于同一类型的门、窗及其相邻上、下、左、右的洞口应保持拉通线，洞口应横平竖直，洞口宽度与高度尺寸的允许偏差应符合表 2-1 的规定。

表2-1 洞口宽度或高度尺寸的允许偏差 （单位：mm）

序号	洞口宽度或高度 / 墙体表面	<2400	2400 ～ 4800	>4800
1	未粉刷墙面	±10	±15	±20
2	已粉刷墙面	±5	±10	±15

6）检查连接点的位置和数量。塑料门、窗框与墙体的连接固定，应考虑受力和塑料变形两个方面的因素，因此要求（图 2-34）：

① 连接固定点的中距不应大于 600mm。

② 连接固定点距框角不应大于 150mm。

③ 不允许在有横档或竖梃的框外设置连接点。

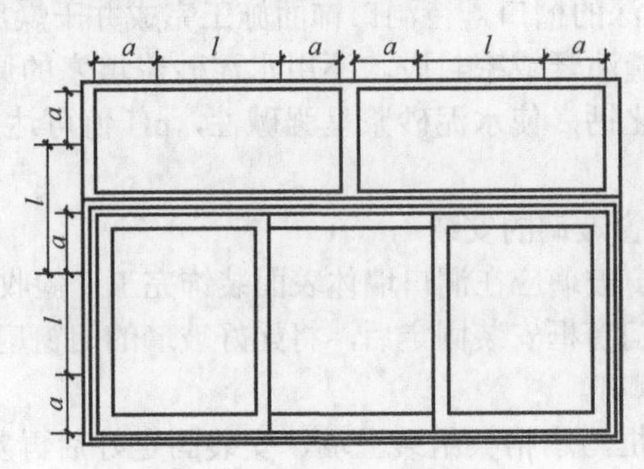

图 2-34 固定片安装位置

a—窗框端头（或中框）与固定片的距离：150 ～ 200mm *l*—固定片之间的间距≤ 600mm

7）弹线：按照设计图要求，在墙上弹出门、窗框安装的位置线。

2. 塑料门窗安装的工艺流程

门窗框上安铁件→立门、窗框→门、窗框校正→门窗框与墙体固定→嵌缝密封→安装门窗扇→安装玻璃→镶配五金→清洗保护。

3. 操作工艺

1）门窗框上安铁件：在连接固定点的位置，在塑料门、窗框的背面钻 ϕ3.5mm 的安装孔，并用 ϕ4mm 自攻螺钉将 Z 形镀锌连接件拧固在框背面的燕尾槽内。

2）立门窗框：将塑料门、窗框放入洞口内，并用对拔木楔将门窗框临时固定，然后按已弹出的水平、垂直线位置，使其在垂直、水平、对中、内角方正均符合要求后，再将对拔木楔楔紧。对拔木楔应塞在框角附近或能受力处。门、窗框找平塞紧后，必须使框、扇配合严密，开关灵活。

3）门窗框与墙体固定：即将在塑料门窗框上已安装好的 Z 形连接件与洞口的四周固定。固定时应先固定上框，而后固定边框。固定的方法应符合下列要求（图 2-35）。

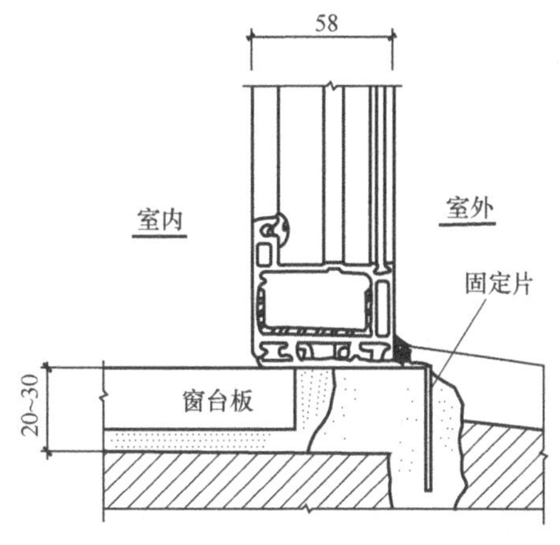

图 2-35 窗下框与墙体的固定

① 混凝土墙洞门，应采用射钉或塑料膨胀螺栓固定。

② 砖墙洞口，应采用塑料膨胀螺栓或水泥钉固定，但不得固定在砖缝上。

③ 加气混凝土墙洞口，应采用木螺钉将固定片固定在胶粘原木上。

④ 设有预埋件的洞口，应采用焊接方法固定，也可先在预埋件上按紧固件打基孔，然后用紧固件固定。

⑤ 塑料门、窗框与墙体无论采用何种方法固定，均必须结合牢固，每个 Z 形连接件的伸出端不得少于两只螺钉固定。同时还应使塑料门窗框与洞口墙之间的缝隙均等。

4）嵌缝密封：塑料门、窗上的连接件与墙体固定后，卸下对拔木楔，清除墙面和边框上的浮灰，即可进行门、窗框与墙休间的缝隙处理，并应符合以下要求（图 2-36）。

① 在门、窗框与墙体之间的缝隙内嵌塞 PE 高发泡条、矿棉毡或其他软填料，外表面留出 10mm 左右的空槽。

② 在软填料内、外两侧的空槽内注入嵌缝膏密封。

③ 注嵌缝膏时墙体需干净、干燥，注胶时室内外的周边均需注满、打匀，注嵌缝膏后应保持 24h 不得见水。

5）安装门窗扇

① 平开门、窗。应先剔好框上的铰链槽，再将门、窗扇装入框中，调整扇与框的配合位置，并用铰链将其固定，然后复查开关是否灵活自如。

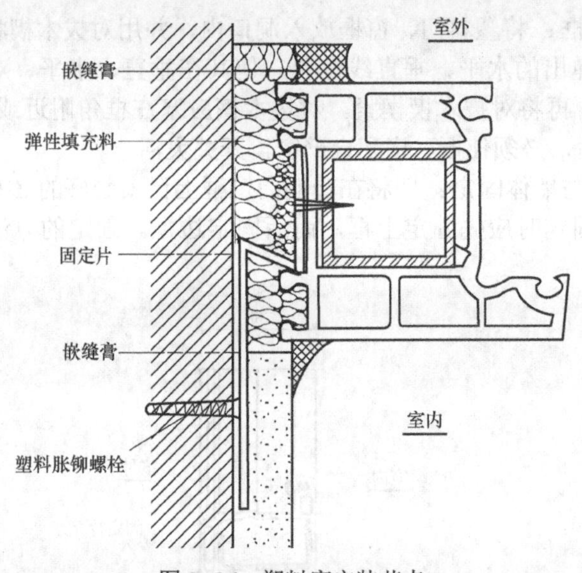

图 2-36　塑料窗安装节点

② 推拉门、窗。由于推拉门、窗扇与框不连接，因此对可拆卸的推拉扇，则应先安装好玻璃后再安装门、窗扇。

③ 对出厂时框、扇就连在一起的平开塑料门、窗，则可将其直接安装，然后再检查开闭是否灵活自如，如发现问题，则应进行必要的调整。

6）安装玻璃

① 玻璃不得与玻璃槽直接接触，须在玻璃四边垫上不同厚度的玻璃垫块，垫块宜按图 2-37 进行放置。

② 边框上的玻璃垫块，应用聚氯乙烯胶加以固定。

③ 将玻璃装入门、窗扇框内，然后用玻璃压条将其固定。

④ 安装双层玻璃时，应在玻璃夹层四周嵌入中隔条，中隔条应保证密封，不变形、不脱落。玻璃槽及玻璃内表面应清洁、干燥。

⑤ 安装玻璃压条时可先装短向压条，后装长向压条。玻璃压条夹角与密封胶条的夹角应密合。

7）镶配五金：镶配五金是塑料门、窗安装的一个关键环节，所以要求操作时应注意以下几点：

① 安装五金配件时，应先在框、扇杆件上钻出略小于螺钉直径的孔眼，然后用配套的自攻螺钉拧入，严禁将螺钉用锤直接打入。

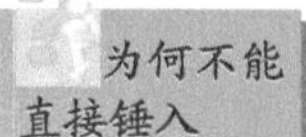

② 安装门、窗铰链时，固定铰链的螺钉应至少穿过翅料型材的两层中空腔壁，或与衬筋连接。

③ 在安装平开塑料门、窗时，剔凿铰链槽不可过深，不允许将框边剔透。

④ 平开塑料门窗安装五金时，应给开启扇留一定的吊高，通常情况是门扇吊高 2mm，窗扇吊高 1 ～ 2mm。

⑤ 安装门锁时，应先将整体门扇插入门框铰链中，再按门锁说明书的要求装配门锁。

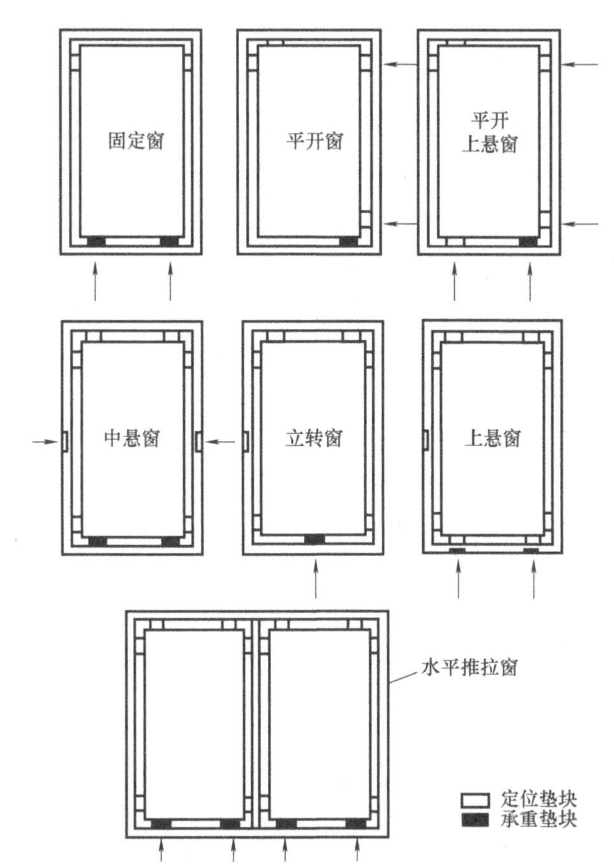

图 2-37 承重垫块和定位垫块的布置

⑥ 塑料门、窗的所有五金配件均应安装牢固，位置端正，使用灵活。

8）清洁保护：门、窗表面及框槽内沾有水泥砂浆、白灰砂浆等时，应在其凝固前清理干净。安装好后，可将门扇暂时取下编号保管，待交活前再安上。塑料门框下部应采取措施加以保护。粉刷门、窗洞口时，应将塑料门、窗表面遮盖严密。在塑料门、窗上一旦沾有污物时，要立即用软布擦拭于净，切忌用硬物刮除。

2.3.4 特种门安装工程施工工艺

特种门包括防火防盗门、金属卷帘门、全玻门、自动门等。特种门安装工程应由具备相应资质的专业技术人员进行施工。我们在这里只对几种特种门进行了解。先防火门是一种新型门，是为了解决高层建筑的消防问题而在近几年发展起来的。卷帘门又称卷闸，是得到商业建筑广泛推广应用的门。全玻门在现代装饰工程中日益普及，所有玻璃多为厚在12mm以上的厚质平板白玻璃、钢化玻璃及彩印图案玻璃等，有的设有金属扇框，有的活动门扇除玻璃之外只有局部的金属边条，框、拉手等细部的金属装饰多是镜面不锈钢、镜面黄铜等高级豪华气派的材料。自动门是新型金属门，主要用于高级建筑装饰。我国生产的微波门，具有外观新颖、结构精巧、启动灵活、功耗较低、噪声较小等特点，适用于高级宾馆、饭店、贸易楼等建筑物。

2.3.4.1 防火、防盗门安装

1. 防火门的防火等级及防火门的构造

防火门的等级

防火门分为甲、乙、丙三级：甲级防火门的耐火极限不低于1.5h，主要用于防火墙上的门洞门；乙级防火门的耐火极限不低于1h，主要用于高层建筑的楼（电）梯口；丙级防火门的耐火极限不低于0.5h，主要用于高层建筑竖向井道的检查口。甲级防火门为无窗门，乙、丙级防火门要求在门窗上安装夹丝玻璃（或复合防火玻璃）。

2. 施工工艺

（1）工艺流程

划线→立门框→安装门窗附件。

（2）操作工艺

1）划线：按设计要求尺寸、标高和方向，画出门框框口位置线。

2）立门框：将门框用木楔临时固定在洞口内，经校正合格后，固定木楔，门框铁脚与预埋板焊接，然后在框两上角墙上开洞，向框内灌注M10水泥素浆，待其凝固后方可装配门扇。

3）安装门扇附件：门框周边缝隙，用1∶2的水泥砂浆或强度不低于C10的细石混凝土嵌缝牢固，应保证与墙体结合整齐；经养护凝固后，再粉刷洞口及墙体。粉刷完毕后，安装门扇、五金配件及有关防火、防盗装置。门扇关闭后，门缝应均匀平整，开启自由轻便，不得有过紧、过松及反弹现象。

2.3.4.2 金属卷帘门安装

1. 金属卷帘门的分类

1）普通卷帘门，门体为帘板结构形式的，具有防风沙、防盗等功能；门体采用扁制钢、圆钢和钢管的通花结构，这种结构各连接点都是活动节，可以卷伸启闭。

2）防火卷帘门，帘板为1.5mm的钢扣片，重叠连锁，其刚度好、密封性能优异，这种门可配置温感、烟感、光感报警系统，水幕喷淋系统，遇有火情会自动报警、自动喷淋、门体自控下降、定点延时关闭，使室内人员得以疏散。

2. 施工工艺

（1）工艺流程

洞口处理→弹线→固定卷筒传动装置→空载试车→装帘板→安装导轨→试车→清理。

（2）操作工艺

普通卷帘门的安装方式与防火卷帘门相同；但防火卷帘门的安装要求高于普通卷帘门。因为防火卷帘门一般采用冷轧带钢制成，必须配备温感、烟感报警系统，加冷水喷淋系统保护后共同作用，一旦发生火情，通过自动报警系统将信号反馈给消防中心，由消防中心发出指令将卷帘门自控下降，定点延时关闭，（距地1.5～1.8m时）水喷淋动作，喷水降温保护卷帘，使人员能及时疏散。

1）洞口处理：复核洞口与产品尺寸是否相符。

2）弹线：测量洞门标高，弹出两导轨垂线及卷筒中心线。

3）固定卷筒、传动装置：将垫板电焊在预埋板上，用螺钉固定卷筒的左右支架，安装卷筒。卷筒安装后应转动灵活。安装减速器和传动系统。安装电气控制系统。

4）空载试车：通电后检验电动机、减速器工作情况是否正常，卷筒转动方向是否正确。

5）装帘板：将帘板拼装起来，然后安装在卷筒上。

6）安装导轨：按图样规定位置，将两侧及上方导轨焊牢于墙体预埋件上，并焊成一体，各导轨应在同一垂直平面上。安装水幕喷淋系统，并与总控制系统连接。

7）试车：先手动试运行，再用电动机启闭几次，调整至无卡住、阻滞及异常噪声等现象为止，启闭的速度符合要求。全部调试完毕，安装防护罩。

8）清理：粉刷或镶砌导轨墙体装饰面层，清理现场。

2.3.4.3　全玻门安装

1. 施工准备

（1）机具准备

1）机械：电焊机、手钻枪、角磨机等。

2）工具：扳手、螺钉旋具、玻璃吸盘、注胶枪等。

（2）材料准备

12mm以上厚度的玻璃，根据设计要求选好，并安放在安装位置附近。

不锈钢或其他有色金属型材的门框、限位槽及板，都应加工好，准备安装。木方、玻璃胶、地弹簧、木螺钉、自攻螺钉等辅助材料，根据设计要求准备。

（3）作业条件

1）墙、地面的饰面已施工完毕，现场已清理干净，并经验收合格。

2）门框的不锈钢或其他饰面已经完成。门框顶部用来安装固定玻璃板的限位槽已预留好。

3）活动玻璃门扇安装前应先将地面上的地弹簧和门扇顶面横梁上的定位销安装固定完毕，两者必须在同一安装轴线上，安装时应吊垂线检查，做到准确无误，地弹簧转轴与定位销为同一中心线。

2. 施工工艺

（1）工艺流程

1）固定部分安装：裁割玻璃→固定底托→安装玻璃板→注胶封口。

2）活动玻璃门窗安装：划线→确定门窗高度→固定门窗上下横档→门窗固定→安装拉手。

（2）操作工艺

1）固定部分安装

① 裁割玻璃：厚玻璃的安装尺寸应从安装位置的底部、中部和顶部进行测量，选择最小尺寸为玻璃板宽度的切割尺寸。如果在上、中、下测得的尺寸一致，其玻璃宽度的裁割应比实测尺寸小 3 ～ 5mm。玻璃板的高度方向裁割，应小于实测尺寸 3 ～ 5mm。玻璃板裁割后，应将其周边作倒角处理，倒角宽度为 2mm。如果在现场自行倒角，应手握细砂轮块做缓慢细磨操作，防止崩边崩角。

② 固定底托（图 2–38）：不锈钢（铜）饰面的木底托，可用木楔加钉的方法固定于地面，然后再用万能胶将不锈钢饰面板粘卡在木方上。如果是采用铝合金方管，可用铝角将其固定在框柱上，或用楔钉固定于地面埋入的木楔上。

③ 安装玻璃板：用玻璃吸盘将玻璃吸紧，然后进行玻璃就位。先把玻璃板上边插入门框顶部的限位槽内（图 2–39），然后将其下边安放于木底托上的不锈钢包面对口缝内。

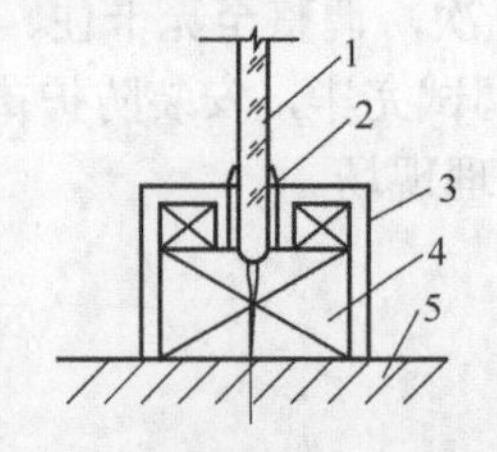

图 2–38 不锈钢饰面木底托做法

1—厚玻璃 2—玻璃胶 3—不锈钢板
4—木楔 5—地坪

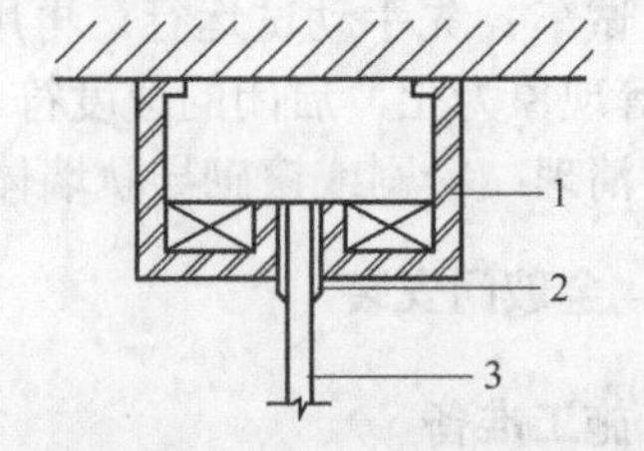

图 2–39 门框顶部限位槽做法

1—不锈钢饰面板 2—玻璃胶 3—厚玻璃

在底托上固定玻璃板的方法为：在底托木方上钉木板条，距玻璃板面 4mm 左右；然后在木板条上涂刷万能胶，将饰面不锈钢板片粘卡在木方上。

④ 注胶封口：玻璃门固定部分的玻璃板就位以后，立即在顶部限位槽处和底部的底托固定处，以及玻璃板与框柱的对缝处注胶密封。首先将玻璃胶开封

后装入打胶枪内，即用胶枪的后压杆端头板顶住玻璃胶罐的底部；然后一手托住胶枪身，另一手握着注胶压柄不断松压循环地操作压柄，将玻璃胶注于需要封口的缝隙端。由需要注胶的缝隙端头开始，顺缝隙匀速移动，使玻璃胶在缝隙处形成一条均匀的直线。最后用塑料片刮去多余的玻璃胶，用刀片擦净胶迹。

门上固定部分的玻璃板需要对接时，其对缝应有 3 ～ 5mm 的宽度，玻璃板边都要进行倒角处理。当玻璃块留缝定位并安装稳固后，即将玻璃胶注入其对接的缝隙，用塑料片在玻璃板对缝的两面把胶刮平，用刀片擦净胶料残迹。

2）活动玻璃门扇安装（图 2–40）。全玻璃活动门扇的结构没有门扇框，门扇的启闭由地弹簧实现，转动销、地弹簧与门扇的上下金属横档进行铰接。

① 划线：在玻璃门扇的上下金属横档内划线，按线固定转动销的销孔板和地弹簧的转动轴连接板。具体操作可参照地弹簧产品安装说明。

② 确定门扇高度：玻璃门扇的高度尺寸，在裁割玻璃板时应注意包括插入上下横档的安装部分。一般情况下，玻璃高度尺寸应小于测量尺寸 5mm 左右，以便于安装时进行定位调节。

把上下横档（多采用镜面不锈钢成型材料）分别装在厚玻璃门扇上下两端，并进行门扇高度的测量。如果门扇高度不足，即其上下边距门横档及地面的缝隙超过规定值，可在上下横档内加垫胶合板条进行调节（图 2–41）。如果门扇高度超过安装尺寸，只能由专业玻璃工将门扇多余部分裁去。

③ 固定上下横档（图 2–42）：门扇高度确定后，即可固定上下横档，在玻璃板与金属横档的两侧空隙处，由两边同时插入小木条，轻敲稳定，然后在小木条、门扇玻璃及横档之间形成的缝隙中注入玻璃胶。

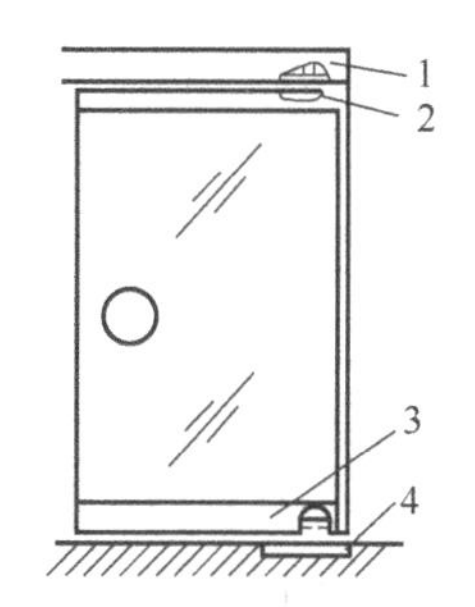

图 2–40 玻璃门扇构造

1—固定门框 2—门扇上横档 3—门扇下横档 4—地弹簧

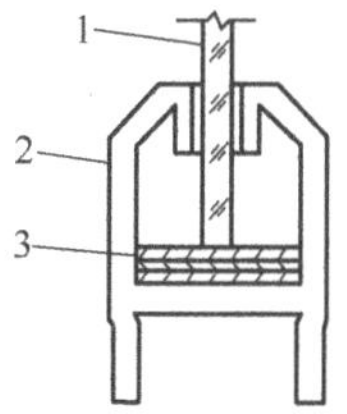

图 2–41 加垫胶合板调整门扇高度

1—门扇玻璃 2—上下横档 3—胶合板条

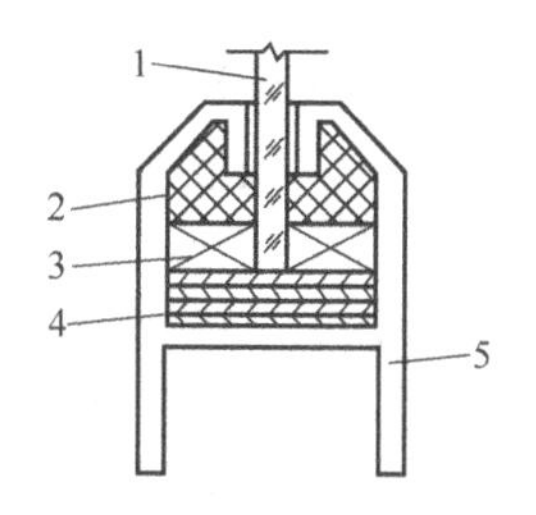

图 2–42 上下横档的固定

1—门扇玻璃 2—玻璃胶 3—木条 4—胶合板条 5—上下横档

④门扇固定（图 2–43）：进行门扇定位安装。先将门框横梁上的定位销本身调节螺钉调出横梁平面 1 ～ 2mm，再将玻璃门扇竖起来，把门扇下横档内的转动销连接件的孔位对准地弹簧的转动销轴，并转动门扇将孔位套入销轴上，然后把门扇转动 90°，使之与门框横梁成直角，门扇上横档中转动连接件的孔对准门框横梁上的定位销，将定位销插入孔内 15mm 左右（调动定位销上的调节螺钉）。

⑤ 安装拉手：全玻璃门扇上的拉手孔洞，一般是事先订购时就加工好的，拉手连接部分插入孔洞时不能很紧，应有松动。安装前在拉手插入玻璃的部分

涂少许玻璃胶；如若插入过松，可在插入部分裹上软质胶带。拉手组装时，其根部与玻璃贴紧后再拧紧固定螺钉。

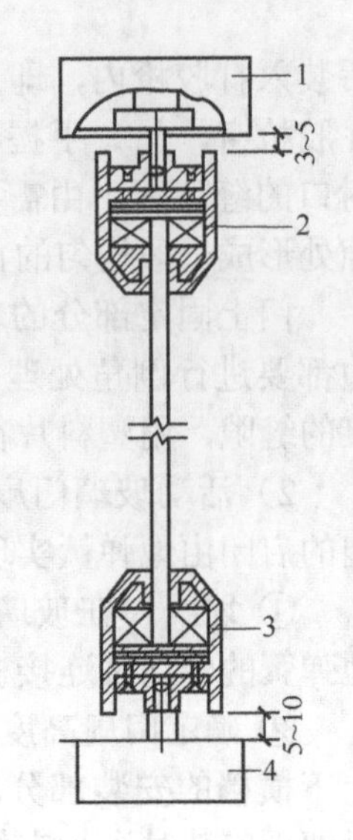

图 2-43　门扇定位安装

1—门框横梁　2—门扇上横档
3—门扇下横档　4—地弹簧座

2.3.4.4　自动门安装

1. 分类

自动门有哪几种

自动门（电子感应自动门）应由专业安装的队伍安装。自动门一般分为三种。

1）微波自动门：自控探测装置通过微波捕捉物体的移动，传感器固定于门上方正中，在门前形成半圆形探测区域。

2）踏板式自动门：踏板按照几种标准尺寸安装在地面（或隐藏在地板下），当地板接受压力后，控制门的动力装置接受传感器的信号使门开启。踏板的传感能力不受湿度影响。

3）光电感应自动门：该系统的安装分为内嵌式和表面安装式。光电管不受外来光线影响，最大安装距离为 6100mm。

现在一般使用微彼中分式感应门，型号为 ZM—E2。施工时要求在地坪的下轨道位置预埋 50 ～ 75mm 方木条一根，并且在机箱位置处要求预埋板以及电气线到位。

2. 施工工艺

（1）工艺流程

地面导轨安装→安装横梁→将机箱固定在横梁上→安装门扇→调试。

（2）操作工艺

1）自动门无下轨道。自动门安装时，撬出预埋方木条便可埋设下轨道，下轨道长度为开启门宽的 2 倍。埋轨道时注意与地墙的面层材料的标高保持一致。

2）安装横梁：将 18 号槽钢放置在已预埋铁件的门柱处，校平、吊直，注意与下面轨道的位置关系，然后电焊牢固。自动门上部机箱层主梁是安装中的主要环节。由于机箱内装有机械及电控装置，因此对支撑横梁的土建支撑结构有一定的强度和稳定性要求。

3）固定机箱：将厂方生产的机箱仔细固定在横梁上。

4）安装门扇：安装门扇，使门扇滑动平稳、轻松不费力。

5）调试：接通电源，调整微波传感器和控制箱，使其达到最佳工作状态。一经调整正常后，不得任意变动各种旋转位置，以免出现故障。

2.3.5　门窗玻璃安装工程施工工艺

门窗玻璃包括平板玻璃、吸热玻璃、热反射玻璃、中空玻璃、夹层玻璃、夹丝玻璃、磨砂玻璃、钢化玻璃、压花玻璃、彩色玻璃等。

1. 施工准备

（1）安装材料

1）填充材料：用于铝合金框、扇槽口内底部，主要为聚乙烯泡沫塑料，有片状、圆柱条等多种规格。

2）密封材料：油灰、密封条、密封膏和密封剂等符合国家现行标准的规定，有出厂合格证、性能检测报告和环保检测报告，并应与接触材料相容。

3）支承块：挤压成型的未增塑 PVC、增塑 PVC、邵氏 A 硬度为 80 ～ 90 的氯丁橡胶等。

4）压条、回形卡子（由钢门窗生产厂配套供应）、玻璃钉等。

（2）机具设备

工作台、玻璃条、油灰刀、刨铁、刨刀、吸盘器、工具袋等。

2. 作业条件

1）室内外门窗五金已安装，经检查合格。

2）门窗玻璃槽口、裁口已清理干净，排水孔（槽）顺畅、无堵塞。

3）门窗玻璃表面无污垢或有害物质。

4）玻璃已按设计要求进场，分规格码放在指定地点，经验收合格。

5）钢门窗在安装玻璃之前，要求认真检查是否扭曲变形等情况，应修整和挑选后，再进行玻璃安装。

6）由市场直接购买到的成品油灰，或使用熟桐油等天然干性油自行配制的油灰，可直接使用；如有其他油料配制的油灰，必须经过检验合格后方可使用。

3. 施工工艺

（1）工艺流程

玻璃裁割→清理裁口→安装玻璃。

（2）操作方法

1）玻璃裁割

① 玻璃裁割的一般要求：

玻璃应集中裁割。套割时应按照“先裁大，后裁小；先裁宽，后裁窄”的顺序进行。

选择几樘不同规格、尺寸的框、扇，量好尺寸进行试裁割和试装饰，确认玻璃尺寸正确、留量合适后方可成批裁制。

玻璃刀使用时刀杆应垂直玻璃表面。

裁割厚大玻璃时应在裁割刀口上先刷上煤油。

裁割好的玻璃半成品应按规格斜立放，下面垫好厚度一致的木方。

钢化玻璃严禁裁划或用钳子扳。应按设计规格和要求，预先裁割好之后再进行钢化处理。

裁割玻璃时，严禁在已划过的刀路上重划第二遍。必要时，只能将玻璃翻过面来重划。

② 裁割玻璃时，将需要安装的玻璃，按部位分规格、数量裁制；已裁好的玻璃按规格、尺寸码放；分送的数量应以当天安装的数量为准，不宜过多，以减少搬运玻璃的损耗。玻璃裁割应根据不同的玻璃品种、厚度及外形尺寸，采取不同的操作方法，以保证裁割质量。

裁割 2 ～ 3mm 厚的平板玻璃：可用 10 ～ 12mm 厚木直尺，用尺量出门窗框玻璃裁口尺寸，再在直尺上定出玻璃的尺寸。此时，要考虑门窗的收缩，留出适当余量。一般情况下玻璃框宽 500mm，在直尺上 495mm 处做记号，再加刀口 2mm，则所裁割的玻璃应为 497mm，这样效果好。操作时将直尺上的标记紧靠玻璃一端，玻璃刀紧靠直尺的另一端，一手掌握标记在玻璃边口不使其变动，另一手掌握刀刃端直向后退划，不能有轻重弯曲。

裁割 4 ～ 6mm 厚的玻璃：除了掌握薄玻璃裁割方法外，还要按下述方法裁割，用 5mm × 40mm 直尺，玻璃刀紧靠直尺裁割。裁割时，要在划口上预先刷上煤油，使划口渗入煤油，易于扳脱。

裁割厚薄玻璃的不同

裁割 5 ～ 6mm 厚的大块玻璃：方法与裁割 4 ～ 6mm 的小块玻璃相同。但因玻璃面积大，操作人员需脱鞋站在玻璃上裁割。裁割前用绒垫垫在操作台上，使玻璃受压均匀。裁割后手握紧玻璃，同时向下扳脱。另一种方法是：一人趴在玻璃上，身体下面垫上麻袋布，一手掌握玻璃刀，一手扶好直尺，另一人在后拉动麻袋布后退，刀子顺尺拉下，中途不宜停顿，若中途停顿则找不到锋口。

裁割夹丝玻璃：夹丝玻璃的裁割方法与 5 ～ 6mm 平板玻璃相同。但夹丝玻璃裁割因高低不平，裁割时刀口容易滑动，难掌握，因此要认清刀口，握稳刀头，用力比一般玻璃要大，速度相应要快，这样才不致出现弯曲不直。裁割后双手紧握玻璃，同时用力向下扳，使玻璃裁口线裂开。如有夹丝未断，可在玻璃缝口内夹一细长木条，再用力往下扳，夹丝即可扳断，然后用钳子将夹丝划倒，以免搬运时划破手掌。裁割的玻璃边缘上应刷防锈漆进行防腐处理。

裁割压花玻璃：裁割压花玻璃时，压花面应向下，裁割方法与夹丝玻璃同。

裁割磨砂玻璃：裁割磨砂玻璃时，毛面应向下，裁割方法与平板玻璃同，但向下扳时用力要大且均匀，向上回时，要在裁开的玻璃缝处压一木条。

裁割各种矩形玻璃，要注意对角线长度必须一致，划口要齐直不能弯曲。划异形玻璃，最好在事前划出样板或做出套板，然后进行裁割，以求准确。

2）清理裁口。玻璃安装前，应清除门窗裁口（玻璃槽）内的灰尘、焊渣、铁锈和杂物，以保证槽口干净、干燥，排水孔畅通。

3）玻璃安装

① 木门窗玻璃的安装

a. 涂抹底油灰：在玻璃底面与裁口之间，沿裁口的全长抹厚 1 ～ 3mm 底油灰，要求均匀连续，随后将玻璃推入裁口并压实。待底油灰达到一定强度时，顺着槽口方向，将溢出的底油灰刮平清除。

b. 嵌钉固定：玻璃四边均需钉上玻璃钉，钉与钉之间距离一般不超过 300mm，每边不少于 2 颗，要求钉头紧靠玻璃。钉好后，还需检查嵌钉是否平整牢固，一般采取轻敲玻璃，听所发出的声音来判断玻璃是否卡牢。

c．涂抹表面油灰：选用无杂质、稠度适中的油灰。一般用油灰刀从一角开始，紧靠槽口边，均匀地用力向一个方向刮成45°斜坡形，再向反方向理顺光滑，如此反复修整，四角成八字形，表面光滑无流淌、裂缝、麻面和皱皮现象。粘结严密、牢固，使打在玻璃上的雨水易于流走而不致腐蚀门窗框。涂抹表面油灰后用刨铁收刮油灰时，如发现玻璃钉外露，应将其钉进油灰面层，然后理好油灰。

d．木压条固定玻璃：木压条按设计要求或图样尺寸加工，选用大小、宽窄一致的优质木压条，要求木压条光滑平直，用小钉钉牢。钉帽应钉进木压条表面1～3mm，不得外露。木压条要贴紧玻璃、无缝隙，也不得将玻璃压得过紧，以免损坏玻璃。

② 铝合金、彩色涂层钢板门窗玻璃的安装

a．玻璃就位：玻璃单块尺寸较小时，用双手夹住就位；单块玻璃尺寸较大时，可用玻璃吸盘帮助就位。

b．玻璃密封与固定：玻璃就位后，可用橡胶条嵌入凹槽挤紧玻璃，然后在胶条上面注入硅酮系列密封胶固定；也可用不小于25mm长的橡胶块将玻璃挤住，然后在凹槽中注入硅酮系列密封胶固定；还可将橡胶压条嵌入玻璃两侧密封，将玻璃挤紧，不再注胶密封。橡胶压条长度不得短于所需嵌入长度，不得强行嵌入胶条。

c．玻璃应放入凹槽中间，内、外两侧的间隙不应少于2mm，也不宜大于5mm。玻璃下部应用3mm厚的氯丁橡胶垫块垫起，不得直接坐落在金属面上。

③ 塑料门窗玻璃的安装

a．玻璃不得与玻璃槽直接接触，在玻璃四边垫上玻璃垫块。

为何玻璃不得与玻璃槽直接接触

b．用聚氯乙烯胶固定边框上的玻璃垫块。

c．将玻璃装入门、窗扇框内，然后用玻璃压条将其固定。

d．安装双层玻璃时，应在玻璃夹层四周嵌入中隔条，中隔条应密封，不变形、不脱落。玻璃槽和玻璃内表面应清洁、干燥。

e．安装玻璃压条时可先装短向压条，后装长向压条。玻璃压条夹角与密封胶条的夹角应密合。

f．安装斜天窗玻璃：当设计无要求时，一般应采用夹丝玻璃。施工应从顺流水方向盖叠安装，盖叠搭接的长度应视天窗的坡度而定，当坡度为1/4或大于1/4时，应不小于30mm；坡度小于1/4时，应不小于50mm。盖叠处应用钢丝卡固定，并在缝隙中用密封膏嵌填密实。采用平板玻璃时，要在玻璃下面加设一层镀锌钢丝网或在玻璃上贴防爆膜，将玻璃进行防爆处理。

g．安装彩色、压花和磨砂玻璃：应按照设计图案仔细裁割，拼缝时玻璃纹路必须吻合，不允许出现错位和斜曲等缺陷。安装磨砂玻璃时，玻璃的磨砂面应朝向室内。

4．应注意的质量问题

1）底油灰铺垫应饱满，嵌钉固定要牢固，避免振动时玻璃有响声。

2）收刮油灰时手要稳，要刮出八字角，避免油灰表面凹凸不平、棱角不整齐。

3）油灰操作时温度要适宜，油灰应不干、不硬，表面不应有不光、麻面、皱皮现象。

4）木压条、钢丝卡子、橡皮垫等附件安装应经过扫选，防止出现变形，影响玻璃美观，污染的斑痕要及时擦净。

2.4 抹灰工程施工

抹灰工程应在结构工程完毕并经验收后进行。外墙抹灰工程施工前应先安装钢木门窗框、护栏等，并应将墙上的施工孔洞堵塞密实。对于顶棚抹灰层与基层之间及各抹灰层之间要求必须粘结牢固，无脱层、空鼓。在规范中，此部分作为强制性条文提出，施工单位应采取有效措施以达到要求。2001 年在北京市，为解决混凝土顶棚基体表面抹灰层脱落的质量问题，当地建设行政主管部门要求各建筑施工单位不得在混凝土顶棚基体表面抹灰，用腻子找平即可，通过实践验证，取得了良好的效果。

在抹灰工程施工中，为防止不同材质基层的伸缩系数不同而造成抹灰层的通长裂缝，要求在抹灰施工前不同材质基层交接处表面应先铺设防裂加强材料（如金属网等），其与各基层的搭接宽度应不小于 100mm（图 2-44）。同时，对于室内墙面、柱面和门洞口的阳角，应先做水泥暗护角，做法应符合设计要求。设计无要求时，应采用 1:2 水泥砂浆做暗护角，其高度不应低于 2m，每侧宽度不应小于 50mm。水泥护角的功能主要是增加阳角的硬度和强度，减少使用过程中的碰撞损坏。抹灰完成后 24h 必须进行喷水养护，以促进水泥强度的增长。如果是在冬期施工，为防止砂浆受冻后停止水化，在层和层之间形成隔离层，抹灰时的作业面温度不宜低于 5℃，且抹灰层初凝前不得受冻。

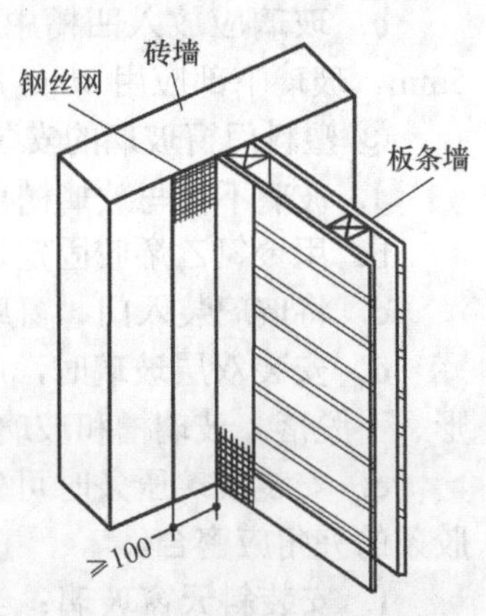

图 2-44　钢丝网铺钉示意图

2.4.1 一般抹灰工程施工工艺

任何一项装饰工程的第一道工序都是基层处理，同时它也是影响装饰工程质量的关键。在抹灰工程中，基层处理的目的是增强基体与底层砂浆的粘结，防止空鼓、裂缝和脱落等质量隐患，因此要求基层表面应剔平突出部位，光滑部位凿毛，残渣污垢、隔离剂等应清理干净，不同基体应分别符合下列规定：

1）砖砌体基层：应清除表面杂物、尘土，抹灰前应洒水湿润。其目的是避免抹灰层过早脱水，影响强度，产生空鼓。

2）混凝土基层：对于脱模剂可用10%的烧碱溶液洗刷并用清水冲净，然后对表面凿毛或在表面洒水润湿后涂刷1:1水泥砂浆（加适量胶粘剂），并将表面扫成毛糙状，经24h后再做标筋进行抹灰。

3）加气混凝土基层：应在湿润后边刷界面剂，边抹强度不大于M5的水泥混合砂浆，并且在抹灰砂浆中加入适量胶粘剂用于改善砂浆的粘结性能。

在施工过程中，若抹灰层总厚度过大，则砂浆与基层之间加大了应力，易产生剥离，因此抹灰层的平均总厚度应符合设计要求。为了控制抹灰厚度及平整度，进行大面积抹灰前应设置标筋，并且要求分层进行抹灰，每遍厚度宜为5～7mm。抹石灰砂浆和水泥混合砂浆每遍厚度宜为7～9mm。当抹灰总厚度超出35mm时，应采取加强措施。因为一次性抹灰过厚，干缩率加大，易出现空鼓、裂缝、脱落，为有利于基层与抹灰层的结合及面层的压光，为防止上述质量问题，故抹灰施工应分层进行。

一次性抹灰为何不能过厚

如果使用水泥砂浆和水泥混合砂浆抹灰时，应待前一抹灰层凝结后方可抹后一层；用石灰砂浆抹灰时，应待前一抹灰层七八成干后方可抹后一层。底层的抹灰层强度不得低于面层的抹灰层强度。其原因是避免抹灰层在凝结过程中产生较强的收缩应力，破坏强度较低的基层或抹灰底层，产生空鼓、裂缝、脱落等质量问题。

水泥砂浆拌好后，应在初凝前用完，凡结硬砂浆不得继续使用。其原因是结硬的砂浆再加水使用，其和易性、保水性差，硬化收缩性大，粘结强度低，故不能继续使用。

1. 施工准备

（1）材料准备

水泥：抹灰常用的水泥宜为强度等级不应小于32.5级的普通硅酸盐水泥、矿渣硅酸盐水泥。水泥的品种、强度等级应符合设计要求。出厂三个月后的水泥，应经试验后方能使用，受潮后结块的水泥应过筛试验后使用。不同品种不同强度等级的水泥不得混合使用。

砂：抹灰用砂子宜选用中砂，或中砂与粗砂掺用。抹面和勾缝砂浆一般采用细砂，可提高砂浆的和易性；特细砂在抹灰过程中不能单独使用，可以将它适量掺入粗、中砂内，改善级配。抹灰用砂要求颗粒坚硬、洁净，使用前应过筛，不得含有黏土（不得超过2%）、杂物、碱质或其他有机物等有害杂质。

石灰膏：块状生石灰经熟化成石灰膏后使用，熟化时宜用不大于3mm筛孔的筛子过滤，并储存在沉淀池中，抹灰用石灰膏的熟化期不应少于15d，用于罩面时不应少于30d。石灰膏应细腻洁白，不得含有未熟化颗粒，已冻结风化的石灰膏不得使用。

磨细石灰粉：将块状生石灰碾碎磨细后的成品为磨细石灰粉。用它代替石灰膏浆，可节约石灰20%～30%，并具有适用于冬期施工的优点。罩面用时熟化期不应少于3d。

纸筋、麻刀、稻草、玻璃纤维：用在抹灰层中起拉结和骨架作用，用于提高抹灰层的抗拉强度，增加其弹性和耐久性，使抹灰层不易裂缝脱落。

（2）机具准备

1）机械：砂浆搅拌机、麻刀机、纸筋灰搅拌机。

2）工具：筛子、手推车、铁板、铁锹、平锹、灰勺、水勺、托灰板、木抹子、铁抹子、阴阳角抹子、塑料抹子、刮杠、软刮尺、钢丝刷、长毛刷等（图 2-45）。

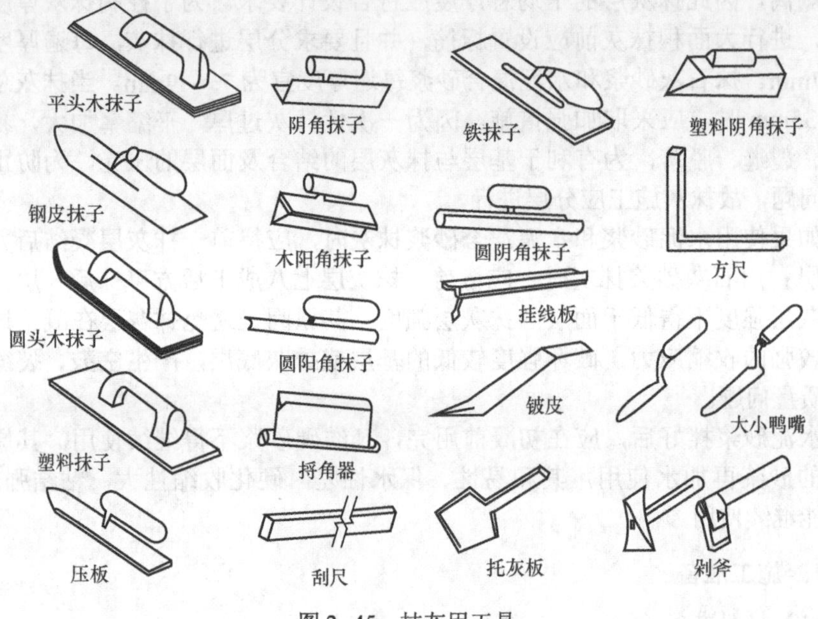

图 2-45　抹灰用工具

（3）作业条件

1）主体结构必须经过相关单位（建筑单位、施工单位、质量监理单位、设计单位）检验合格。

2）抹灰前应检查门窗框安装位置是否正确，需埋设的管线等是否固定牢固。

3）脚手眼和废弃的孔洞应堵严，外露钢筋头、钢丝头及木头等要剔除，窗台砖补齐，墙与楼板、梁底等交接处应用斜砖砌严补齐。

4）埋件、螺栓等位置和标高应准确，且防腐、防锈工作完毕。

5）抹灰前屋面防水及上一层地面最好已完成，否则要有防水措施。

6）抹灰前应搭设好脚手架或准备好高马凳，架子应离开墙面及门窗口 20 ~ 25cm，便于操作。顶板抹灰脚手架距顶板约 1.8m。脚手板铺设应符合安全要求，并经检查合格。

2. 施工工艺

（1）工艺流程

1）墙面抹灰：基层处理→弹线、找规矩、套方→贴饼、冲筋→做护角→抹底灰→抹罩面灰→抹水泥窗台板→抹墙裙、踢脚。

2）顶板抹灰：基层处理→弹线、找规矩→抹底灰→抹中层灰→抹罩面灰。

（2）操作工艺

1）内墙一般抹灰

① 找规矩：即四角找方、横线找平、竖线吊直，弹出顶棚、墙裙及踢脚板线。根据设计，如果墙面另有造型时，按图样要求实测弹线或画线标出。

② 做标筋：较大面积墙面抹灰时，为了控制设计要求的抹灰层平均总厚度尺寸，先在上方两角处以及两角水平距离之间1.5m左右的必要部位做灰饼标志块，可采用底层抹灰砂浆，大致呈50mm见方，并在门窗洞口等部位加做标志块，标志块的厚度以使抹灰层达到平均总厚度（宜为基层至中层砂浆表面厚度尺寸而留出抹面厚度）为目的并确保抹灰面最终的平整、垂直所需的厚度尺寸为准。然后以上部做好的标志块为准，用线锤吊线做墙下角的标志块（通常设置于踢脚线上口）。标志块收水后，在各排上下标志块之间做砂浆标志带，称为标筋或冲筋，采用的砂浆与标志块相同，宽度为100mm左右，分2～3遍完成并略高出标志块，然后用刮杠（传统的刮杠为木杠，目前多以较轻便而不易变形的铝合金方通杆件取代）将其搓抹至与标志块齐平，同时将标筋的两侧修成斜面，以使其与抹灰层接槎顺平（图2-46）。标筋的另一种做法是采用横向水平冲筋，较有利于控制大面与门窗洞口在抹灰过程中保持平整。

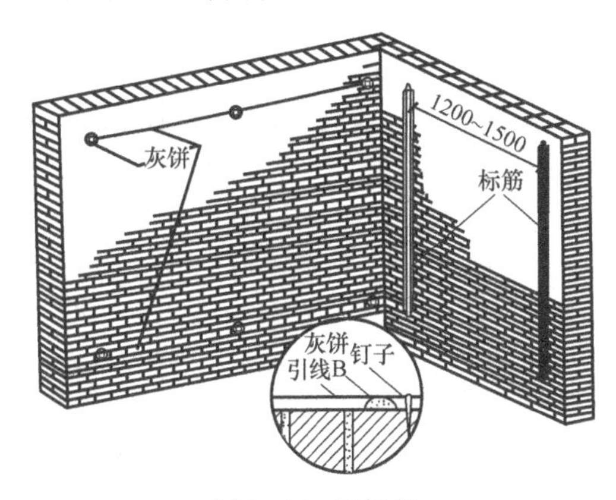

图2-46　做标筋

③ 做护角：为防止门窗洞口及墙（柱）面阳角部位的抹灰饰面在使用中容易被碰撞损坏，采用1:2水泥砂浆抹制暗护角，以增加阳角部位抹灰层的硬度和强度。护角部位的高度不应低于2m，每侧宽度不应小于50mm。将阳角用方尺规方，靠门窗框一边以框墙空隙为准，另一边以标筋厚度为准，在地面划好准线，根据抹灰层厚度粘稳靠尺板并用托线板吊垂直。在靠尺板的另一边墙角分层抹护角的水泥砂浆，其外角与靠尺板外口平齐；一侧抹好后把靠尺板移到该侧用卡子稳住，并吊垂线调直靠尺板，将护角另一面水泥砂浆分层抹好；然后轻手取下靠尺板。待护角的棱角稍收水后，用阳角抹子和素水泥浆抹出小圆角。最后在阳角两侧分别留出护角宽度尺寸，将多余的砂浆以45°斜面切掉。

对于特殊用途房间的墙（柱）阳角部位，其护角可按设计要求在抹灰层中埋设金属护角线。高级抹灰的阳角处理，亦可在抹灰面层镶贴硬质 PVC 特制装饰护角条。

④ 底、中层抹灰：在标筋及阳角的护角条做好后，即可进行底层和中层抹灰，就是通常所称的刮糙与装档，将底层和中层砂浆批抹于墙面标筋之间。底层抹灰收水或凝结后再进行中层抹灰，厚度略高出标筋，然后用刮杠按标筋整体刮平。待中层抹灰面全部刮平时，再用木抹子搓抹一遍，使表面密实、平整。

墙面的阴角部位，要用方尺上下核对方正，然后用阴角抹具（阴角抹子及带垂球的阴角尺）抹直、接平。

⑤ 面层抹灰：中层砂浆凝结之前，在其表面每隔一定距离交叉划出斜痕，以有利于与面层砂浆的粘结。待中层砂浆达到凝结程度，即可抹面层，面层抹灰必须保证平整、光洁、无裂痕。

2）外墙一般抹灰

① 找规矩：建筑外墙面抹灰同内墙抹灰一样要设置标筋，但因为外墙面自地坪到檐口的整体灰面过大，门窗、雨篷、阳台、明柱、腰线、勒脚等都要横平竖直，而抹灰操作必须是自上而下逐一步架地顺序进行。因此，外墙抹灰找规矩需在四大角先挂好垂直通线（多层及高层楼房可采用钢丝线），然后于每步架大角两侧选点、弹控制线、拉水平通线，再根据抹灰层厚度要求做标志块灰饼以及抹制标筋。

内外墙抹灰的区别

② 贴分格条：外墙大面积抹灰饰面，为避免罩面砂浆收缩后产生裂缝等不良现象，一般均设计有分格缝，分格缝同时具有美观的作用。为使分格缝平直规矩，抹灰施工时应粘贴分格条。

分格条的粘贴可在底灰抹完之后进行，粘贴分格条部位的底灰要用刮尺赶平。按已弹好的水平线和分格尺寸弹好分格线，水平方向的分格条宜粘贴在水平线下边（如设计有竖向分格线时，其分格条可粘贴于垂直弹线的左侧）。木制分格条使用前要用水浸透，以防止在使用时变形；粘贴时，分格条两侧用水泥浆嵌固稳定，其灰浆两侧抹成斜面。当天抹面即可起出的分格条，其两侧灰浆斜面可抹成 45° 角（图 2-47a）；当天不进行面层抹灰的分格条，其两侧灰浆斜面应抹得陡一些，呈 60° 角为宜（图 2-47b）。分格线不得有错缝和缺棱掉角，其缝宽和深度应均匀一致。

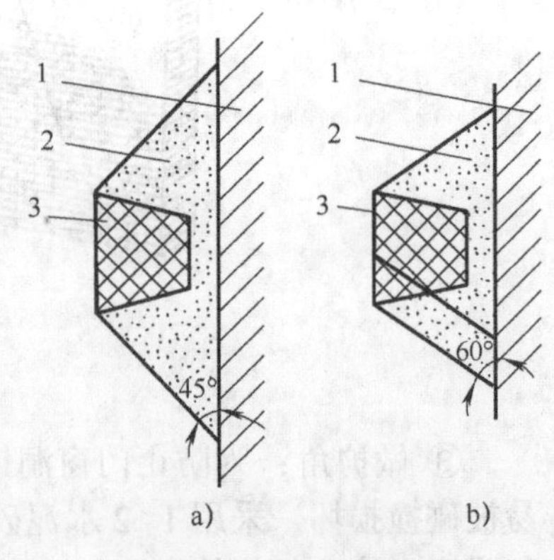

图 2-47　粘分格条图

1—基体　2—水泥浆　3—分格条

③ 抹灰：外墙抹灰的防水做法应按设计要求及相应的规范进行。目前较多采用的是水泥砂浆，配合比通常为水泥 : 砂 =1 :（2.5 ～ 3）。砌筑墙体的表面抹灰，其底层砂浆要注意充分压入墙面灰缝；应待底层砂浆具有一定强度后再抹中层，大面刮平并用木抹子搓平、压实、扫毛。面层抹灰时可先薄刷一遍水泥

灰浆，抹第二遍砂浆时与分格条及标筋抹齐平，刮平、搓实、压光，再用刷子蘸水按统一方向轻刷一遍，以达到颜色一致并同时刷净分格条上的砂浆；起出分格条，随即用水泥浆勾好分格缝。水泥砂浆抹灰完成24h后开始养护，宜洒水养护7d以上。

3）顶棚一般抹灰

① 弹线、找规矩：根据标高线，在四周墙上弹出靠近顶板的水平线，作为顶板抹灰的水平控制线。

② 抹底灰：先将顶板基层润湿，然后刷一道界面剂，随刷随抹底灰。底灰一般用1∶3水泥砂浆（或1∶0.3∶3水泥混合砂浆），厚度通常为3～5mm。以墙上水平线为依据，将顶板四周找平。抹灰时需用力挤压，使底灰与顶板表面结合紧密。最后用软刮尺刮平，木抹子搓平、搓毛。局部较厚时，应分层抹灰找平。

③ 抹中层灰：抹底灰后紧跟着抹中层灰（为保证中层灰与底灰粘结牢固，如底层吸水快，应及时洒水）。先从板边开始，用抹子顺抹纹方向抹灰，用刮尺刮平，木抹子搓毛。

④ 抹罩面灰：罩面灰采用1∶2.5水泥砂浆（或1∶0.3∶2.5水泥混合砂浆），厚度一般为5mm左右。待中层灰约六七成干时抹罩面灰，先在中层灰表面上薄薄地刮一道聚合物水泥浆，紧接着抹罩面灰，用刮尺刮平，铁抹子抹平、压实、压光，并使其与底灰粘结牢固。

（3）季节性施工

1）雨期施工时，应先做完屋面防水，以防损坏抹灰面。

2）冬期施工，砂浆内不得掺入石灰膏，可掺加粉煤灰或冬期施工用外加剂，以提高灰浆的和易性。砂浆应用热水拌和，并掺不含氯化物的砂浆抗冻剂，拌好的砂浆宜采取保温措施。砂浆上墙温度不宜低于5℃。施工环境温度一般不应低于5℃，可提前做好门窗封闭或采取室内采暖措施，气温低于0℃时不宜进行抹灰作业。抹灰可采用热空气或电暖气加速干燥，并设专人负责定时开关门窗，以便加强通风，排除湿气，必要时应设通风设备。

2.4.2　装饰抹灰工程

装饰抹灰

装饰抹灰是指利用材料特点和工艺处理，使抹灰面具有不同的质感、纹理及色泽效果的抹灰类型和施工方式，主要包括水刷石、斩假石、干粘石和假面砖等项目，如若处理得当并精工细作，其抹灰层既能保持与一般抹灰的相同功能，又可取得独特的装饰艺术效果。

根据当前国内建筑装饰装修的实际情况，国家标准已删除了传统装饰抹灰工程的拉毛灰、洒毛灰、喷砂、喷涂、彩色抹灰和仿石等项目，它们的装饰效果可以由涂料涂饰以及新型装饰制品等所取代。对于较大规模的饰面工程，应综合考虑其用工用料和节能、环保等经济效益与社会效益等多方面的重要因素，例如水刷石，由于其浪费水资源并对环境有污染，也应尽量减少使用。

2.5 饰面板（砖）工程施工

墙面铺装工程应在墙面隐蔽及抹灰工程、吊顶工程已完成并经验收后进行。当墙体有防水要求时，应对防水工程进行验收。在防水层上粘贴面砖时，粘结材料应与防水材料的性能相容。由于墙面基层表面的强度和稳定性是保证墙面铺装质量的前提，因此要首先根据铺装材料要求处理好基层表面。为防止砂浆受冻，影响粘结力，现场湿作业施工环境温度宜在5℃以上。对于天然石材采用湿作业法铺贴，面层会出现泛白污染，系混凝土外加剂中的碱性物质所致，因此，应进行防碱背涂处理。

2.5.1 贴墙面砖施工工艺

贴墙面砖施工分为三个大部分：内墙饰面砖施工、外墙饰面砖施工、锦砖施工。

2.5.1.1 内墙饰面砖施工

采用釉面陶瓷砖作为建筑物内墙饰面的做法很广泛，特别是厨房间、卫浴间、医院病房、实验室等经常接触水、汽或是对洁净要求较高的室内墙面，采用釉面砖似乎是必须的选择，不论是作墙裙或是镶贴全高的墙面。然而，此类工程所反映出的产品质量问题与施工质量通病亦比较显著，如瓷砖产品的规格尺寸不规矩，耐撞击性能不够，卫浴类房间的釉面砖在使用中易出现龟裂，尤其是几乎无处不在的饰面空壳、砖层起鼓和砖块脱落事故，已成为难以预防的顽症。为此，应严格执行饰面砖产品的材料标准及工程施工的相关强制性标准与规范，从产品出厂到施工质量的监督监理及工程验收必须真正做到制度化、法制化，切实控制饰面砖镶贴的工程质量。

1. 施工准备

（1）材料准备

砂子、石灰膏、胶粉胶粘剂、勾缝剂、粉煤灰、面砖等。

砂子采用平均粒径为0.35～0.5mm的中砂，含泥量不大于3%，用前过筛，筛后保持洁净；石灰膏选用成品石灰膏（熟化期不应少于15d）；生石灰粉，磨细生石灰粉，用前应用水浸泡，其时间不少于30d；粉煤灰细度过0.8mm筛；釉面砖吸水率不得大于10%。

（2）机具设备

砂浆搅拌机、切割机、无齿锯、云石机、磨光机、角磨机、手提切割机、手推车、平锹、铁板、筛子（孔径5mm）、大桶、灰槽钢丝刷、扫帚、小灰铲、勾缝托灰板、橡胶锤、小白线等。

（3）作业条件

1）墙顶抹灰完毕，作好墙面防水层、保护层和地面防水层、混凝土垫层。

2）搭设双排架子或钉高马凳。

3）安装好门窗框扇，隐蔽部位的防腐、填嵌应处理好，并用 1∶3 水泥砂浆将门窗框、洞口缝隙塞严实，铝合金、塑料门窗，不锈钢门等框边缝所用嵌塞材料及密封材料应符合设计要求，且应塞堵密实，并事先粘贴好保护膜。

4）脸盆架、镜卡、管卡、水箱、煤气等应埋设好防腐木砖、位置正确。

5）按面砖的尺寸、颜色进行选砖，并分类存放备用。

6）统一弹出墙面上 +500mm 水平线，大面积施工前应先放大样，并做出样板墙，确定施工工艺及操作要点，并向施工人员做交底工作。样板墙完成后必须经质检部门鉴定合格后，还要经过设计、甲方和施工单位共同认定验收，方可组织班组按照样板墙要求进行施工。

7）系统管、线、盒等安装完并验收。

8）室内温度应在 5℃以上。

2. 操作工艺

（1）工艺流程

基层处理→抹底子灰→排砖弹线→选砖、浸砖→镶贴面砖→面砖勾缝与擦缝→清理。

（2）操作方法

1）基层处理

① 基层为现浇混凝土或混凝土砌块墙面时，将凸出墙面的混凝土剔平，对于基体混凝土表面很光滑的要凿毛，或用可掺界面剂胶的水泥细砂浆做小拉毛墙，也可刷界面剂，并浇水润湿基层。

② 基层为砖砌体墙面时，先剔除、清扫干净墙面上的残存砂浆、舌头灰，然后浇水湿润墙面。

③ 在基层不同的材质交接处，应钉钢板网，通常采用 20mm × 20mm 孔的钢板网，厚度应不小于 0.7mm，两边与基体搭接应不小于 100mm，用扒钉间距不大于 400mm 绷紧钉牢。

2）抹底子灰：10mm 厚 1∶3 水泥砂浆打底，应分层分遍抹砂浆，随抹随刮平抹实，用木抹搓毛。

3）排砖弹线：根据深化设计图和实际尺寸，结合面砖规格进行现场排砖。排砖时水平缝应与门窗口平齐，竖向应使各阳角和门窗口处为整砖。同一墙面上的横、竖排列，不得有一行以上的非整砖，非整砖行应排在不明显处，即阴角或次要部位，且不宜小于 1/3 整砖。通常用缝宽度来调整面砖排列尺寸，接缝宽度可在 1 ～ 1.5mm 之间调整。墙面突出的卡件、孔洞处面砖套割应吻合，不得用非整砖随意拼凑镶贴，排砖应美观。

饰面砖根据砖缝的大小不同，分为无缝镶贴、划块留缝镶贴、单块留缝镶贴等。质量好的砖，可以适应任何排列方式；外形尺寸偏差大的饰面砖，不能大面积无缝镶贴，否则不仅缝口参差不齐，而且贴到最后无法收尾，交不了圈。这样的砖，可采取单块留缝镶贴，可用砖缝的大小，调节砖的大小，以解决砖尺寸不一致的缺点。饰面砖外形尺寸出入不大时，可采取划块留缝镶贴，在划块留缝内，可以调节尺寸，以解决砖尺寸的偏差。若饰面砖的厚薄尺寸不一时，可以把厚薄不一的砖分开，分别镶贴在不同的墙面，用镶贴砂浆的厚薄来调节砖的厚薄，这样，就不至于因砖厚薄不一而使墙面不平。

再依照室内标准水平线，找出地面标高，按贴砖的面积，计算纵横的皮数，用水平尺找平，并弹出釉面砖的水平和垂直控制线。如用阴阳三角镶边时，即将镶边位置预先分配好。横向不足整块的部分，留在最下一皮与地面连接处。

用废釉面砖贴标准点，用做灰饼的混合砂浆贴在墙面上，用以控制釉面砖的表面平整度。垫底尺，计算准确最下一皮砖下口标高，底尺上皮一般比地面低 1cm 左右，以此为依据放好底尺，要水平、安稳。

4）选砖、浸砖：面砖镶贴前，应挑选颜色、规格一致的砖；浸泡砖时，将面砖清扫干净，放入净水中浸泡 2h 以上，取出待表面晾干或擦干净后方可使用。

5）镶贴面砖：在釉面砖背面满抹灰浆，四周刮成斜面，厚度 5mm 左右，注意边角满浆。贴于墙面的釉面砖就位后应用力按压，并用灰铲木柄轻击砖面，使釉面砖紧密粘于墙面。铺贴完整行的釉面砖后，再用长靠尺横向校正一次。对高于标志块的应轻轻敲击，使其平齐；若低于标志块时，应取下釉面砖，重新抹满刀灰铺贴，不得在砖口处塞灰，否则会产生空鼓。然后依次按上法往上铺贴。在有洗面盆、镜箱、肥皂盒等的墙面，应按脸盆下水管部位分中，往两边排砖。

6）勾缝：墙面釉面砖用白色水泥浆擦缝，用布将缝内的素浆擦均。

7）清理：勾缝后用抹布将砖面擦净。如砖面污染严重，可用稀盐酸酸洗后用清水冲洗干净。

外墙饰面砖

2.5.1.2 外墙饰面砖施工

我国幅员辽阔，各地气候差异很大，不同地区所使用的外墙饰面砖经受的冻害程度有很大差别，因此应结合各地气候环境制订出不同的抗冻指标。外墙饰面砖系多孔材料，其抗冻性与材料内部孔结构有关，而不同的孔结构又反映出不同的吸水率，因此可通过控制吸水率来满足抗冻性要求。

1. 施工准备

（1）材料准备

砂子、石灰膏、胶粉胶粘剂、勾缝剂、粉煤灰、面砖等。

（2）机具设备

砂浆搅拌机、切割机、无齿锯、云石机、磨光机、角磨机、手提切割机、手推车、平锹、铁板、筛子（孔径 5mm）、大桶、灰槽钢丝刷、扫帚、小灰铲、勾缝托灰板、橡胶锤、小白线等。

（3）作业条件

1）面砖及其他材料已进场，经检验其质量、规格、品种、数量、各项性能指标应符合设计和规范要求，并经检验复试合格。

2）各种专业管线、设备、预留预埋件已安装完成，经检验合格并办理交接手续。

3）门、窗框已安装完成，嵌缝符合要求，门窗框已贴好保护膜，栏杆、预留孔洞及落水管预埋件等已施工完毕，且均通过检验，质量符合要求。

4）施工所需的脚手架已经搭设完，垂直运输设备已安装好，符合使用要求和安全规定，并经检验合格。

5）施工现场所需的临时用水、用电，各种工、机具准备就绪。

6）各控制点、水平标高控制线测设完毕，并经预检合格。

2. 操作工艺

（1）工艺流程

基层处理→测设基准线、基准面→抹底子灰→选砖→弹分格线→排砖→浸砖→粘贴面砖→面砖勾缝与擦缝。

（2）操作方法

1）基层处理

① 基层为现浇混凝土或混凝土砌块墙面时，先剔平凸出墙面的混凝土，若墙面不油污，可用清洗剂刷除，随之用清水冲净、晾干，然后将 1∶1 的聚合物水泥砂浆（掺加水重 20% 界面剂），用扫帚甩到墙上，甩点要均匀，终凝后浇水养护至有较高的强度（用手扳不动），即可抹底子灰或贴面砖。

② 基层为砖砌体墙面时，先剔除、清扫干净墙面上的残存砂浆、舌头灰，然后浇水湿润墙面，即可抹底子灰。

③ 基层为加气混凝土、陶粒混凝土空心砌块墙面时，先剔除、清扫干净墙面上的残存砂浆、舌头灰，分几遍浇水润湿，然后修补缺棱、掉角、凹凸不平处。修补时先用水湿润待修补处的墙面，再刷一道掺加界面剂的水泥聚合物砂浆（界面剂∶水泥∶砂子 =1∶1∶1），最后用混合砂浆（水泥∶白灰膏∶砂子 = 1∶3∶9）分层修补平整，然后抹底子灰。

④ 在基层不同的材质交接处，应钉钢板网，通常采用 20mm×20mm 孔的钢板网，厚度应不小于 0.7mm，两边与基体搭接应不小于 100mm，用扒钉间距不大于 400mm 绷紧钉牢，然后抹底子灰。

2）测设基准线、基准面：根据建筑物的高度选用不同的测设方法。高层建筑用经纬仪在墙面阴阳角、门窗口等处测设垂直基准线。多层建筑用钢丝吊大线坠从顶层向下绷钢丝方法测设垂直基准线。水平方向按照标高控制点和水平控制线来测设分格基准线，竖向以四个大角为基准控制各分格线的垂直位置。抹灰前，先按各基准线进行抹灰饼、冲筋，间距以 1200 ～ 1500mm 为宜，抹灰饼、冲筋应做到顶面平齐且在同一垂直平面内作为抹灰的基准控制面。

3）抹底子灰：抹灰按设计要求进行，设计无要求时厚度一般为 10 ～ 15mm。抹灰应分二层进行，每层厚度一般为 5 ～ 9mm。抹灰总厚度大于 35mm 时，应采取钉钢板网或其他加强措施。抹灰应确保窗台、腰线、檐口、雨篷等部位的流水坡度。

4）选砖：面砖进场后，根据砖的规格用自制选砖套板进行选砖，剔除尺寸、平整度超差的砖，按不同规格、颜色分类码放。

5）弹分格线：在抹好的底子灰上，按排砖大样图和水平、垂直控制线弹出分格线。

6）排砖：根据深化设计图和实际尺寸，结合面砖规格进行现场排砖。排砖时水平缝应与门窗口平齐，竖向应使各阳角和门窗口处为整砖。同一墙面上的横、竖排列，不得有一行以上的非整砖，非整砖行应排在不明显处，即阴角或次要部位，且不宜小于 1/2 整砖。通常用缝宽度来调整面砖排列尺寸，但砖缝宽度应不小于 5mm，一般不得采用密缝。墙面突出的卡件、孔洞处面砖套割应吻合，排砖应美观。

内外墙面砖镶贴的区别

7）浸砖：将选好的面砖清理干净，根据不同材质确定浸泡时间，充分浸泡后擦干或阴干备用。

8）粘贴面砖：先粘贴标砖作为基准，控制面砖的垂直、平整度和砖缝位置、出墙厚度。然后在每一分格内均挂横竖通线，作为粘贴的标准，自下而上进行粘贴。先在各分格第一皮面砖的下口位置上固定好托尺，第一皮面砖落在托尺上与墙面贴牢，用水平通线控制面砖的外皮和上口，然后逐层向上粘贴。面砖粘贴时，面砖之间的水平缝，用宽度适宜的米厘条控制，米厘条用贴砖砂浆与中层灰粘贴，并临时加垫小木楔调整平整度。待粘贴面砖的砂浆强度达到 75% 时，取出米厘条。女儿墙压顶、窗台、腰线等部位需要粘贴面砖时，除流水坡度符合设计要求外，应采取顶面砖压立面砖的做法，使其起到滴水线（槽）的作用，防止屋檐引起污染。

① 砂浆粘贴法：在面砖背面满抹一层粘结砂浆，然后把面砖粘贴到墙上，用铲把或橡胶锤轻轻敲击，使之与基层粘结牢固，并用靠尺检查调整平整度和垂直度，用开刀调整面砖的横、竖缝。当粘结砂浆选用混合砂浆（水泥∶白灰膏∶砂 =1∶0.2∶2）时，砂浆厚度以 6 ～ 10mm 为宜。当选用掺加界面剂的聚合物水泥砂浆时，砂浆厚度以 3 ～ 4mm 为宜，但基层抹灰应平整，砂子应过细筛后使用。

② 胶粉粘贴法：用胶粉胶粘剂贴面砖时，基层抹灰必须平整，先把基层浇水湿润，阴干后再粘贴。

9）面砖勾缝与擦缝：按设计要求的材料和方法进行接缝处理。通常用 1∶1 水泥砂浆（砂子应过细筛）或使用专用勾缝剂勾缝。砂浆勾缝时，先勾水平缝，再勾竖缝，缝宜凹进面砖 2 ～ 3mm，勾缝应密实，连续，平直，光滑，无空鼓、裂纹。面砖缝小于 3mm 时，宜使用专用勾缝剂或白水泥配颜料进行擦缝处理。无论勾缝还是擦缝，均应及时用干净的布或棉丝将砖表面擦干净，防止砂浆污染墙面。

2.5.1.3 锦砖施工

锦砖分陶瓷锦砖和玻璃锦砖两种。因其在纸上拼成的图案形似织锦而得名。

材料质地坚实，色泽多样，广泛用于内外墙饰面。

1. 施工准备

（1）材料准备

砂子、石灰膏、胶粉胶粘剂、勾缝剂、锦砖等。

（2）机具设备

砂浆搅拌机、手推车、平锹、铁板、筛子（孔径5mm）、大桶、灰槽钢丝刷、扫帚、小灰铲、勾缝托灰板、橡胶锤、小白线等。

（3）作业条件

1）主体结构施工已完，并通过了验收。

2）墙面基层已清理干净，脚手眼已堵好。

3）墙面预留孔及排水管已处理完毕，门窗框已固定好，框与洞口周边缝隙用聚氨酯泡沫堵好。门窗框扇贴好了保护膜。

4）双排脚手架已搭设，并已检查验收。

2. 操作工艺

（1）工艺流程

基层处理→测设基准线、基准面→抹底子灰→选砖→排砖→弹控制线→贴陶瓷锦砖→揭纸、调缝→擦缝。

（2）操作方法

1）基层处理：抹底子灰前将墙面清扫干净，检查、处理好窗口和窗套、腰线等损坏和松动部位，浇水湿润墙面。

2）测设基准线、基准面：根据建筑物的高度选用不同的测设方法。水平方向按照标高控制点和水平控制线来测设分格基准线，竖向以四个大角为基准控制各分格线的垂直位置。

3）抹底子灰：抹灰按设计要求进行，设计无要求时厚度一般为10～15mm。抹灰应分二层进行，每层厚度一般为5～9mm。抹灰总厚度大于35mm时，应采取加强措施，考虑流水坡度。

4）选砖：按颜色及规格尺寸挑选出一致的陶瓷锦砖，并统一编号，便于粘贴时对号入座。

5）排砖：按大样图和现场实际尺寸，进行实际排砖，以确定陶瓷锦砖的排列方式、非整张砖的放置位置及分格缝留置位置等。

6）弹控制线：根据排砖结果，在抹好的底子灰上弹出各条分格线，并从上至下弹出若干条水平控制线，阴阳角、门窗洞口处弹垂直控制线，作为粘贴时的控制标准。

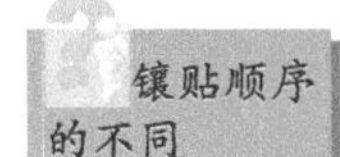

7）贴陶瓷锦砖：粘贴时总体顺序为自上而下，各分段或分格内的陶瓷锦砖粘贴为自下而上。其操作方法为先将底灰浇水润湿，根据弹好的水平线粘好米厘条，然后在底灰面上刷一道聚合物水泥浆（掺加水重10%的界面剂），再抹2～3mm厚的混合灰粘结层，也可采用1∶0.3水泥纸筋灰，用刮杠刮平，再用

抹子抹平，将陶瓷锦砖底面朝上平铺在木托板上，在锦砖缝里灌 1∶1 干水泥细砂，用软毛刷子扫净表面浮砂，再薄薄刮上一层粘结灰浆，清理四周多余灰浆，两手提起陶瓷锦砖，下边放在已贴好的米厘条上，两侧与控制线相符后，粘贴到墙上，并用木拍板压平、压实。另外，还可以在底灰润湿后，按线粘好米厘条，然后刷一道聚合物水泥浆，底灰表面不抹混合灰粘结层，而是将 2 ～ 3mm 厚的混合灰粘结层抹在陶瓷锦砖底面上。在粘贴陶瓷锦砖时，必须按弹好的控制线施工，各条砖缝要对齐。贴完一组后，将米厘条放在本组锦砖的上口，继续贴第二组。根据气温条件确定连续粘贴高度。采用背网粘胶的成品锦砖，可直接采用水泥进行正面粘接铺贴。

8）揭纸、调缝：陶瓷锦砖贴到墙上后，在混合灰粘结层未完全凝固之前，用木拍板靠在贴好的陶瓷锦砖上，用小锤敲击拍板，满敲一遍使其粘结牢固。然后用软毛刷蘸水满刷陶瓷锦砖上的纸面使其湿润，约 30min 即可揭纸。揭纸时应从上向下揭，揭纸后检查各条缝子大小是否均匀垂直、宽窄一致，对歪斜、不正的缝子，用开刀拨正调直，先调横缝，后调竖缝。然后再垫木拍板用小锤敲击一遍，用刷子蘸水将锦砖缝里的砂子清出，用湿布擦净锦砖表面。采用背网粘胶的成品锦砖不再进行揭纸工序。

9）擦缝：陶瓷锦砖粘贴 48h 后，用素水泥浆或专用勾缝剂擦缝（颜色按设计要求配色，通常选用与锦砖同色或近似色），用抹子把素水泥浆或专用勾缝剂浆抹到锦砖表面时，并将其压挤进砖缝内，然后用擦布将表面擦净。清洗锦砖表面时，应待勾缝材料硬化后方可进行。起出米厘条，用 1∶1 水泥砂浆勾严、勾平，再用布擦净。

2.5.2 石材饰面板施工工艺

石材饰面板的安装主要有粘贴施工法、钢筋网片锚固施工法（湿作业法）、膨胀螺栓锚固施工法（干作业法）和钢筋钩挂贴法等。厚度在 12mm 以下的镜面大理石和花岗石薄板宜用干挂法或粘贴法。

2.5.2.1 钢筋网片锚固施工法

钢筋网片锚固施工法又称为钢筋网挂贴湿作业法，可用于混凝土墙、砖墙表面装饰。它的主要缺点是：铺贴高度有限、现场湿作业污染环境、容易泛碱、工序较为复杂、施工进度慢、工效低；对工人的技术水平要求较高；饰面板容易发生花脸、变色、锈斑、空鼓、裂缝等。

采用湿作业法施工时，固定石材的钢筋网应与预埋件连接牢固。每块石材与钢筋网拉接点不得少于 4 个。拉接用金属丝应具有防锈性能。灌注砂浆前应将石材背面及基层润湿，并应用填缝材料临时封闭石材板缝，避免漏浆。灌注砂浆宜用 1∶2.5 水泥砂浆，灌注时应分层进行，每层灌注高度宜为 150 ～ 200mm，且不超过板高的 1/3，插捣应密实。待其初凝后方可灌注上层水泥砂浆；石材应进行挑选，并应按照设计要求进行预拼。

1. 施工准备

（1）材料准备

砂子、白水泥、辅料。其中砂子宜采用中砂，含泥量不大于3%，用前过筛，筛后保持洁净。熟石膏、铜丝；与大理石或花岗石颜色接近的矿物颜料；胶粘剂和填塞饰面板缝隙的专用嵌缝条，石材防护剂、石材胶粘剂。

（2）机具准备

砂浆搅拌机、切割机、磨光机、手提切割机、云石机、角磨机、手枪钻、无齿锯、手推车、注胶枪、射钉枪、多用刀、铁板、筛子、铁抹子、勾缝托灰板、橡胶锤等（图2-48）。

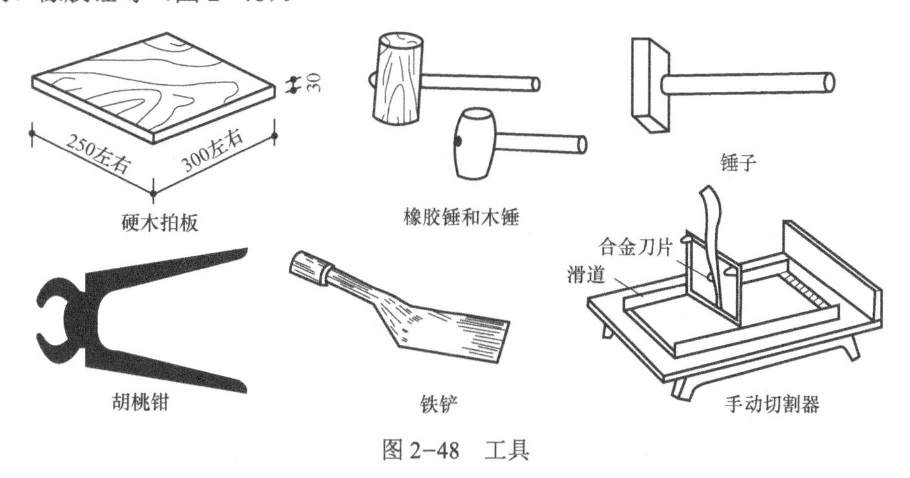

图2-48　工具

（3）作业条件

1）石材已进场，其质量、规格、品种、数量、力学性能和物理性能符合设计要求和国家现行标准。石材表面应涂刷防护剂。

2）其他配套材料已进场，并经检验复试合格。

2. 湿作业法的施工工艺

（1）工艺流程

基层处理→弹线→试排试拼块材→石材钻孔、剔槽卧铜丝→穿铜丝→石材表面处理→绑焊钢筋网→安装石材板块→分层灌浆→擦缝、清理打蜡。

（2）操作工艺

1）弹线：先将石材饰面的墙、柱面和门窗套用大线坠（较高时用经纬仪）从上至下找垂直弹线，并应考虑石材厚度、灌注砂浆的空隙和钢筋网所占的尺寸，一般大理石、花岗石板材距结构面距离以50～70mm为宜。找好垂直后，先在地、顶面上弹出石材安装外廓尺寸线（柱面和门窗套等同）。此线即为控制石材时外表面基准线。同时还应按石材板块的规格在基准线上弹出石材就位线，注意按设计要求留出缝隙，设计无要求时，一般拉开1mm缝隙。

2）试排试拼块材：将石材摆放在光线好的平整地面上，调整石材的颜色、纹理，并注意同一立面不得有一排以上的非整砖石材，且应将非整砖石材放在较隐蔽的部位，然后在石材背面按两个排列方向统一编号，并按编号码放整齐。

3）石材钻孔、剔槽卧铜丝（图 2-49）：

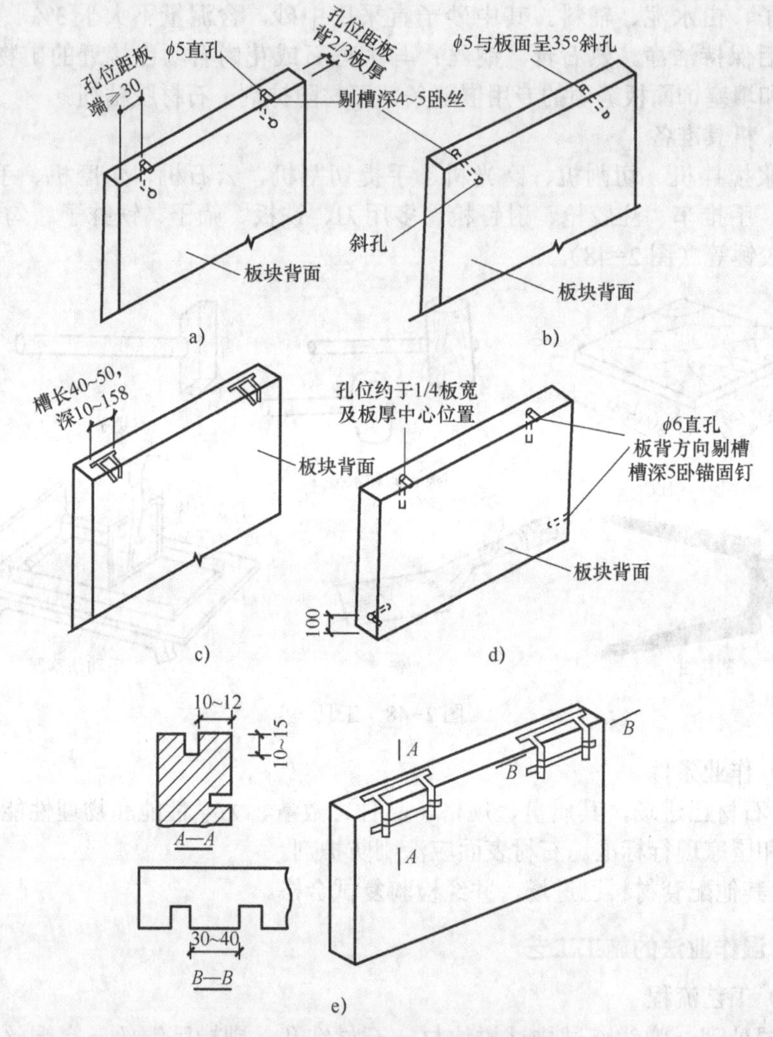

图 2-49　石材穿孔、剔槽示意图

将已编好号的饰面板放在操作支架上，用钻在板材上、下两个侧边上钻孔。孔位应在距板两端的 1/4 处，一般孔径 5mm，深度 30 ～ 50mm，孔中心距石板背面 8mm 为宜，通常每个侧边打两个孔，当板材宽度较大时，应增加孔数，孔间距应不大于 600mm。钻孔后用云石机在板背面的垂直钻孔方向上切一道槽，并切透孔壁，与钻孔形成象鼻眼，以备卧埋铜丝。当饰面板规格较大，施工中下端不好绑铜丝时，可在未镶贴饰面板的一侧，用云石机在板高的 1/4 处上、下开一槽，槽长约 30 ～ 40mm、槽深约 12mm 与饰面板背面打通。在板厚方向竖槽一般居中，亦可偏外，但不得损坏石材饰面和不造成石材表面泛碱，将铜丝卧入槽内，与钢筋网固定。

4）穿铜丝：将直径不小于1mm的铜丝剪成长200mm左右的段，铜丝一端从板厚的槽孔穿进孔内，铜丝打回头后用胶粘剂固定牢固，另一端从板厚的槽孔穿出，弯曲卧入槽内。铜丝穿好后，石板材的上、下侧边不得有铜丝突出，以便和相邻石板接缝严密。

5）石材表面处理：用石材防护剂对石材除正面外的五个面进行防止泛碱的防护处理，石材正面涂刷防污剂。石材防护剂和防污剂的涂刷应结合产品说明书进行，通常涂刷前石材表面应干燥，含水率一般宜不大于10%。防护剂涂布两遍。

6）绑焊钢筋网：墙（柱）面上，竖向钢筋与预埋筋焊牢（混凝土基层可用膨胀螺栓代替预埋筋），横向钢筋与竖筋绑扎牢固。横、竖筋的规格相适宜，一般宜采用不小于直径为6mm的钢筋，间距不大于600mm。最下一道横筋宜设在地面以上100mm处，用于绑扎第一层板材的下端固定铜丝，第二道横筋绑在比石板上口低20～30mm处，以便绑扎第一层板材上口的固定铜丝。再向上即可按石材板块规格均匀布置，如图2-50所示。

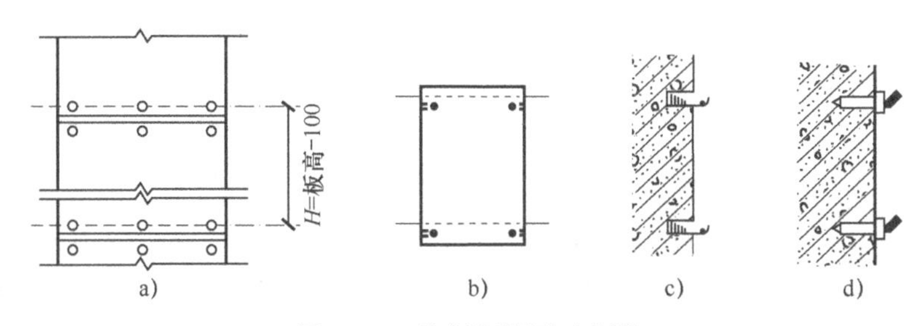

图2-50　绑焊钢筋网示意图

7）安装石材板块。按编号将石材就位，先将石板上的铜丝捋直，把石板上端外倾，右手深入石板背面，把石板下口铜丝绑扎在钢筋网上。绑扎不要太紧，留出适宜余量，把铜丝和钢筋绑扎牢固即可。然后把石板竖起立正，绑扎石板上口的铜丝，并用木楔垫稳。石材与基层墙柱面间的灌浆缝一般为30～50mm。用检测尺进行检查，调整木楔，使石材表面平整、立面垂直，接缝均匀顺直。最后将铜丝绑扎紧，逐块从一个方向依次向另一个方向进行。柱子一般从正立面开始，按顺时针方向安装。第一层全部安装完毕后，检查垂直、水平、表面平整、阴阳角方正、上口平直（图2-51），缝隙宽窄一致、均匀顺直，确认符合要求后，用调制成糊状（稠度70～100mm）的熟石膏，将石板临时粘贴固定。临时粘贴应在石板的边角部位点粘，木楔处亦可粘贴，使石板固定、稳固即可。再检查一下有无变形，待石膏糊硬化后开始灌浆。当设计有塞缝材料时，应在灌浆前塞放好塞缝材料。

8）分层灌浆。将拌制好的1∶2.5水泥砂浆，用铁簸箕徐徐倒入石材与基层墙柱面间的灌浆缝内，边灌边用钢筋棍插捣密实，并用橡胶锤轻轻敲击石板面，使砂浆内的气体排出。水泥砂浆的稠度一般采用90～150mm为宜，第一次浇灌高度一般为150mm，但不得超过石板高度的1/3。第一次灌浆很重要，操作必须要轻，不得碰撞石板和临时固定石膏，防止石板位移错动。当发生位移错动时，应立即拆除，重新安装石板。第一次灌入砂浆初凝（一般为1～2h）

后，应再检查一遍，检查合格后进行第二次灌浆。第二次灌浆高度一般以200～300mm为宜，砂浆初凝后，进行第三次灌浆，第三次灌浆应灌至低于板上口50～70mm处。柱子、门窗套贴面，可用木方或型钢做成卡具。卡住石材板，以防止灌浆时错位变形。

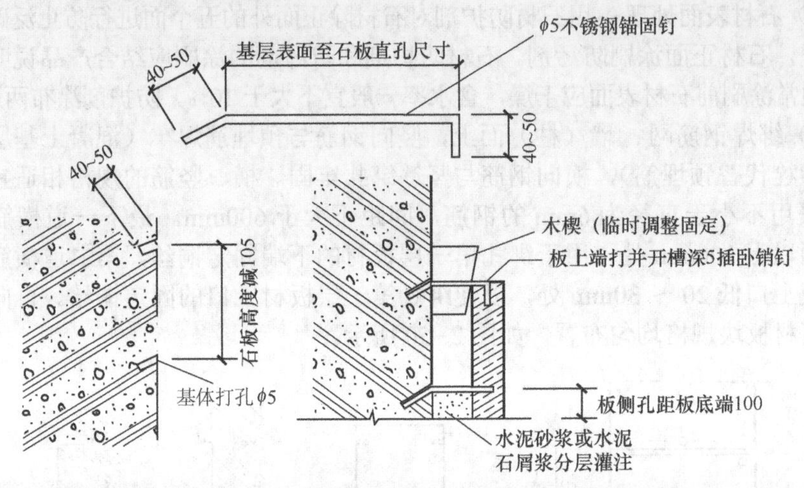

图2-51　石材板块固定及分层灌注示意图

9）擦缝、清理打蜡。全部石板安装完毕后，清除表面和板缝内的临时固定石膏及多余砂浆，用麻布将石材板面擦洗干净，然后按设计要求嵌缝材料的品种、颜色、形式进行嵌缝，边嵌边擦。使缝隙密实、宽窄一致、均匀顺直、干净整齐、颜色协调。最后将大理石、花岗石进行打蜡。

2.5.2.2　石材干挂法

干挂工艺是利用高强度螺栓和耐腐蚀、强度高的金属挂件（扣件、连接件）或利用金属龙骨，将饰面石板固定于建筑物的外表面的做法，石材饰面与结构之间留有40～50mm的空腔。此法免除了灌浆湿作业，可缩短施工周期，减轻建筑物自重，提高抗震性能，增强了石材饰面安装的灵活性和装饰质量。

石材应进行挑选，并应按照设计要求进行预拼。强度较低或较薄的石材应在背面粘贴玻璃纤维网格布。

1. 施工准备

（1）材料准备

玻璃纤维网格布（石材的背衬材料）、合成树脂胶粘剂（用于粘贴石材背面的柔性背衬材料，要求具有防水和耐老化性能）、双组分环氧型胶粘剂（用于干挂石材挂件与石材间粘结固定）、中性硅酮耐候密封胶（应进行粘合力的试验和相容性试验）、不锈钢紧固件及连接件、防水胶泥（用于密封连接件，且具有出厂合格证和使用说明，并应符合环保要求）、防污胶条（用于石材边缘防止污染）、嵌缝膏、罩面涂料（用于大理石表面防风化、防污染）、附件（膨胀螺栓、连接件、连接不锈钢针等不配套的铁垫板、垫圈、螺母及与骨架固定的各种设计和安装所需要的连接件)。

(2)机具设备

石材切割机、砂轮切割机、无齿锯、云石机、角磨机、电焊机、手推车、铁锹、开刀、射钉枪、墨斗、多用刀、剪子、钢丝、各种扳手、小线等。

(3)作业条件

石材已进场,其质量、规格、品种、数量、力学性能和物理性能符合设计要求和国家现行标准。石材表面应涂刷防护剂。

2. 干挂法施工工艺

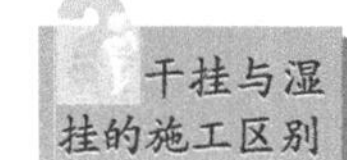

(1)操作工艺

石材表面处理→石材安装前准备→测量放线基层处理→主龙骨安装→次龙骨安装→石材安装→石材板缝处理→表面清洗。

(2)操作方法

1)石材表面处理:石材表面应干燥,一般含水率不大于8%,按防护剂使用说明对石材表面进行防护处理。此工序必须在清洁的环境下进行施工。操作时将石材板的正面朝下平放于两根方木上,用羊毛刷蘸防护剂,均匀涂刷于石材的背面和四个边的小面,涂刷必须到位,不得漏刷。待第一道涂刷完24h后,刷第二道防护剂。第二道刷完24h后,将石材板翻成正面朝上,涂刷正面,方法与要求和背面涂刷相同。正面所使用的防护剂通常与背面相同,设计有要求后方可使用不同防护剂。

对于未经增强处理的光面装饰石板,可在其背面涂刷合成树脂胶粘剂,粘贴复合玻璃纤维网格布作补强层,可提高板块力学性能及延长石板的使用寿命。

2)石材安装前准备:先对石材进行挑选,使同一立面或相邻两立面的石材板色泽、花纹一致,挑出色差、纹路相差较大的不用或用于边角不明显部位。石材选好后进行钻孔、开槽,为保证孔槽的位置正确、垂直,应制作一个定型托架,将石板放在托架上作业。钻孔时应使钻头与钻孔面垂直,开槽时应使切割片与开槽面垂直,确保成孔、槽后准确无误。孔、槽的形状尺寸应按设计要求确定,一般孔深为22～23mm,孔径为7～8mm。一般槽宽为5～8mm,槽深为25～35mm。

3)放线及基层处理:对安装石材的结构表面进行清理。然后吊直、套方、找规矩,弹出垂直线、水平线、标高控制线。根据深化设计的排板、骨架大样图弹出骨架和石材板块的安装位置线,并确定出固定连接件的膨胀螺栓安装位置。核对预埋件的位置和分布是否满足安装要求。检验骨架安装部位的结构及预埋件的牢固程度。骨架安装在非混凝土墙体时,应按设计和规范要求进行加固。

4)主龙骨安装:主龙骨一般采用竖向安装。材质、规格、型号按设计要求选用。通常采用热镀锌槽钢、角钢或方钢。安装时先按主龙骨安装位置线,在结构墙体上用膨胀螺栓或化学锚固定角码,按设计要求或通过结构计算确定角码和螺栓的规格、螺栓的数量和锚入基体的深度、角码的布置间距。通常角码采用∟110×70×6(或∟90×90×6)长度为150mm的热镀锌角钢,间距为

600mm，在主龙骨两侧面对面设置，然后将主龙骨卡入角码之间，采用贴角焊与角码焊接牢固。焊接处应刷防锈漆。主龙骨安装时应先临时固定，然后拉通线进行调整，待调平、调正、调垂直后再进行固定或焊接。

5）次龙骨安装：次龙骨的材质、规格、型号、布置间距及与主龙骨的连接方式按设计要求确定。一般采用L75×50×6热镀锌角钢，沿高度方向固定在每一道石材的水平接缝处，次龙骨与主龙骨的连接一般采用焊接，也可用螺栓连接。焊缝防腐处理同主龙骨。

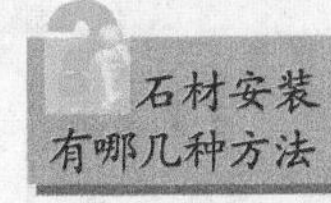

6）石材安装：石材与次龙骨的连接采用T形不锈钢专用连接件，连接处一般宽60mm、厚3～5mm。不锈钢专用连接件与石材侧边安装，槽缝之间，灌注石材胶。连接件的间距宜不大于600mm。安装时应边安装、边进行调整，保证接缝均匀顺直，表面平整。一般采用的方法有针销式和板销式两种。板销式如图2-52所示。

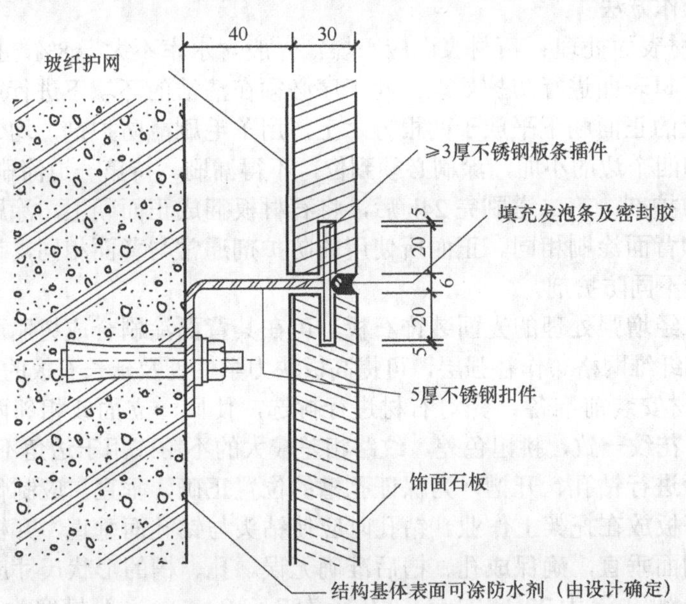

图2-52　板销法石材安装示意图

7）石材板缝处理：打胶前应在板缝两边的石材上粘贴40mm宽的美纹纸，以防污染石材，美纹纸的边缘要贴齐、贴严，将缝内杂物清理干净，并在缝隙内填入泡沫填充（棒）条，填充的泡沫（棒）条固定好，最后用胶枪把嵌缝胶打入缝内，打胶时用力要均匀，走枪要稳而慢，若出现胶缝不太平顺，待胶凝固后用壁纸刀将其修整平顺，最后撕去美纹纸。打胶成活后一般低于石材表面5mm，呈半圆凹状。嵌缝胶的品种、型号、颜色应按设计要求选用并做相容性试验。在底层石板缝打胶时，注意不要堵塞排水管。

8）清洗：采用柔软的布或棉丝擦试，对于有胶或其他粘结牢固的污物，可用开刀轻轻铲除，再用专用清洁剂将污物清除干净，必要时可进行罩面剂的涂刷以提高观感质量。阴雨天和四级以上大风天不得进行罩面剂的施工，罩面剂必须在环境温度达到5℃以上才能进行拌料和施工。罩面剂按照配合比配好，要区别底漆和面漆，分阶段操作。配制罩面剂要搅拌均匀，防止成膜时不匀。涂刷时蘸漆不宜过多，防止流坠，尽量少回刷，避免有刷痕，要求无气泡、不漏刷，刷过的石材表面平整有光泽。

2.5.3 其他墙面饰面板施工工艺

其他墙面饰面板还有木质饰面板、塑料饰面板、金属饰面板、玻璃饰面板等几种，其施工工艺分别如下：

2.5.3.1 木质饰面板施工

（1）木龙骨胶合板墙身施工工艺

1）弹线分格。依据轴线、500mm水平基准线和设计图，在墙上弹出木龙骨的分档、分格线。

2）加工拼装木龙骨架。木墙身的结构通常采用25mm×30mm的方木。先将方木料拼放在一起，刷防腐涂料。待防腐涂料干后，再按分档加工出凹槽榫，在地面进行拼装，制成木龙骨架。拼装木龙骨架的方格网规格通常是300mm×300mm或400mm×400mm（两方木中心线距离尺寸）。对于面积不大的木墙身钉一次拼成木骨架后，安装上墙。对于面积较大的木墙身，可分做几片拼装上墙。木龙骨架做好后，应涂刷三遍防火涂料漆。

3）钻孔打入木楔。用$\phi16\sim\phi20$mm的冲击钻头在墙面上弹线的交叉点位置钻孔，钻孔距600mm左右、孔深度不小于60mm，钻好孔后，随即打入经过防腐处理的木楔。

4）安装木龙骨架。立起木龙骨靠在墙面上，用吊垂线或水准尺找垂直度，确保木墙身垂直。用水平直线法检查木龙骨架的平整度。待垂直度、平整度都达到要求后，即可用钉子将其钉固在木楔上。钉钉子时配合校正垂直度、平整度，木龙骨架下凹的地方加垫木块，垫平直后再钉钉子。

5）铺钉胶合板。事先挑选好罩面板，分出不同色泽，然后按设计尺寸裁割、刨边（倒角）加工。用15mm枪钉将胶合板固定在木龙骨架上。如果用钢钉则应使钉头砸扁埋入板内1mm。钉距100mm左右，且布钉均匀。

（2）木质护墙板（墙裙）施工工艺

1）弹线、设置预埋块。按照设计图尺寸，先在墙上划水平标高弹出分档线。根据线档在墙上加塞木楔或在砌墙时预先埋入木砖。木砖或木楔位置符合龙骨或称护墙筋分档的尺寸。木砖的间距横竖一般不大于400mm，如预埋的木砖位置不适用时，须予以补设。如在墙内打入木楔，可采用16～60mm的冲击钻头在墙面钻孔，钻孔的位置应在弹线的交叉点上，钻孔深度应不小于60mm。对于埋入墙体的木砖或木楔，应事先做防腐处理，特别是在潮湿地区或墙面易受潮部位的施工，其做法是以桐油浸渍，为方便施工，也可采用新型防腐剂。新型水溶性防腐剂有氟化钠溶液、硼铬合剂和硼酚合剂等，处理方法可用常温浸渍、热冷槽浸渍或加压浸注等。

2）安装龙骨。局部护墙板，根据高度和房间大小，做成木龙骨架，整片或分片安装。在龙骨与墙之间铺油毡一层防潮全高护墙板，根据房间四角先找平、找直，按面板分块大小由上到下做好木标筋，然后在空档内根据设计要求钉横竖龙骨。

3）安装面板。木质护墙板要根据设计先做出样板（实样），预制好之后再上墙安装。企口板护墙板，则应根据要求进行拼接嵌装，其龙骨形式及排布也视设计要求作相应处理，有些新型的木质企口板材，可进行企口嵌装，依靠异型板卡或带槽口压条进行连接，以减少面板上的钉固工艺而保持饰面的完整和美观。

胶合板护墙板应进行挑选，符合要求的板材根据设计和现场情况进行整板铺钉或按造型尺寸进行锯裁。对于透明涂饰要求显露木纹的，应注意其木纹的对接须美观协调。在一般的面板铺钉作业中，也应该注意对其色泽的选择，颜色较浅的木板，安装在光线较暗的部位的墙面上；颜色较深的木板料，可铺钉于受光较强的墙面上；或者将面板安排为在墙面上由浅到深逐渐过渡，从而使整个房间护墙板的色泽不出现较大差异。胶合板的铺钉，一般采用圆钉与木龙骨钉固。要求布钉均匀，钉距100mm左右。钉压条时要钉通，接头处应做暗榫。

2.5.3.2 塑料饰面板安装施工

1）基层处理。基层墙面用1∶3水泥砂浆抹平，做到平整、垂直、坚实、清洁。

2）弹线。根据设计要求弹出护墙上、下槛水平位置线（若采用石材踢脚线，宜先完成石材踢脚线的粘贴）。

3）安装PVC塑料护墙板

① 按设计尺寸，切割PVC塑料壁板备用。

② 先用水泥钢钉将PVC塑料收边条钉固于护墙、板下槛位置。装订时应使收边条对准所弹的墨线，钉牢，并保证水平。已做好石材踢脚线的，应紧贴墙面同时紧贴踢脚线上口钉固。应将踢脚线上口砂浆等清理干净。

③ 沿收边条槽口顺次插入护墙板，插入一块，用水泥钢钉钉固一块。钉位在护墙板企口位置。

④ 一面墙的护墙壁板安装就位后，将上线板槽口向下，使上线板槽的长边沿护墙板与墙壁的缝隙中插入，盖压住护墙板的下口，作护墙板的下槛。上线条在插入前应采用具有一定强度和耐水性能的胶涂在下线板槽的长边上，也可以在装钉下槛收边条的同时，用水泥钢钉将上线板（上槛）固定在墙上，然后从一端将找好的护墙板顺次沿上下槽口插入，到位后一块装好后镶入收边条收边。

⑤ 护墙板安装好以后，用棉纱、清洁剂将护墙板擦干净。

⑥ 在墙的阴、阳角处，上槽的上线板和下槛的收边条应割角45°对缝，同时镶入内角线和外角线。

2.5.3.3　不锈钢包柱施工

（1）弹线

在柱体弹线工作中，将原建筑方柱装饰成圆柱的弹线工艺较为典型，现介绍以方柱装饰成圆柱的弹线方法。

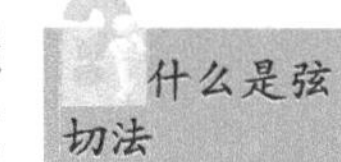

画圆是以圆心点为基准，以半径画圆。但柱的中心点已有建筑方柱，而无法直接得到。要画出柱的底圆，就必须用变通的方法。这里介绍一种常用的弦切法。其画圆柱底圆的步骤如下：

1）确立基准方柱底框。建筑上的结构尺寸常有误差，方柱也不一定是正方形，所以必须确立方柱底边的基准方框，才能进行下一步的画线工作。确立基准底框的方法是先测量方柱的尺寸，找出最长的一条边，然后以该边为边长，用直角尺在方柱底弹出一个正方形，该正方形就是基准方框，并将该方框的每条边中点标出。

2）制作样板。在一张纸板上或三夹板上，以装饰圆柱的半径画一个半圆，并剪裁下来，在这个半圆形上，以标准底框边长的一半尺寸为宽度，做一条与该半圆形直径相平行的直线，然后从平行线处剪裁这个半圆，所得到这块圆弧板，就是该柱弦切弧样板。

3）画线。以样板的直边，靠住基准底框的四个边，将样板的中点线对准基准底框边长的中心，然后沿样板的圆弧边画线，就得到了装饰圆柱的底圆。

（2）制作骨架

骨架一般采用木骨架，木骨架用木方连接成框体。

其制作过程是：竖向龙骨定位→制作横向龙骨→横向龙骨与竖向龙骨连接→骨架与建筑柱体连接→骨架形体校正。

1）竖向龙骨定位。先从画出的装饰柱体顶面线向底面线吊垂直线，并以垂直线为基准，在顶面与地面之间竖起竖向龙骨，根据施工图的要求间隔，校正好位置后，分别固定好所有的竖向龙骨。固定方法常采用连接脚件的间接方式，即连接脚件用膨胀螺栓或射钉与顶面、地面固定，竖向龙骨再与连接脚件用焊点或螺钉固定。

2）制作横向龙骨。横向龙骨主要是形成弧形的装饰柱体。所以在具有弧形的装饰柱体中，横向龙骨既是龙骨架的支撑件，还起着造型的作用。制作弧形横向龙骨，通常方法是用15mm木夹板来加工。首先，在15mm厚平板上按所需的圆半径，画出一条圆弧，在该圆半径上减去横向龙骨的宽度后，再画出一条同心圆弧。按同样方法在一张板上画出各条横向龙骨，但在木夹板上的画线排列，应以节省材料为原则。在一张木夹板上画线排列后，可用电动直线锯按线切割出横向龙骨。

3）横向龙骨与竖向龙骨的连接。首先在柱顶与地面间设置吊垂线和水平线作为形体位置控制线。圆柱等弧面柱体龙骨连接用槽接法，而方柱和多角柱龙骨连接可用加胶钉接法。

4）柱体骨架与建筑柱体的连接。在建筑的原柱体上安装支撑杆件，并与装饰柱休骨架相固定连接，以保证装饰柱体的稳固支撑杆可用木方或角铁来制作，并用膨胀螺栓或射钉、木楔钢钉的方法与建筑柱体连接，其另一端与装饰柱体骨架钉接或焊接。支撑杆应分层设置，在柱体的高度方向上，分层的间隔为 800 ～ 1000mm。

5）骨架形体校正。为保证柱体骨架连接固定时形体准确性，在施工过程中，要不断地利用吊垂线和直角钢尺对柱体骨架的歪斜度、不圆度、不方度和各条横向龙骨与竖向龙骨连接的平整度进行检查和校正。

① 歪斜度。在连接好的柱体骨架顶端边框线，设置吊垂线，如果吊垂线下端与柱体边框平行，说明柱体没有歪斜度，如果垂线与骨架不平行，就说明柱体有歪斜度。吊线检查应在柱体周围进行，一般不少于四点位置，柱高 3.0m 以下者，可允许歪斜度误差在 3mm 以内；柱高 3.0m 以上者，其误差在 6mm 以内。如超过误差，就必须进行修正。

② 不圆度。柱体骨架的不圆度，经常表现为凸肚和内凹，这将对饰面板的安装带来不便，进而严重影响装饰效果。检查不圆度的方法也采用垂线法。将圆柱上、下边用垂线相接，如中间骨架顶弯细垂线说明柱体凸肚，如细线与中间骨架有间隔，说明柱体内凹。柱体表面的不圆度误差值不得超过 3mm。超过误差值的部分应进行修整。

③ 不方柱度。不方柱度检查较简单，只要用直角钢尺在柱的四个边角上分别测量即可，不方柱度的误差值不得大于 3mm。

④ 平整修边。柱体骨架连接、校正、固定之后，要对其连接部位和龙骨本身的不平整处进行修平处理。对曲面柱体中竖向龙骨要进行修边，使之成为曲面的一部分。

（3）安装木基层板

1）安装木夹板。圆柱上安装木夹板，应选择弯曲性能较好的薄三夹板。安装固定前，先在柱体骨架上进行试铺，如果弯曲贴合有困难，可在木夹板的背面用墙布刀切割一些竖向刀槽，两刀槽间相距 10mm 左右，刀槽深 1mm。要注意，应用木夹板的长边来包柱体。在木骨架的外面刷乳胶或各类环氧树脂胶（万能胶）等，将木夹板粘贴在木骨架上，然后用钉枪从一侧开始钉木夹板，逐步向另一侧固定。

2）安装木条板。在圆柱体骨架上安装实木条板，所用的实木条板宽度一般为 50 ～ 80mm，如圆柱体直径较小，木条板宽度可减小或将木条板加工成曲面形。木条板厚度为 10 ～ 20mm。

（4）饰面

方柱体上安装不锈钢板，通常需要木夹板做基层。在大平面上用环氧树脂胶（万能胶）把不锈钢板面粘贴在基层木夹板上，然后在转角处用不锈钢成型角压边。在压边不锈钢成型角处，可用少量玻璃胶封口圆柱面不锈钢板饰面，通常由工厂专门加工成所需的曲面，一个圆柱面一般由两片或三片不锈钢曲面板组装而成。安装的关键在于片与片间的对口处。安装对口的方式，主要有直接卡口式和嵌槽压口式两种：

1）直接卡口式。直接卡口式是在两片不锈钢板对口处，安装一个不锈钢卡口槽，该卡口槽用螺钉固定于柱体骨架的凹部。安装柱面不锈钢板时，只要将不锈钢板一端的弯曲部分勾入卡口槽内，再用力推按不锈钢板的另一端，利用不锈钢板本身的弹性，使其卡入另一个卡口槽内。

2）嵌槽压口式。把不锈钢板在对口处的凹部用螺钉或钢钉固定，再把一条宽度小于凹槽的木条固定在凹槽中间，两边空出间隙相等，其间隙宽为1mm左右。在木条上涂刷环氧树脂胶（万能胶），等胶面不黏手时，向木条上嵌入不锈钢槽条。不锈钢槽条在嵌入粘结前，应用酒精或汽油擦净槽条内的油迹污物，并涂刷一层薄薄的胶液。安装嵌槽压口的关键是木条的尺寸、形状准确。尺寸准确既可保证木条与不锈钢槽的配合松紧适度（安装时严禁用锤大力敲击，避免损伤不锈钢槽面），又可保证不锈钢槽面与柱体面一致，没有高低不平现象。形状准确可使不锈钢槽嵌入木条后胶结面均匀，粘结牢固，防止槽面的侧歪现象。所以在木条安装前，应先与不锈钢试配，木条的高度一般大于不锈钢槽内的深度0.5mm。

卡口式和压口式的区别

2.5.3.4 镜面玻璃饰面施工

镜面玻璃饰面多用于室内装修，具有扩大空间、改变亮度、活泼气氛等特点。镜面玻璃饰面装饰基本上分为有（木）龙骨做法和无龙骨做法两种。

1. 有（木）龙骨做法

1）墙面清理、整修。墙体表面的灰尘、污垢、浮砂、油渍、垃圾、砂浆流痕及溅沫等，清除干净，并洒水湿润。如有缺棱、掉角之处，应用聚合物水泥砂浆修补完整。

2）墙体表面涂防潮层。墙体表面满涂防水建筑胶粉防潮层。

3）安装防腐、防火木龙骨。30mm×40mm木龙骨，满涂氟化钠防腐剂一道，防火涂料三道。按中距450mm双向布置，用射钉与墙体钉牢。钉距450mm，钉头须射入木龙骨表面0.5～1mm左右，钉眼用油性腻子腻平。须切实钉牢，不得有松动、不实、不牢之处。龙骨与墙面之间有缝隙之处，须以防腐木片（或木块）垫平塞实。全部木龙骨安装时必须边钉边抄平。

4）安装阻燃型胶合板。

5）安装镜面玻璃

① 紧固件镶钉法

a．弹线。根据具体设计，在胶合板上将镜面玻璃装修位置及镜面玻璃分块弹出。

b．安装。按具体设计用紧固件及装饰压条等将镜面玻璃固定于胶合板及木龙骨上。镜面玻璃如用玻璃钉或其他装饰钉镶钉于木龙骨上时，须先在镜面玻璃上加工打孔。孔径应小于玻璃钉端头直径或装饰钉直径3mm。

c．修整表面。整个镜面玻璃墙面安装完毕后，应严格检查装修质量。

d．封边收口。整个镜面玻璃墙面装修的封边、收口及采用何种封边压条、收口饰条等均按具体设计办理。

② 大力胶粘贴做法

a. 弹线。

b. 镜面玻璃保护层。将镜面玻璃背面清扫干净，所有尘土、砂粒、杂屑等应清除干净。在背面满涂白乳胶一道，满堂粘贴薄牛皮纸保护层一层，并用塑料薄板（片）将牛皮纸刮贴平整。或在镜面玻璃背面四周及其他所有“点涂”大力胶处，满涂 70% 白乳胶加 30%108 胶的混合胶液（须混合搅拌均匀）一道，粘贴铝箔保护层一层。

c. 胶合板表面与大力胶粘结处打净、磨糙。凡胶合板表面与大力胶粘结之处，均须预先打磨清除干净，以利粘结。过于光滑之处，须磨糙。镜面玻璃背面保护层上点涂大力胶处，亦应清理干净，但不得打磨。

d. 调制大力胶。

e. 上胶（涂胶）。在镜面玻璃背面保护层上进行点式涂胶。

f. 镜面玻璃上墙、胶粘。将镜面玻璃按胶合板上之弹线位置，顺序上墙就位，进行粘贴。使镜面玻璃临时固定，然后迅速将镜面玻璃与相邻玻璃进行调平、理直（如系整块大玻璃者，则此步工序取消），同时将镜面玻璃按压平整。大力胶硬化后将固定设备拆除。

6）清理、嵌缝。镜面玻璃全部安装、粘贴完毕后，将玻璃表面清理干净，玻璃板与玻璃板间留缝及留缝宽度，均应按具体设计规定办理。

7）封边、收门。

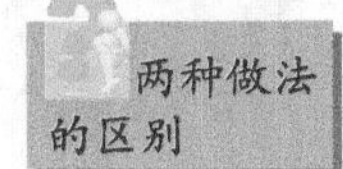

2. 无（木）龙骨做法

1）墙体表面处理。墙体表面的灰尘、污垢、垃圾、油渍、砂浆流痕及溅沫等清除干净，并洒水湿润。凡有缺棱掉角之处，应用聚合物水泥砂浆修补完整。

2）刷 108 胶素水泥浆。

3）墙体底层抹灰（混凝土墙基层本工序取消）。

4）找平层（混凝土墙基层本工序取消）。上述底层抹灰凝结后，抹 6mm 厚水泥石灰膏砂浆找平、压实、赶光。找平层须十分平整。

5）防潮层。找平层彻底干后，满涂防水建筑胶粉防潮层一层，4 ～ 5mm 厚，至少三遍成活。

6）弹线。同有龙骨做法。

7）镜面玻璃保护层。同有龙骨做法。

8）与大力胶粘结处打净、磨糙。防潮层上凡与大力胶粘结之处，均应预先打磨干净，过于光滑之处须磨糙。镜面玻璃背面保护层上点涂大力胶处亦应清理干净，但不得打磨，以免将保护层损坏。

9）调制大力胶。同有龙骨做法。

10）上胶（涂胶）。同有龙骨做法。

11）镜面玻璃上墙、胶贴。同有龙骨做法。

12）清理、嵌缝。同有龙骨做法。

13）封边、收口。同有龙骨做法。

2.5.3.5 金属饰面板施工

金属饰面板施工时结构基体应有足够的强度、稳定性和刚度。材料、金属龙骨使用前应进行除锈、防锈处理。电、气焊等特殊工种操作人员应持证上岗，并严格执行用火管理制度，预防各类火灾隐患。施工现场必须做到活完脚下清。清扫时应洒水湿润，避免扬尘。废料、垃圾应及时清理，分类装袋，集中堆放，定期消纳。金属板切割和使用噪声大的机具时，应尽量进行围挡封闭，防止噪声污染、扰民，主要适用于建筑工程中室内、外墙面、柱面金属饰面板安装施工。

1. 施工准备

（1）材料准备

金属饰面板、铝塑复合板、不锈钢板、龙骨、附件、配件、嵌缝材料、保温、吸声材料。

（2）机具准备

折板工作台、折板机、剪板机、刨槽机、手电钻、手提切割机、冲击钻、直线锯、扳手、螺钉旋具、锤子、钢丝、多用刀、小线等。

（3）作业条件

1）主体结构施工验收合格，门、窗框已安装完成，各种专业管线已安装完成，基层处理完成并通过隐检验收。

2）饰面板及骨架材料已进场，经检验其质量、规格、品种、数量、力学性能和物理性能符合设计要求和国家现行有关标准。

3）其他配套材料已进场，并经检验复试合格。

4）施工所需的脚手架已经搭设完，垂直运输设备已安装好，符合使用要求和安全规定，并经检验合格。

5）水平标高控制点（线）测设完毕，经预检合格并办理完交接手续。

6）现场材料库房及加工场地准备好，板材加工平台及加工机械设备已安装调试完毕。

2. 金属饰面板施工操作工艺

（1）工艺流程

放线→饰面板加工→埋件安装→骨架安装→骨架防腐→保温、吸声层安装→金属饰面板安装→板缝打胶→板面清洁。

（2）操作方法

1）放线：根据设计图和建筑物轴线、水平标高控制线，吊直、套方、找规矩，弹垂直线、水平线、标高控制线，然后根据深化设计的排板、骨架大样图测设墙、柱面上的饰面板安装位置线、顶棚标高线、门洞口尺寸线、配电箱柜、龙骨安装位置线、固定连接件的膨胀螺栓安装位置等，同时调整各种误差，以保证与其他分项工程交圈。

2）饰面板加工：

① 铝塑复合板加工

a. 板材存放：饰面板进场后，宜入库存放，露天存放时必须进行苫盖。饰面板储存放置应以10″向内倾斜立放，下面应垫厚木板。板材上面禁止放置重物或践踏，以防产生弯曲或凹陷。搬运时应板面朝上两人抬运。板与板、板与其他物体之间不得推拉滑移，以防擦伤板面。

b. 板材裁切：板材的裁切可用剪床、电锯、手提切割机等工具，按照设计要求和大样图将板材剪裁成所需尺寸。

c. 板材刨槽：铝塑复合板宜采用机械方式刨槽。先在板材需要刨槽的位置划好线，再将板材放到数控刨槽机工作台上，调好刨刀的距离、位置，然后按线进行开槽。铝塑复合板的刨槽深度应根据板厚确定，一般应使塑料复合材料层留下厚度的1/4且不小于0.3mm为宜，并应使所保留的塑料复合材料层厚薄均匀。以保证弯折平滑，并形成一弯曲半径为3～3.5mm的过渡圆角。

d. 板材弯折：用折板机将已开槽的板材进行弯折，弯折时不得一次弯折成90°，应分三次缓慢弯折，一次折30°，防止用力过猛、速度过快损伤板材，弯折完成后，应对几何尺寸进行复核。

e. 固定边角：板材弯折成型检验无误后，在四周扣边的夹角内侧放入铝质角码，用拉铆钉从板边外侧打孔穿入，将铝质角码与板边固定，以增强板材的整体强度。

f. 安装插挂件：根据深化设计图中各种插、挂件的形式和它们在板边上的位置，用夹钳将插、挂件卡在板边上临时固定，然后用拉铆钉或自攻螺钉把插挂件与饰面板边固定牢固。

g. 安装加强肋：加强肋的位置应根据设计确定，也可按板材的性质和具体分格尺寸，经过结构计算而确定。首先用清洁剂清理加强肋的安装面，然后在加强肋上涂一层粘接胶或贴上双面胶带，再将其放在饰面板背面的安装位置上，施加一定挤压力，以保证粘接牢固，但应注意不要使饰面板变形。安装加强肋的同时，应将防撞条、门套加强板等粘贴于饰面板背面。

h. 成品板检验：加工好的铝塑复合板应小心放置在一旁，在胶固化前不得随意移动、挤压、碰撞。待胶粘剂固化后，对成品板进行外观、几何尺寸检验，满足要求后，码放在一起准备安装。

② 单层铝板加工。单层铝板应选用优质合金防锈铝板为板基，并在工厂经过钣金加工成型、表面化学处理、氟碳聚合树脂喷涂、烘烤固化等工艺制作而成，确认各尺寸无误后方可进行批量加工。

3）埋件安装

① 混凝土墙、柱上埋件安装：按已测量弹好的墙、柱面板安装面层线和排板图尺寸，在混凝土墙上的相应位置处，用冲击钻钻孔，安放膨胀螺栓，固定角钢连接件。

② 一般结构墙上埋件安装：基体为陶粒砖墙或其他二次结构墙时，如墙面有预埋钢筋，则用ϕ10mm钢筋通长横向布置，与预埋钢筋焊接成一体，作为

竖向龙骨的连接件。如墙面无预埋钢筋，将陶粒砖每隔 600 ～ 1000mm 剔开一个 250mm × 100mm 的洞，用 C20 混凝土将 200mm × 50mm × 5mm（或依据设计确定）的预埋钢板浇筑埋入，作为竖向龙骨的连接件。混凝土达到一定强度后，在预埋钢板上焊角钢连接件。

4）骨架安装

① 墙、柱面骨架安装：将竖向龙骨置于埋好的墙面连接件中，根据饰面板块厚度和弹好的成活面层控制线调整位置，并用 2m 托线板靠吊垂直后，用螺栓固定。在竖向龙骨安装检验完毕后，按板块高度尺寸安装水平龙骨，并与竖向龙骨焊成同一平面。

② 门、阴阳角处骨架安装。安装节点示意如图 2-53 所示。

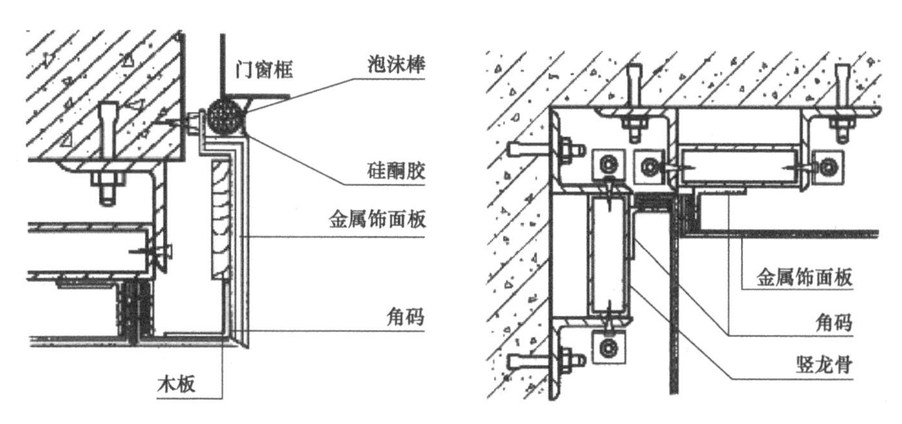

图 2-53 门、阴阳角安装节点示意

5）骨架防腐：金属骨架均应有防腐涂层，所有焊接和防腐涂层被破坏部位应涂刷两道防锈漆，并办理隐蔽工程验收，经监理单位检验验收签认后，方可进行下道工序。

6）保温、吸声层安装：室外金属板应安装保温层，室内根据设计要求对相应部位进行吸声层安装。先将背板固定在龙骨上，在背板上梅花形布置粘钉并粘贴牢固。将保温吸声层按照背板的大小平行安装到背板上，并与粘钉钉牢固。

7）金属饰面板安装：墙、柱面饰面板安装前，操作人员应戴干净手套防止污染板面和划伤手臂。安装时应先下后上，从一端向另一端，逐块进行。具体施工做法如下：

① 按排板图划出龙骨上插挂件的安装位置，用自攻螺钉将插挂件固定于龙骨上，并确保龙骨与板上插挂件的位置吻合，固定牢固。

② 龙骨插挂件安装完毕后，全面检验固定的牢固性及龙骨整体垂直度、平整度，并检验、修补防腐，对金属件及破损的防腐涂层补刷防锈漆。

③ 金属饰面板安装过程中，板块缝之间塞填同等厚度的铝垫片以保证缝隙宽度均匀一致，并应边安装、边调整垂直度、水平度、接缝宽度和临板高低差，以保证整体施工质量。

④ 对于小面积的金属饰面板墙面可采用胶粘法施工，胶粘法施工时可采用

木质骨架。先在木骨架上固定一层细木工板，以保证墙面的平整度与刚度，然后用建筑胶直接将金属饰面板粘贴在细木工板上。粘贴时建筑胶应涂抹均匀，使饰面板粘结牢固。

8）板缝打胶：金属饰面板全部装完后，在板缝内填塞泡沫棒，胶缝两边粘好胶纸，然后用硅酮耐候密封胶封闭。注胶时应调节好胶枪嘴的大小及角度，注胶应均匀、连续，饱满。嵌缝胶打完后，及时用空胶瓶的弧边将胶缝拉压密实并形成凹弧面，最后撕掉胶缝两边预先粘好的胶纸，清除掉胶缝两边多余的胶。

9）板面清洁：在拆架子之前将保护膜撕掉，用脱胶剂清除胶痕并用中性清洗剂清洁板面。

2.6 墙面涂料工程施工

2.6.1 一般规定

1）主要适用于住宅内部水性涂料、溶剂型涂料和美术涂饰的涂饰工程施工。

2）涂饰工程应在抹灰、吊顶、细部、地面及电气工程等已完成并验收合格后进行。

3）涂饰工程应优先采用绿色环保产品。涂饰工程因施工面积大，所用材料如不符合有关环保要求的，将严重影响住宅装饰装修后的室内环境质量，故在可能的情况下，应优先使用绿色环保产品。

为什么要控制基层含水率

4）混凝土或抹灰基层涂刷溶剂型涂料时，含水率不得大于 8%；涂刷水性涂料时，含水率不得大于 10%，木质基层含水率不得大于 12%。含水率的控制要求是保证涂料与基层的粘接力以及涂层不出现起皮、空鼓等现象。

5）涂料在使用前应搅拌均匀，并应在规定的时间内用完。各类涂料在使用前均应充分搅拌均匀，才能保障其技术指标的一致稳定。为避免产生色差，应根据涂饰使用量一次调配完成，并在规定时间内用完，否则会降低其技术指标，影响其施涂质量。

6）施工现场环境温度宜在 5 ～ 35℃之间，并应注意通风换气和防尘。涂饰工程对施工环境要求较高，适宜的温度有利于涂料的干燥、成膜。温度过低或过高，均会降低其技术指标。良好的通风，既能加快结膜过程，又对操作人员的健康有益。

7）对施工操作人员进行安全教育，并进行书面交底，使其对安全措施有基本了解。施工现场严禁设涂料材料仓库。涂料仓库应有足够的消防设施。现场应有严禁烟火安全标语和专职安全员监督保证施工现场无明火。不得在焊接作业下边进行施涂油漆工作，以防发生火灾。严禁在民用建筑工程室内用有机溶剂清洗施工用具。

8）每天收工后应尽量不剩涂料材料，剩余涂料不准乱倒，应收集后集中处理。涂料使用后，应及时封闭存放。废料应及时从室内清出并处理。施工时室内应保持良好通风，但不宜过堂风。涂刷作业时操作工人应配戴相应的劳动保护设施，如防毒面具、口罩、手套等，以免危害工人的肺、皮肤等。

9）油漆施工在工期、质量和劳动力允许的前提下应尽可能采用涂刷的方法进行，以免喷涂对周围环境的污染。完工后应对室内空气中甲醛及苯等的含量进行检测。施涂用过的棉丝、布团、油桶及残剩的油漆、固化剂、稀释剂等有毒、易燃物不得随地乱扔乱倒，应分别存放在有盖的容器中，并及时妥善消纳。

为何不用喷涂

2.6.2 木材面聚酯清漆施工

1. 施工准备

（1）材料准备

封闭底漆、聚酯清漆、腻子、稀释剂、砂蜡、光蜡等。

（2）机具准备

喷枪、空气压缩机、打磨器、油桶、砂纸、过滤网、刮铲等。

（3）作业条件

1）抹灰、地面、木作工程已完成，水暖、电气和设备安装工程完成，并验收合格。

2）施工时环境温度一般不低于 10℃，相对湿度不宜大于 60% 。

3）施工环境清洁、通风、无尘埃：安装玻璃前，应有防风措施，遇大风天气不得施工。

（4）技术准备

1）施工前主要材料应经监理、建设单位验收并封样。

2）根据设计要求进行调色，确定色板并封样。

3）施工前先做样板，经监理、建设单位及有关质量部门验收认定合格后，再进行大面积施工。

4）对操作人员进行安全技术交底。

2. 操作工艺

（1）工艺流程

基层处理→刷封闭底漆→打磨第一遍→擦色→喷第一遍底漆→打磨第二遍→刮腻子→轻磨第一遍→喷第二遍底漆→轻磨第二遍→修色→喷第一遍面漆→打磨第三遍→喷第二遍面漆→擦砂蜡、上光蜡。

（2）操作方法

1）基层处理：首先应仔细检查基层表面，对缺棱掉角等基材缺陷应及时修整好；对基层表面上的灰尘、油污、斑点、胶渍等应用铲刀刮除干净，将钉眼内粉尘杂物剔除（不要刮出毛刺），然后采用打磨器或用木擦板垫砂纸（120#）顺木纹方向来回打磨，先磨线角裁口，后磨四边平面，磨至平整光滑（不得将基层表面打透底），用掸灰刷将磨下的粉尘掸掉后，再用湿布将粉尘擦净并晾干。

2）刷封闭底漆：

① 器具清洁及刷具的选用。

器具清洁：涂刷前应将所用器具清洗干净，油刷需在稀释剂内浸泡清洗。新油刷使用前应将未粘牢的刷毛去除，并在120# 砂纸上来回磨刷几下，以使端毛柔软适度。

刷具的选用：施工时应根据涂料品种及涂刷部位选用适当的刷具。刷涂黏度较大的涂料时，宜选用刷毛弹性较大的硬毛扁刷；刷涂油性清漆应选用刷毛较薄、弹性较好的猪鬃刷。

② 底漆选用及调配。选用配套的封闭底漆，并按产品说明书和配比要求进行配兑，混合拌匀后用120目滤网过滤，静置5min方可施涂。底漆的稠度应根据油漆涂料性能、涂饰工艺（手工刷或机械喷）、环境气候温度、基层状况等进行调配。环境温度低于15℃时应选用冬用稀释剂；25℃以上应选用夏用稀释剂；30℃以上时可适当添加“慢干水”等。

线角及边框为何要多刷几遍

③ 刷漆：油漆涂刷一般先刷边框线角，后刷大面，按从上至下、从左至右、从复杂到简单的顺序，顺木纹方向进行，且需横平竖直、薄厚均匀、刷纹通顺、不流坠、无漏刷。线角及边框部分应多刷1～2遍，每个涂刷面应一次完成。

3）打磨第一遍

① 手工打磨方法：用包砂纸的木擦板进行手工打磨，磨后用除尘布擦拭干净，使基层面达到磨去多余、表面平整、手感光滑、线角分明的效果。

② 机械打磨方法：遇面积较大时，宜使用打磨器进行打磨作业。施工前，首先检查砂纸是否夹牢，机具各部位是否灵活，运行是否平稳正常。打磨器工作的风压在0.5～0.7MPa为宜。

③ 打磨时的注意事项

a．打磨必须在基层或涂膜干透后进行，以免磨料钻进基层或涂膜内，达不到打磨的效果。

b．涂膜坚硬不平或软硬相差较大时，必须选用磨料锋利并且坚硬的磨具打磨，避免越磨越不平。

④ 砂纸型号的选用：打磨所用的砂纸应根据不同工序阶段、涂膜的软硬等具体情况正确选用型号。

4）擦色

① 器具清洁：调色前应将调色用各种器具用清洗剂清洗干净。

② 调色分厂商调色和现场调色两类，本章优先采用前者。

a．厂商调色为事先按设计样板颜色要求，委托厂商调制成专门配套的着色剂和着色透明漆（或面漆）。对于厂商供应的成品着色剂或着色透明漆，应与样板进行比较，校对无误后方可使用。

b．现场调配一般采用稀释剂与色精调配或透明底漆与色精配制调色，稀释剂应采用与聚酯漆配套的无苯稀释剂。

③ 擦色工艺

a．基层打磨清理后及时进行擦色，以免基层被污染。

b．擦色时，先用蘸满着色剂的洁净细棉布对基层表面来回进行涂擦，面积范围约 0.5m 为一段，将所有的棕眼填平擦匀，各段要在 4 ～ 5s 内完成，以免时间过长着色剂干后出现接槎痕迹，然后用拧干的湿细棉面（或麻丝）顺木纹用力来回擦，将多余的着色剂擦净，最后用净干布擦拭一遍。

为何要在短时间内完成

c．擦色后达到颜色均匀一致，无擦纹、无漏擦，并注意保护，防止污染。

5）喷第一遍底漆：擦色后干燥 2 ～ 4h 即可喷第一遍底漆。

① 喷涂机具清洁及调试：喷涂前，应认真对喷涂机具进行清洗，做到压缩空气中无水分、油污和灰尘，并对机具进行检查调试，确保运行状况良好。

喷涂操作手必须经过专业培训，熟练掌握喷涂技能，并经相关部门的考核合格后，方可上岗施喷。

② 喷涂底漆调配：调配方法应比刷涂底漆的配比多加入 10% ～ 15% 的稀释剂进行稀释，使其黏度适应喷涂工艺特点。

③ 喷涂：一般采用压枪法（也叫双重喷涂法）进行喷涂。压枪法是将后一枪喷涂的涂层，压住前一枪喷涂涂层的 1/2，以使涂层厚薄一致，并且喷涂一次就可得到两次喷涂的厚度。

压枪法喷漆

6）打磨第二遍：底漆干燥 2 ～ 4h 后，用 240 ～ 400# 砂纸进行打磨，磨至漆膜表面平整光滑。

7）刮腻子

① 腻子选用及调配：应按产品说明要求选用专门配套的透明腻子，如“特清透明腻子”或“特清透明色腻子”等（前者多用于大面积满刮腻子，后者多用于修补钉眼或需对基层表面进行擦色等）。透明色腻子有浅、中、深三种，修补钉眼或擦色时可根据基层表面颜色进行掺合调配。

两种腻子的区别

② 基层缺陷嵌补：刮腻子前应先将拼缝处及缺陷大的地方用较硬的腻子嵌补好，如钉眼、缝孔、节疤等缺陷的部位。嵌补腻子一般宜采用与基层表面相同颜色的色腻子，且需嵌牢嵌密实。腻子需嵌补得比基层表面略高一些，以免干后收缩。

③ 批刮腻子

a．批刮方法选择：腻子嵌批应视基层表面情况而采取不同的批刮工艺。对于基层表面平整光滑的木制品，一般无需满刮腻子，只需在有钉眼、缝孔、节疤等缺陷的部位上嵌补腻子即可。对于硬材类或棕眼较深的及不太平整光滑的木制品基层表面，需大面积满刮腻子。此时，一般常采用透明腻子满刮两遍。即第一遍腻子刮完后干燥 1 ～ 2h，用 240 ～ 400# 砂纸打磨平整后再刮第二遍腻子。第二遍腻子打磨后应视其基层表面平整、光滑程度确定是否仍需批刮（或复补）第三遍腻子。

b．批刮腻子操作要点：批刮腻子要从上至下，从左至右，先平面后棱角，顺木纹批刮，从高处开始，一次刮下。手要用力向下按腻板，倾斜角度为 60° ～ 80°，用力要均匀，才可使腻子饱满又结实。不必要的腻子要收刮干净，以免影响纹理清晰。

c．嵌补腻子操作要点：嵌补时要用力将腻子压进缺陷内，要填满、填实，但不可一次填得太厚，要分层嵌补，一般以 2 ～ 3 道为宜。分层嵌补时必须待上道腻子充分干燥，并经打磨后再进行下道腻子的嵌补。要将整个涂饰表面的大小缺陷都填到、填严，不得遗漏，边角不明显处要格外仔细，将棱角补齐。填补范围应尽量控制在缺陷处，并将四周的腻子收刮干净，减少刮痕。填刮腻子时不可往返次数太多，否则容易将腻子中的油分挤出表面，造成不干或慢干的现象，还容易发生腻子裂缝。嵌补时，对木材面上的翘花及松动部分要随即铲除再用腻子填平补齐。

为何不能往返多次填补

8）轻磨第一遍。腻子干燥 2 ～ 3h 后可用 240 ～ 400# 水砂纸进行打磨，其打磨方法同前。

9）刷第二遍底漆。打磨清擦干净后即可刷第二遍底漆。其涂刷方法同前。

10）轻磨第二遍。底漆干燥 2 ～ 4h 后，用 400# 水砂纸进行打磨，其打磨方法同前。

11）修色

① 色差检查：打磨前应仔细检查表面是否存在明显色差，对腻子疤、钉眼及板材间等色差处进行修色或擦色处理。

② 修色剂调配：修色剂应按样板色样采用专门配套的着色剂或用色精与稀释剂调配等方法进行调配。着色剂一般需多遍调配才可达到要求，调配时应确定着色剂的深浅程度，并将试涂小样颜色效果与样板或涂饰物表面颜色进行对比。直至调配出比样板颜色或涂饰物表面颜色略浅一些的修色剂。

③ 修色方法

a. 用毛笔蘸着色剂对腻子疤、钉眼等进行修色，或用干净棉布蘸着色剂对表面色差明显的地方擦色。最后将色深的修浅，色浅的修深；将深浅色差拼成一色，并绘出木纹。

b. 修好的颜色必须与原来的颜色一致，且自然、无修色痕迹。

c. 具体修色剂调配等基本同“4）擦色”，但此时宜采用水色或用色精与稀释剂调配的着色剂进行着色。

12）喷（刷）第一遍面漆。修色干燥 1 ～ 3h 并经打磨后即可喷（刷）面漆。喷（刷）面漆前，面漆、固化剂、稀释剂应按产品说明要求的配比混合拌匀，并用 200 目滤网过滤后，静置 5min 方可施涂。涂刷方法同前的规定，但线角及边框部分无需多刷 1 ～ 2 遍面漆，以采用喷涂为宜。

13）打磨第三遍。面漆干燥 2 ～ 4h 后，用 800# 水砂纸进行打磨，但应注意以下几点：

① 漆膜表面应磨得非常平滑。

② 打磨前应仔细检查，若发现局部尚需找补修色的地方，需进行找补修色。

14）喷（刷）第二遍面漆。

15）擦砂蜡、上光蜡。面漆干燥 8h 后即可擦砂蜡。擦砂蜡时先将砂蜡捻细浸在煤油内，使其成糊状，然后用棉布蘸砂蜡顺木纹方向用力来回擦。擦涂的面积由小到大，当表面出现光泽后，用干净棉布将表面残余砂蜡擦净。最后上光蜡，用清洁的棉纱布擦至漆面亮彻。

2.6.3　饰面乳胶漆涂料施工工艺

内墙面乳胶漆施工要求涂膜有一定透气性和耐碱性，可在基层未干透的情况下刷涂，一般基层抹面后7天，混凝土浇筑后28天进行。为了增加涂料与基层的粘结力，可以先刷一道胶水溶液。乳液涂料的保存温度为0℃，用时要充分搅拌均匀，并在保存期内用完。

1. 施工准备

（1）材料准备

乳胶漆、胶粘剂、清油、合成树脂溶液、聚醋酸乙烯乳液、白水泥、大白粉、石膏粉、滑石粉等。室内装修所采用的涂料、胶粘剂、水性处理剂，其苯、游离甲苯、游离甲苯二异氰酸酯（TDI）、总挥发性有机化合物（TVOC）的含量，应符合有关的规定，不应采用聚乙烯醇缩甲醛胶粘剂。

（2）机具准备

滚涂、刷涂施工：涂料滚子、毛刷、托盘、手提电动搅拌器、涂料桶、高凳、脚手板、喷枪、空气压缩机及料勺、木棍、氧气管、钢丝等。

（3）作业条件

与木材面聚酯清漆施工作业条件的区别

1）涂刷溶剂型涂料时，含水率不得大于8%；涂刷乳液型涂料时，含水率不得大于10%。

2）抹灰作业已全部完成，过墙管道、洞口、阴阳角等应提前处理完毕，为确保墙面干燥，各种穿墙孔洞都应提前抹灰补平。

3）门窗扇已安装完成，并涂刷完油漆及安装完玻璃。如采用机械喷涂涂料时，应将不喷涂的部位遮盖，以防污染。

4）大面积施工前应事先做好样板（间），经有关质量检查部门检查鉴定合格后，方可组织施工人员进行大面积施工。

5）施工现场温度宜在5～35℃之间，并应注意防尘，作业环境应通风良好，周围环境比较干燥。冬期涂料涂饰施工，应在采暖条件下进行，室内温度保持均衡，并不得突然变化。同时设专人负责测试温度和开关门窗，以利通风和排除湿气。

2. 施工工艺

工艺流程：基层处理→修补腻子→满刮腻子→涂刷第一遍乳胶漆→涂刷第二遍乳胶漆→涂刷第三遍乳胶漆→清扫。

1）基层处理：将墙面上的灰渣杂物等清理干净，用笤帚将墙面浮灰、尘土等扫净。对于泛碱、析盐的基层应先用3%的草酸溶液清洗，然后用清水冲刷干净或在基层上满刷一遍耐碱底漆。

2）修补腻子：用配好的石膏腻子，将墙面、窗口角等磕碰破损处，麻面、裂缝、接槎缝隙等分别找平补好，干燥后用砂纸将凸出处打磨平整。

3）满刮腻子：用橡胶刮板横向满刮，一刮板接着一刮板，接头处不得留槎，每刮一刮板最后收头时，要收得干净利落。腻子配合比（质量比）为聚醋酸乙烯乳液：滑石粉或大白粉：水 =1:5:3.5。待满刮腻子干燥后，用砂纸将墙面上的腻子残渣、斑迹等打磨平整、磨光，然后将墙面清扫干净。

头遍涂料为何要加水稀释

4）涂刷第一遍乳胶漆：先将墙面仔细清扫干净，用布将墙面粉尘擦净。施涂每面墙面宜按先左后右、先上后下、先难后易、先边后面的顺序进行，不得乱涂刷，以防漏涂或涂刷过厚，涂刷不均匀等。一般用排笔涂刷，使用新排笔时注意将活动的笔毛理掉。乳胶漆涂料使用前应搅拌均匀，根据基层及环境温度情况，可加 10% 水稀释，以防头遍涂料施涂不开。干燥后复补腻子，待复补腻子干透后，用 1 号砂纸磨光并清扫干净。

5）涂刷第二遍乳胶漆：操作要求同第一遍乳胶漆涂料，涂刷前要充分搅拌，如不很稠，不宜加水或尽量少加水，以防露底。漆膜干燥后，用细砂纸将墙面小疙瘩和排笔毛打磨掉，磨光滑后用布擦干净。

6）涂刷第三遍乳胶漆：操作要求同第二遍乳胶漆涂料。由于乳胶漆膜干燥较快，应连续迅速操作，涂刷时从左端开始，逐渐涂刷向另一端，一定要注意上下顺刷互相衔接，后一排笔紧接前一排笔，避免出现接槎明显而再另行处理。

7）清扫：清扫飞溅乳胶，清除施工准备时预先覆盖在踢脚板，水、暖、电、卫设备及门窗等部位的遮挡物。

2.6.4 季节性施工

1）雨期施工时，如空气湿度超出作业条件，除开启门窗通风外，尚应增加排风设施（排风扇等）控制湿度，遇大雨、连雨天应停止施工。

2）冬期室内油漆工程，必须在采暖条件下进行，室温保持均衡稳定。室内温度不得低于 10℃，相对湿度不宜大于 60%，应设专人负责测温和开关门窗。

2.6.5 成品保护

1）油漆涂刷成活后，应专人看管或采取相应措施防止成品破坏。

2）刷油前首先清理好周围环境，防止尘土飞扬，影响油漆质量。

3）涂刷门窗油漆时，要用挺钩或木楔将门窗扇固定，以免扇框相合粘坏漆皮。

4）无论是刷涂还是喷涂，均应做好对不同色调、不同界面的预先遮盖保护，以防油漆越界污染。

5）为防止五金污染，除了操作要细和及时将小五金等污染处清理干净外，应尽量后装门锁、拉手和插销等（但可以事先把位置和门锁孔眼钻好），确保五金洁净美观。

6）涂刷油漆时应视基层状况和涂料类型确定漆遍数，防止涂层厚度太薄而露底，更要防止过厚而引起流坠或起皱。

油漆施工的质量通病有哪些

2.6.6 应注意的质量问题

1）施涂前除应了解油漆的型号、品名、性能、用途及出厂日期外，还必须清楚所用油漆与基层表面以及各涂层之间的配套性，应严格按产品使用说明要求配套使用。

2）调配油漆时，应注意不同性质的油漆切忌互相配兑，否则会引起离析、沉淀、浮色，造成整批材料报废。

3）批刮腻子动作要快，并做到刮到刮平、收净刮光，不留“野腻子”。特别是一些快干腻子，不宜过多地往返批刮，以免出现卷皮脱落或将腻子中的漆料油分挤出，封住表面，不易干燥的现象。

4）当上道油漆涂刷时间已超过24h，涂刷下道油漆时，必须轻磨表层，以增加附着力。

5）在正式安装门窗扇前，应将上下冒头油漆刷好，以免装上后下冒头无法刷油而返工，避免门窗扇上下冒头等处“漏刷”的通病。

6）油漆施工用人字梯、条凳、架子等应符合相关要求，做到确保安全，方便操作。采用机械喷涂油漆时，操作人员必须戴口罩、安全帽、防护手套、护目镜，备有合适的呼吸保护器。严禁在油漆施工现场吸烟和使用明火。漆料、稀释剂等易燃易爆物品应设库单独存放。存放地点应干燥、阴凉、通风，远离火源，并配有灭火器材，还应有防静电措施。

2.7　裱糊及软包工程施工

2.7.1　裱糊工程

裱糊主要广泛应用于酒店，宾馆及各种会议、展览与洽谈空间以及居民住宅卧室等。新型壁纸、墙布裱糊产品的多姿多彩的装饰美感，为现代室内装修艺术提供了创造高贵、幽雅和温馨效果的一种具有悠久传统的饰面方式。

裱糊施工对建筑物基层的要求：新建筑物的混凝土或水泥砂浆抹灰层在刮腻子前，应先涂刷一道抗碱底漆且混凝土抹灰基层的含水率不得大于8%，木材基层的含水率不大于12%，且旧基层在裱糊前，应清除疏松的旧装饰层，并涂刷界面剂，以利于粘结牢固；基层的表面应坚实、平整，不得有粉化、起皮、裂缝和突出物，色泽应基本一致，腻子的粘结强度应符合规定；有防潮要求的基体和基层，应事先进行防潮处理，使得裱糊基层的表面平整度、立面垂直度及阴阳角方正，符合高级抹灰的要求。

裱糊前的施工需注意：裱糊前，应用封闭底胶涂刷基层；应按照壁纸、墙布的颜色、品种、规格进行选配、拼花、裁切、编号，裱糊时应按编号顺序粘结；开关、插座等突出墙面的电气盒，裱糊前应先卸去盒盖。

1. 施工准备

（1）材料准备

壁纸、墙布、专用胶、嵌缝腻子、玻璃丝网格布、清漆等。

（2）机具准备

工具：壁纸刀、塑料桶、托线板、线锤、水平尺、砂纸机等。

（3）作业条件

1）墙面、顶棚抹灰及墙、柱、顶棚上的水、电、暖通专业预留、预埋已全部完成；电气穿线、测试完成并合格，各种管路打压、试水完成并合格。

2）门窗工程已完并经验收合格。

3）地面面层施工已完，并已做好保护工作。

4）突出墙面的设备部件等应卸下妥善保管，待壁纸粘贴完后再将其部件重新装好复原。

5）如房间较高时应提前搭设好脚手架或准备好高凳。

（4）技术准备

1）所有材料进场时应由技术、质量和材料人员共同进行检验。主要材料还应由监理、建设单位确认。

2）熟悉图样，理解设计意图，对施工人员进行技术交底。

3）大面积施工前应先做样板间，经验收合格后方可组织裱糊工程施工。

2. 操作工艺

（1）工艺流程

基层处理→吊直、套方、找规矩、弹线→壁纸与墙布处理→涂刷胶粘剂→裱糊→修整。

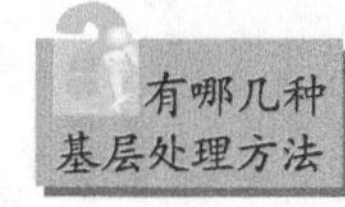

（2）操作方法

1）基层处理根据基层不同材质，采用不同的处理方法。

① 混凝土及抹灰基层的处理：裱糊壁纸的基层是混凝土面、抹灰面（水泥砂浆、水泥混合砂浆、石灰砂浆等），满刮腻子一遍，打磨砂纸。但有的混凝土面、抹灰面有气孔、麻点、凹凸不平时，为了保证质量，应增加满刮腻子和磨砂纸遍数。

② 木质基层处理：木质基层要求接缝不显接槎，接缝、钉眼应用腻子补平并满刮油性腻子一遍（第一遍），用砂纸磨平。木夹板的不平整主要是钉接造成的，在钉接处木夹板往往向里凹，非钉接处向外凸。所以第一遍满刮腻子主要是找平大面。第二遍可用石膏腻子找平，腻子的厚度应较薄，可在腻子五六成干时，用塑料刮板有规律地压光，最后用干净的抹布将表面灰粒擦净。

③ 石膏板基层处理：纸面石膏板比较平整，批抹腻子主要是在对缝处和螺钉孔位处。对缝批抹腻子后，还需用棉纸带贴缝，以防止对缝处的开裂。在纸面石膏板上，应用腻子满刮两遍，找平大面，在刮第二遍腻子时进行修整。

④ 不同基层对接处的处理：不同基层材料的相接处，如石膏板与木夹板、水泥（或抹灰）基面与木夹板、水泥基面与石膏板之间对缝，应用棉纸带或穿孔纸带粘贴封口，以防止裱糊后的壁纸面层被拉裂撕开。

⑤ 涂刷防潮底漆和底胶：为了防止壁纸受潮脱胶，一般要对裱糊塑料壁纸、墙布、纸基塑料、金属壁纸的墙面，涂刷防潮底漆。防潮底漆用酚醛清漆与汽

油或松节油调配，其配比为清漆：汽油 =1∶3。该底漆可以涂刷，也可喷刷，漆液不宜厚，且要均匀一致。

涂刷底胶是为了增加粘结力，防止处理好的基层受潮弄污。底胶一般用 108 胶掺少许甲醛纤维素加水调成，其配比为 108 胶：水：甲醛纤维素 =10∶10∶0.2。底胶可涂刷也可喷刷。在涂刷防潮底漆和底胶时，室内应无灰层，且防止灰层和杂物混入该底漆或底胶中。底胶一般是一遍成活，但不能漏刷、漏喷。

若面层贴波音软片，基层处理最后要做到硬、干、光。在做完通常基层处理后，还需增加打磨和刷二遍清漆。

2）吊直、套方、找规矩、弹线

① 顶棚：首先将顶棚的对称中心线通过吊直、套方、找规矩的办法弹出中心线，以便从中间向两边对称控制。墙顶交接处的处理原则是：凡有挂镜线的按挂镜线弹线，没有挂镜线的则按设计要求弹线。

② 墙面：首先应将房间的四角的阴阳角通过吊直、套方、找规矩，并确定从哪个阴角开始，按照壁纸尺寸进行分块弹线控制（习惯做法是进门左阴角处开始铺贴第一张），有挂镜线的按挂镜线弹线，没有挂镜线的按设计要求弹线控制。

③ 具体操作方法：按壁纸的标准宽度找规矩，每个墙面的第一条纸都要弹线找垂直，第一条线距墙阴角约 15cm 处，作为裱糊时的准线。

在第一条壁纸位置的墙顶处敲进一枚墙钉，将有粉锤线系上，铅锤下吊到踢脚线上缘处，锤线静止不动后，一手紧握锤头，按锤线的位置用铅笔在墙面画一短线，再松开铅锤头检查垂线是否与铅笔线重合。如果重合，就用一只手将垂线按在铅笔短线上，另一只手把垂线往外拉，放手后使其弹回，便可得到墙面的基准垂线。弹出的基准线越细越好。

每个墙面的第一条垂线，应该定在距墙角 15cm 处。

墙面上有门窗的应增加门窗两边的垂直线。

3）壁纸与墙布处理

① 裁割裁料：按基层实际尺寸进行测量计算所需用量，并在每边增加 2 ～ 3cm 作为裁纸量。

裁剪在工作台上进行。对图案的材料，无论顶棚还是墙面均应从粘贴的第一张开始对花，墙面从上部开始。边裁边编顺序号，以便按顺序粘贴。

对于对花墙纸，为减少浪费，应事先计算，如一间屋需要 5 卷纸，则用 5 卷纸同时展开裁剪，可大大减少壁纸的浪费。

② 浸水润纸：润纸是对裱糊壁纸的事先湿润，传统称为闷水，这是针对纸胎的塑料壁纸的施工工序。对于玻璃纤维基材及无纺贴墙布类材料，遇水后无伸缩变形，所以不需要进行湿润；而复合纸质壁纸则严禁进行闷水处理。

闷水处理的一般做法是将塑料壁纸置于水槽中浸泡 2 ～ 3min，取出后抖掉多余的水，再静置 10 ～ 20min，然后再进行裱糊操作。纺织纤维壁纸不能在水中浸泡，可用洁净的湿布在其背面稍作擦拭，然后即可进行裱糊。

4）刷胶：由于现在的壁纸一般质量较好，所以不必进行润水，在进行施工

为何要控制从刷胶到上墙的时间

前将 2 ～ 3 块壁纸进行刷胶，对壁纸起润湿、软化的作用。塑料纸基背面和墙面都应涂刷胶粘剂，刷胶应厚薄均匀，不得漏刷，从刷胶到最后上墙的时间一般控制在 5 ～ 7min。对于自带背胶的壁纸，则无须再涂刷胶粘剂。

刷胶时，基层表面刷胶的宽度要比壁纸宽约 3cm。刷胶要全面、均匀、不裹边、不起堆，以防溢出，弄脏壁纸。但也不能刷得过少，甚至刷不到位，以免壁纸粘结不牢。一般墙面用胶量为每平方米 0.5kg 左右，纸面为每平方米 0.12kg 左右。壁纸背面刷胶后，应将胶面与胶面反复对叠，以免胶干得太快，也便于上墙，并使裱糊墙面整洁平整。

金属壁纸的胶液应是专用的壁纸粉胶。刷胶时，准备一卷未开封的发泡壁纸或长度大于壁纸宽度的圆筒，一边在裁剪好的金属壁纸背面刷胶，一边将刷过胶的部分向上卷在发泡壁纸卷上。

锦缎涂刷胶粘剂时，由于材质过于柔软，传统的做法是先在其背面衬糊一层宣纸，使其略挺韧平整，而后在基层上涂刷胶粘剂进行裱糊。

波音软片的裱贴时，由于波音软片是一种自粘性饰面材料，因此，当基层面做到平、干、光后，不必刷胶。裱贴时，只要将波音软片的自粘底纸层撕开一条口，自上而下，一边撕开底纸层，一边用木块或有机玻璃夹片贴在基面上。如果表面不平，可用吹风加热，以干净布在加热的表面处摩擦，可恢复平整。也可用电熨斗加热，但要调到中低档温度。

5）裱贴。裱糊的基本顺序：先垂直面，后水平面；先细部，后大面；先保证垂直，后对花拼缝；垂直面先上后下，先长墙面，后短墙面；水平面是先高后低。

① 吊顶裱贴：在吊顶面上裱贴壁纸，第一段通常要贴近主墙，与墙壁平行。长度过短时（小于 2m），则可跟窗户成直角贴。

在裱贴第一段前，须先弹出一条直线。其方法为，在距吊顶面两端的主窗墙角 10mm 处用铅笔做两个记号，在其中的一个记号处敲一枚钉子，按照前进方法在吊顶上弹出一道与主窗墙面平行的粉线。

裱糊的原则

② 墙面裱贴：裱贴壁纸时，首先要垂直，后对花纹拼缝，再用刮板用力抹压平整。原则是“先垂直面，后水平面；先细部，后大面”。“贴垂直面时先上后下，贴水平面时先高后低。”裱贴壁纸时，注意在阳角处不能拼缝。阴角边壁纸搭接缝时，应先裱糊压在里面的转角壁纸，再粘贴非转角的正常壁纸。搭接面应根据阴角垂直度而定，搭接宽度一般不小于 2 ～ 3cm，并且要保持垂直无毛边。

无图案的壁纸墙布，接缝处可采用搭接法裱糊。相邻的两幅在拼接处，后贴的一幅将搭压前一幅，重叠 30mm 左右，然后用钢直尺或合金铝直尺与裁纸刀在搭接重叠范围的中间将两层壁纸墙布割透，随即把切掉的多余小条扯下。此后用刮板从上往下均匀赶胶，排出气泡，并及时用洁净的湿布或海绵擦除溢出的胶液。对于质地较厚的壁纸墙布，需用胶辊进行辊压赶平。但应注意，发泡壁纸及复合纸基壁纸不得采用刮板或辊筒一类的工具赶压，宜用毛巾、海绵或毛刷进行压敷，以避免把花型赶平或是使裱糊饰面出现死折。

有图案的壁纸墙布，为确保图案的完整性及其整体的连续性，裱糊时可采用拼接法。先对花，后拼缝，从上至下图案吻合后，用刮板斜向刮平，将拼缝处赶压密实；拼缝处挤出的胶液，及时用洁净的湿毛巾或海绵擦除。

对于需要重叠对花的壁纸墙布，可将相邻两幅对花搭叠，待胶粘剂干燥到一定程度时（约为裱糊后 20 ～ 30min）用钢直尺或其他工具在重叠处拍实，用刀从重叠搭口中间自上而下切断，随即把切掉的余纸用橡胶刮板将拼缝处刮压严密平实。注意用刀切割时下力要匀，应一次直落，避免出现刀痕或拼缝处起丝。裱糊前应尽可能卸下墙上电灯等开关，首先要切断电源，用火柴棒或细木棒插入螺钉孔内，以便在裱糊时识别，在裱糊后切割留位。不易折下的配件，不能在壁纸上剪口再裱上去，而是将壁纸轻轻糊于电灯开关上面，并找到中心点，从中心开始切割十字，一直切到墙体边，然后用手按出开关体的轮廓位置，慢慢拉起多余的壁纸，剪去不要的部分，再用橡胶刮子刮平，并擦去刮出的胶液。

2.7.2　软包工程

软包的三种施工方法

软包工程施工对软包墙面的要求：所用填充材料、纺织面料和龙骨、木基层板等均应进行防火处理。墙面防潮处理均匀涂刷一层清油或满铺油纸。不得用沥青油毡做防潮层。

对软包墙面木龙骨的要求：宜采用凹槽榫工艺预制，可整体或分片安装，与墙体连接应紧密、牢固。

对软包面料及填充材料的要求：织物面料裁剪时经纬应顺直，安装应紧贴墙面，接缝应严密，花纹应吻合，无波纹起伏、翘边和褶皱，表面应清洁。填充材料制作尺寸应正确，棱角应方正，应与木基层板粘结紧密。软包布面与压线条、贴脸线、踢脚板、电气盒等交接处应严密、顺直、无毛边。电气盒盖等开洞处，套割尺寸应准确。软包分硬收边与软收边，有边框和无边框等。

1. 施工准备

（1）材料准备

织物、皮革及人造皮革、内衬材料、基层及辅助材料。

（2）机具准备

电锯、气泵、电刨、冲击钻、电熨斗、开刀、托线板、线坠、剪等。

（3）作业条件

1）软包墙、柱面上的水、电、暖通专业预留、预埋已全部完成，且电气穿线、测试完成并合格，各种管路打压、试水完成并合格。

2）结构和室内围护结构砌筑及基层抹灰完成，地面和顶棚施工已经全部完成（地毯可以后铺），室内清扫干净。

3）外墙门窗工程已完，并经验收合格。

4）不做软包的部分墙面，面层施工基本完成，只剩最后一道涂层。

5）在作业面上弹好标高和垂直控制线。

6）软包门窗应涂刷不少于两道底漆，锁孔已开好。

（4）技术准备

1）所有材料进场时应由技术、质量和材料人员共同进行检验。主要材料还应由监理、建设单位确认。

2）熟悉图样，理解设计意图，对施工人员进行技术交底。

3）对操作人员进行安全技术交底。

4）根据图样做样板，并经设计、监理、建设单位验收确认后方可大面积施工。

2. 操作工艺

（1）工艺流程

墙、柱面软包工程：基层处理→龙骨、底板施工→定位、弹线→内衬及预制镶嵌块施工→面层施工→理边、修整→完成其他涂饰。

（2）操作方法

1）基层处理

① 在需做软包的墙面上，按设计要求的纵横龙骨间距进行弹线，固定防腐木楔。设计无要求时，龙骨间距控制在 400 ～ 600mm 之间，防腐木楔间距一般为 200 ～ 300mm。

② 墙面为抹灰基层或临近房间较潮湿时，做完木砖后应对墙面进行防潮处理。

③ 软包门扇的基层表面涂刷不少于两道的底油。门锁和其他五金件的安装孔全部开好，并经试安装无误。明插销、拉手及门锁等拆下。表面不得有毛刺、钉子或其他尖锐突出物。

2）龙骨、底板施工

① 在已经设置好的防腐木楔上安装木龙骨，一般固定螺钉长度大于龙骨高度 40mm。木龙骨贴墙面应先做防腐处理，其他几个面做防火处理。安装龙骨时，一边安装一边用不小于 2m 的靠尺进行调平，龙骨与墙面的间隙，用经过防腐处理的方形木楔塞实，木楔间隔应不大于 200mm，龙骨表面平整。

② 在木龙骨上铺钉底板，底板宜采用细木工板。钉的长度大于等于底板厚 20mm。墙体为轻钢龙骨时，可直接将底板用自攻螺钉固定到墙体的轻钢龙骨上，自攻螺钉长度大于等于底板厚 + 墙体面层板 +10mm。

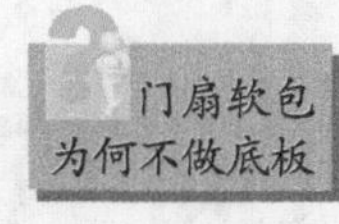

③ 门扇软包不需做底板，直接进行下道工序。

3）定位、弹线。根据设计要求的装饰分格、造型、图案等尺寸，在墙、柱面的底板或门扇上弹出定位线。

4）内衬及预制镶嵌块施工

① 预制镶嵌软包时，要根据弹好的定位线，进行衬板制作和内衬材料粘贴。衬板按设计要求选材，设计无要求时，应采用不小于 5mm 厚的多层板，按弹好的分格线尺寸进行下料制作。

a. 制作硬边拼缝预制镶嵌衬板时，在裁好的衬板一面四周钉上木条，木条的规格、倒角型式按设计要求确定，设计无要求时，木条一般不小于

10mm×10mm，倒角不小于5mm×5mm圆角。硬边拼缝的内衬材料要按照衬板上所钉木条内侧的实际净尺寸下料，四周与木条之间应吻合，无缝隙，厚度宜高出木条1～2mm，用环保型胶粘剂平整地粘贴在衬板上。

b. 制作软边拼缝的镶嵌衬板时，衬板按尺寸裁好即可。软边拼缝的内衬材料按衬板尺寸剪裁下料，四周必须剪裁整齐，与衬板边平齐，最后用环保型胶粘剂平整地粘贴在衬板上。

硬边拼缝与软边拼缝的区别

c. 衬板做好后应先上墙试装，以确定其尺寸是否准确，分缝是否通直、不错台，木条高度是否一致、平顺，然后取下来在衬板背面编号，并标注安装方向，在正面粘贴内衬材料。内衬材料的材质、厚度按设计要求选用。

② 直接铺贴和门扇软包时，应待墙面木装修、边框和油漆作业完成，达到交活条件，再按弹好的线对内衬材料进行剪裁下料，直接将内衬材料粘贴在底板或门扇上。铺贴好的内衬材料应表面平整，分缝顺直、整齐。

织物和人造革一般不宜进行拼接，采购定货时应考虑设计分格、造型等对幅宽的要求。如果皮革受幅面影响，需要进行拼接下料，拼接时应考虑整体造型，各小块的几何尺寸不宜小于200mm×200mm，并使各小块皮革的鬃眼方向保持一致，接缝型式要满足设计要求。

5）面层施工

① 蒙面施工前，应确定面料的正、反面和纹理方向。一般织物面料的经线应垂直于地面、纬线沿水平方向织物面料应进行拉伸熨烫平整后，再进行蒙面上墙。

② 预制镶嵌衬板蒙面及安装：蒙面面料有花纹、图案对，应先蒙一块镶嵌衬板做为基准，再按编号将与之相邻的衬板面料对准花纹后进行裁剪。面料裁剪根据衬板尺寸确定，面料的裁剪尺寸 = 衬板的尺寸 +2× 衬板厚 +2× 内衬材料厚 +70～100mm。织物面料剪裁好以后，要先进行拉伸熨烫，再蒙到衬板已贴好的内衬材料上，从衬板的反面用马钉和胶粘剂固定。面料固定时要先固定上下两边（即织物面料的经线方向），四角叠整规矩后，固定另外两边。蒙好的衬板面料应绷紧、无皱褶，纹理立平、拉直，各块衬板的面料绷紧度要一致。最后将包好面料的衬板逐块检查，确认合格后，按衬板的编号进行对号试安装，经试安装确认无误后，用钉、粘结合的方法，固定到墙面底板上。

面料尺寸的计算

③ 直接铺贴和门扇软包面层施工：按已弹好的分格线、图案和设计造型，确定出面料分缝定位点，把面料按定位尺寸进行剪裁，剪裁时要注意相邻两块面料的花纹和图案应吻合。将剪裁好的面料蒙铺到已贴好内衬材料的门扇或墙面上，把下端和两侧位置调整合适后，用压条先将上端固定好，然后固定下部和两侧。压条分为木压条、铜压条、铝合金压条和不锈钢压条几种，按设计要求选用。四周固定好之后，若中间有压条或装饰钉，按设计要求钉好压条或装饰钉，采用木压条时，应先将压条进行打磨、油漆，达到成活要求后，再将木压条上墙安装。

6）理边、修整：清理接缝、边沿露出的面料纤维，调整、修理接缝不顺直处。开设、修整各设备安装孔，安装镶边条，安装表面贴脸及装饰物，修补各压条上的钉眼，修刷压条、镶边条的油漆，最后擦拭、清扫浮灰。

7）完成其他涂饰。软包面施工完成后，应对木质边框、墙面及门的其他面做最后一道涂饰。

2.8 墙面工程质量标准与检验

2.8.1 轻质隔墙工程质量标准

2.8.1.1 一般规定

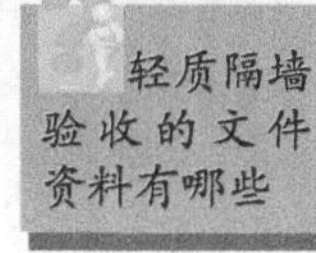

轻质隔墙验收的文件资料有哪些

1）轻质隔墙工程验收时应检查下列文件和记录：

① 轻质隔墙工程的设计说明及其他设计文件。

② 材料的产品合格证书、性能检测报告、进场验收记录和复验报告。

③ 隐蔽工程验收记录。

④ 施工记录。

2）轻质隔墙工程应对人造木板的甲醛含量进行复验。

3）轻质隔墙工程应对下列隐蔽工程项目进行验收：

① 骨架隔墙中设备管线的安装及水管试压。

② 木龙骨防火、防腐处理。

③ 预埋件或拉结筋。

④ 龙骨安装。

⑤ 填充材料的设置。

4）各分项工程的检验批应按下列规定划分：同一品种的轻质隔墙工程每50间（大面积房间和走廊按轻质隔墙的墙面30m² 为一间）应划分为一个检验批，不足50间也应划分为一个检验批。每个检验批应至少抽查10%，并不得少于3间；不足3间时应全数检查。

5）轻质隔墙与顶棚和其他墙体的交接处应采取防开裂措施。

2.8.1.2 钢丝网架夹芯板隔墙质量标准

1. 主控项目

1）GJ芯板的品种、规格、性能应符合设计要求，应有产品合格证。有隔声、隔热、阻燃、防潮等特殊要求的工程，隔墙板应有相应性能等级的检测报告。检验方法：观察、检查产品合格证、性能检测报告和进场检验记录。

2）安装隔墙芯板的植筋位置、间距及连接方法应符合设计要求。检验方法：观察、尺量检查、检查隐蔽工程验收记录。

3）隔墙芯板安装必须牢固，芯板之间及与周边墙体的连接方法应符合设计要求。检验方法：观察、手扳检查。

4）抹灰层无空鼓、开裂、爆灰现象。检验方法：观察、用小锤轻击检查。

2. 一般项目

1）隔墙芯板安装应平整、垂直，位置正确，绑扎牢固。检验方法：观察、尺量检查。

2）隔墙抹灰表面应平整光滑、洁净、色泽一致，接槎平整、线角顺直。检验方法：观察、手摸检查。

3）隔墙上的孔洞、槽、盒应位置正确，套割方正，边缘整齐。检验方法：观察。

4）隔墙板沿顶、墙、地的植筋钢丝、埋件应位置正确，间距符合设计和规范要求。检验方法：观察、尺量检查。

5）GJ 板隔墙安装的允许偏差和检验方法见表 2-2。

表2-2　GJ板隔墙安装的允许偏差和检验方法

项目	允许偏差 /mm		检验方法
	国标、行标	企标	
墙轴线位置	—	5	用钢直尺检查
立面垂直	3	3	用 2m 垂直检测尺检查
表面平整度	3	3	用 2m 靠尺和塞尺检查
阴阳角方正	4	4	用直角检测尺检查
接缝高低差	3	3	用钢直尺和塞尺检查
芯板间留缝	—	3	用钢直尺检查

2.8.1.3　骨架隔墙质量要求

1. 主控项目

1）骨架隔墙所用龙骨、配件、墙面板、填充材料及嵌缝材料的品种、规格、性能和木材的含水率应符合设计要求。有隔声、隔热、阻燃、防潮等特殊要求的工程，材料应有相应性能等级的检测报告。检验方法：观察；检查产品合格证书、进场验收记录、性能检测报告和复验报告。

2）骨架隔墙工程边框龙骨必须与基体结构连接牢固，并应平整、垂直、位置正确。检验方法：手扳检查；尺量检查；检查隐蔽工程验收记录。

3）骨架隔墙中龙骨间距和构造连接方法应符合设计要求。骨架内设备管线、门窗洞口等部位加强龙骨应安装牢固、位置正确，填充材料的设置应符合设计要求。检验方法：检查隐蔽工程验收记录。

4）木龙骨及木墙面板的防火和防腐处理必须符合设计要求。检验方法：检查隐蔽工程验收记录。

5）骨架隔墙的墙面板应安装牢固，无脱层、翘曲、折裂及缺损。检验方法：观察；手扳检查。

6）墙面板所用接缝材料的接缝方法应符合设计要求。检验方法：观察。

2. 一般项目

1）骨架隔墙表面应平整光滑、色泽一致、洁净、无裂缝，接缝应均匀、顺直。检验方法：观察；手摸检查。

2）骨架隔墙上的孔洞、槽、盒应位置正确、套割吻合、边缘整齐。检验方法：观察。

3）骨架隔墙内的填充材料应干燥，填充应密实、均匀、无下坠。检验方法：轻敲检查；检查隐蔽工程验收记录。

4）骨架隔墙安装的允许偏差和检验方法应符合表 2-3 的规定。

表2-3　骨架隔墙安装的允许偏差和检验方法

项次	项目	允许偏差 /mm		检验方法
		纸面石膏板	人造木、水泥纤维板	
1	立面垂直度	3	4	用 2m 垂直检测尺检查
2	表面平整度	3	3	用 2m 靠尺和塞尺检查
3	阴阳角方正	3	3	用直角检测尺检查
4	接缝直线度	—	3	拉 5m 线，不足 5m 拉通线，用钢直尺检查
5	压条直线度	—	3	拉 5m 线，不足 5m 拉通线，用钢直尺检查
6	接缝高低差	1	1	用钢直尺和塞尺检查

2.8.1.4　其他轻质隔墙的质量标准

与骨架隔墙检验批划分的区别

检查数量应符合下列规定：每个检验批应至少抽查 20%，并不得少于 6 间；不足 6 间时应全数检查。

1. 主控项目

1）活动隔墙所用墙板、配件等材料的品种、规格、性能和木材的含水率应符合设计要求。有阻燃、防潮等特性要求的工程，材料应有相应性能等级的检测报告。检验方法：观察；检查产品合格证书、进场验收记录、性能检测报告和复验报告。

2）活动隔墙轨道必须与基体结构连接牢固，并应位置正确。检验方法：尺量检查；手扳检查。

3）活动隔墙用于组装、推拉和制动的构配件必须安装牢固、位置正确，推拉必须安全、平稳、灵活。检验方法：尺量检查；手扳检查；推拉检查。

4）活动隔墙制作方法、组合方式应符合设计要求。玻璃板隔墙应使用安全玻璃。检验方法：观察；检查产品合格证书、进场验收记录和性能检测报告。

5）玻璃砖隔墙的砌筑或玻璃板隔墙的安装方法应符合设计要求。检验方法：观察。

6）玻璃砖隔墙砌筑中埋设的拉结筋必须与基体结构连接牢固，并应位置正确。检验方法：手扳检查；尺量检查；检查隐蔽工程验收记录。

7）玻璃板隔墙的安装必须牢固。玻璃板隔墙胶垫的安装应正确。检验方法：观察；手推检查；检查施工记录。

2. 一般项目

1）活动隔墙表面应色泽一致、平整洁净、清晰美观。检验方法：观察。

2）活动隔墙上的孔洞、槽、盒应位置正确、套割吻合、边缘整齐。检验方法：观察；尺量检查。

3）活动隔墙推拉应无噪声。检验方法：推拉检查。

4）活动隔墙安装的允许偏差和检验方法应符合表 2–4 的规定。

表2–4 活动隔墙安装的允许偏差和检验方法

项次	项目	允许偏差 /mm	检验方法
1	立面垂直度	3	用 2m 垂直检测尺检查
2	表面平整度	2	用 2m 靠尺和塞尺检查
3	接缝直线度	3	拉 5m 线，不足 5m 拉通线，用钢直尺检查
4	接缝高低差	2	用钢直尺和塞尺检查
5	接缝宽度	2	用钢直尺检查

5）玻璃隔墙表面应色泽一致、平整洁净、清晰美观。检验方法：观察。

6）玻璃隔墙接缝应横平竖直，玻璃应无裂痕、缺损和划痕。检验方法：观察。

7）玻璃板隔墙嵌缝及玻璃砖隔墙勾缝应密实平整、均匀顺直、深浅一致。检验方法：观察。

8）玻璃隔墙安装的允许偏差和检验方法应符合表 2–5 的规定。

表2–5 玻璃隔墙安装的允许偏差和检验方法

项次	项目	允许偏差 /mm		检验方法
		玻璃砖	玻璃板	
1	立面垂直度	3	2	用 2m 垂直检测尺检查
2	表面平整度	3	—	用 2m 靠尺和塞尺检查
3	阴阳角方正	—	2	用直角检测尺检查
4	接缝直线度	—	2	拉 5m 线，不足 5m 拉通线，用钢直尺检查
5	接缝高低差	3	2	用钢直尺和塞尺检查
6	接缝宽度	—	1	用钢直尺检查

2.8.2 裱糊与软包工程质量控制与检验

2.8.2.1 裱糊的质量标准

1. 主控项目

1）壁纸、墙布的种类、规格、图案、颜色和燃烧性能等级必须符合设计要求及国家现行标准的有关规定。

2）裱糊工程基层处理质量应达到高级抹灰的要求。

3）裱糊后各幅拼接应横平竖直，拼接处花纹、图案应吻合，不离缝、不搭接，不显拼缝。

4）壁纸、墙布应粘结牢固，不得有漏贴、补贴、脱层、空鼓和翘边。

常用壁纸、墙布的规格尺寸见表 2–6。

表2-6　常用壁纸、墙布的规格尺寸

品种	规格尺寸		
	宽度 /mm	长度 /m	厚度 /mm
聚氯乙烯壁纸	530（±5）	10（±0.05）	—
	900～1000（±10）	50（±0.50）	
纸基涂塑壁纸	530	10	—
纺织纤维墙布	500，1000	按用户要求	—
玻璃纤维墙布	910（±1.5）	—	0.15（±0.015）
装饰墙布	820～840	50	0.15～0.18
无纺贴墙布	850～900	—	0.12～0.18

2. 一般项目

1）裱糊后的壁纸、墙布表面应平整，色泽应一致，不得有波纹起伏、气泡、裂缝、褶皱及斑污，斜视时应无胶痕。

2）复合压花壁纸的压痕及发泡壁纸的发泡层应无损坏。

3）壁纸、墙布与各种装饰线、设备线盒应交接严密。

4）壁纸、墙布边缘应平直整齐，不得有纸毛、飞刺。

5）壁纸、墙布阴角处搭接应顺光，阴角处应无接缝。

2.8.2.2　软包工程的质量标准

1. 主控项目

1）软包面料、内衬材料及边框、压条的材质、颜色、图案、燃烧性能等级和有害物质含量应符合设计要求及国家现行标准的有关规定，木材的含水率应不大于12%。检验方法：观察、检查产品合格证书、进场验收记录和性能检测报告。

2）安装位置及构造做法应符合设计要求。检验方法：观察、尺量检查、检查施工记录。

3）龙骨、衬板、边框、压条应安装牢固，无翘曲，拼、接缝应平直。检验方法：观察、手扳检查。

4）单块软包面料不应有接缝，四周应绷压严密。检验方法：观察、手摸检查。

2. 一般项目

1）表面应平整、洁净，无凹凸不平及皱褶；图案应清晰、无色差，整体应协调美观。检验方法：观察。

2）边框、压条应平整、顺直、接缝吻合。表面涂饰质量应符合有关规定的要求。检验方法：观察、手摸检查。

3）清漆涂饰木制边框、压条的颜色、木纹应协调一致。检验方法：观察。

软包工程安装的允许偏差和检验方法见表2-7。

表2-7　软包工程安装的允许偏差和检验方法

项目	允许偏差 /mm		检验方法
	国标、行标	企标	
垂直度	3	3	用 1m 垂直检测尺检查
边框、压条的宽度、高度差	0，−2	0，−2	用钢直尺检查
对角线长度差	3	3	用钢直尺检查
裁口、线条接缝高低差	1	1	用钢直尺和塞尺检查

2.8.3　门窗工程质量标准

2.8.3.1　一般规定

1）门窗工程验收时应检查下列文件和记录：

① 门窗工程的施工图、设计说明及其他设计文件。

② 材料的产品合格证书、性能检测报告、进场验收记录和复验报告。

③ 特种门及其附件的生产许可文件。

④ 隐蔽工程验收记录。

⑤ 施工记录。

2）门窗工程应对下列材料及其性能指标进行复验：

① 人造木板的甲醛含量。

② 建筑外墙金属窗、塑料窗的抗风压性能、空气渗透性能和雨水渗漏性能。

3）门窗工程应对下列隐蔽工程项目进行验收：

① 预埋件和锚固件。

② 隐蔽部位的防腐、填嵌处理。

4）各分项工程的检验批应按下列规定划分：

① 同一品种、类型和规格的木门窗、金属门窗、塑料门窗及门窗玻璃每100樘应划分为一个检验批，不足100樘也应划分为一个检验批。

② 同一品种、类型和规格的特种门每50樘应划分为一个检验批，不足50樘也应划分为一个检验批。

与骨架隔墙检验批划分的区别

5）检查数量应符合下列规定：

① 木门窗、金属门窗、塑料门窗及门窗玻璃，每个检验批应至少抽查5%，并不得少于3樘，不足3樘时应全数检查；高层建筑的外窗，每个检验批应至少抽查10%，并不得少于6樘，不足6樘时应全数检查。

② 特种门每个检验批应至少抽查50%，并不得少于10樘，不足10樘时应全数检查。

特种门为何抽查数量最多

6）门窗安装前，应对门窗洞口尺寸进行检验。

7）金属门窗和塑料门窗安装应采用预留洞口的方法施工，不得采用边安装边砌口或先安装后砌口的方法施工。

8）木门窗与砖石砌体、混凝土或抹灰层接触处应进行防腐处理并应设置防潮层；埋入砌体或混凝土中的木砖应进行防腐处理。

9）当金属窗或塑料窗组合时，其拼樘料的尺寸、规格、壁厚应符合设计要求。

2.8.3.2 木制装饰门窗工程质量标准

1. 主控项目

1）木门窗的木材品种、材质等级、规格、尺寸、框扇的线型及人造木板的甲醛含量应符合设计要求。检验方法：观察；检查材料进场验收记录和复验报告。

2）木门窗应采用烘干的木材，含水率应符合规定。检验方法：检查材料进场验收记录。

3）木门窗的防火、防腐、防虫处理应符合设计要求。检验方法：观察；检查材料进场验收记录。

4）木门窗的结合处和安装配件处不得有木节或已填补的木节。木门窗如有允许限值以内的死节及直径较大的虫眼时，应用同一材质的木塞加胶填补。对于清漆制品，木塞的木纹和色泽应与制品一致。检验方法：观察。

5）门窗框和厚度大于 50mm 的门窗扇应用双榫连接。榫槽应采用胶料严密嵌合，并应用胶楔加紧。检验方法：观察；手扳检查。

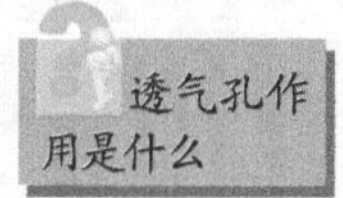

6）胶合板门、纤维板门和模压门不得脱胶。胶合板不得刨透表层单板，不得有戗槎。制作胶合板门、纤维板门时，边框和横楞应在同一平面上，面层、边框及横楞应加压胶结。横楞和上、下冒头应各钻两个以上的透气孔，透气孔应通畅。检验方法：观察。

7）木门窗的品种、类型、规格、开启方向、安装位置及连接方式应符合设计要求。检验方法：观察；尺量检查；检查成品门的产品合格证书。

8）木门窗框的安装必须牢固。预埋木砖的防腐处理、木门窗框固定点的数量、位置及固定方法应符合设计要求。检验方法：观察；手扳检查；检查隐蔽工程验收记录和施工记录。

9）木门窗扇必须安装牢固，并应开关灵活，关闭严密，无倒翘。检验方法：观察；开启和关闭检查；手扳检查。

10）木门窗配件的型号、规格、数量应符合设计要求，安装应牢固，位置应正确，功能应满足使用要求。检验方法：观察；开启和关闭检查；手扳检查。

2. 一般项目

1）木门窗表面应洁净，不得有刨痕、锤印。检验方法：观察。

2）木门窗的割角、拼缝应严密平整。门窗框、扇裁口应顺直，刨面应平整。检验方法：观察。

3）木门窗上的槽、孔应边缘整齐，无毛刺。检验方法：观察。

4）木门窗与墙体间缝隙的填嵌材料应符合设计要求，填嵌应饱满。寒冷地区外门窗（或门窗框）与砌体间的空隙应填充保温材料。检验方法：轻敲门窗框检查；检查隐蔽工程验收记录和施工记录。

5）木门窗批水、盖口条、压缝条、密封条的安装应顺直，与门窗结合应牢固、严密。检验方法：观察；手扳检查。

6）木门窗制作的允许偏差和检验方法应符合表 2-8 的规定。

表2-8 木门窗制作的允许偏差和检验方法

项次	项目	构件名称	允许偏差 /mm		检验方法
			普通	高级	
1	翘曲	框	3	2	将框、扇平放在检查平台上，用塞尺检查
		扇	2	2	
2	对角线长度差	框、扇	3	2	用钢直尺检查，框量裁口里角，扇量外角
3	表面平整度	扇	3	2	用 1m 靠尺和塞尺检查
4	高度、宽度	框	0；−2	0；−1	用钢直尺检查，框量裁口里角，扇量外角
		扇	+2；0	+1；0	
5	裁口、线条结合处高低差	框、扇	1	0.5	钢直尺和塞尺检查
6	相邻棂子两端间距	扇	2	1	用钢直尺检查

7）木门窗安装的留缝限值、允许偏差和检验方法应符合表 2-9 的规定。

表2-9 木门窗安装的留缝限值、允许偏差和检验方法

项次	项目		留缝限值 /mm		允许偏差 /mm		检验方法
			普通	高级	普通	高级	
1	门窗槽口对角线长度差		—	—	3	2	用钢直尺检查
2	门窗框的正、侧面垂直度		—	—	2	1	用 1m 垂直检测尺检查
3	框与扇、扇与扇接缝高低差		—	—	2	1	用钢直尺和塞尺检查
4	门窗扇对口缝		1 ～ 2.5	1.5 ～ 2	—	—	用塞尺检查
5	工业厂房双扇大门对口缝		2 ～ 5	—	—	—	
6	门窗扇与上框间留缝		1 ～ 2	1 ～ 1.5	—	—	
7	门窗扇与侧框间留缝		1 ～ 2.5	1 ～ 15	—	—	
8	窗扇与下框间留缝		2 ～ 3	2 ～ 2.5	—	—	
9	门扇与下框间留缝		3 ～ 5	3 ～ 4	—	—	
10	双层门窗内外框间距		—	—	4	3	用钢直尺检查
11	无下框时门扇与地面间留缝	外门	4 ～ 7	5 ～ 6	—	—	用塞尺检查
		内门	5 ～ 8	6 ～ 7	—	—	
		卫生间门	8 ～ 12	8 ～ 10	—	—	
		厂房大门	10 ～ 20	—	—	—	

2.8.3.3 铝合金门窗工程质量标准

1. 主控项目

1）金属门窗的品种、类型、规格、尺寸、性能、开启方向、安装位置、连接方式及铝合金门窗的型材壁厚应符合设计要求。金属门窗的防腐处理及填嵌、密封处理应符合设计要求。检验方法：观察；尺量检查；检查产品合格证书、性能检测报告、进场验收记录和复验报告；检查隐蔽工程验收记录。

2）金属门窗框和副框的安装必须牢固。预埋件的数量、位置、埋设方式、与框的连接方式必须符合设计要求。检验方法：手扳检查；检查隐蔽工程验收记录。

3）金属门窗扇必须安装牢固，并应开关灵活、关闭严密，无倒翘。推拉门窗扇必须有防脱落措施。检验方法：观察；开启和关闭检查；手扳检查。

4）金属门窗配件的型号、规格、数量应符合设计要求，安装应牢固，位置应正确，功能应满足使用要求。检验方法：观察；开启和关闭检查；手扳检查。

2. 一般项目

1）金属门窗表面应洁净、平整、光滑、色泽一致，无锈蚀。大面应无划痕、碰伤。漆膜或保护层应连续。检验方法：观察。

2）铝合金门窗推拉门窗扇开关力应不大于100N。检验方法：用弹簧秤检查。

3）金属门窗框与墙体之间的缝隙应填嵌饱满，并采用密封胶密封。密封胶表面应光滑、顺直，无裂纹。检验方法：观察；轻敲门窗框检查；检查隐蔽工程验收记录。

4）金属门窗扇的橡胶密封条或毛毡密封条应安装完好，不得脱槽。检验方法：观察；开启和关闭检查。

5）有排水孔的金属门窗，排水孔应畅通，位置和数量应符合设计要求。检验方法：观察。

6）铝合金门窗安装的允许偏差和检验方法应符合表2-10的规定。

表2-10　铝合金门窗安装的允许偏差和检验方法

项次	项目		允许偏差 /mm	检验方法
1	门窗槽口宽度、高度	≤ 1500mm	1.5	用钢直尺检查
		>1500mm	2	
2	门窗槽口对角线长度差	≤ 2000mm	3	用钢直尺检查
		>2000mm	4	
3	门窗框的正、侧面垂直度		2.5	用垂直检测尺检查
4	门窗横框的水平度		2	用1m水平尺和塞尺检查
5	门窗横框标高		5	用钢直尺检查
6	门窗竖向偏离中心		5	用钢直尺检查
7	双层门窗内外框间距		4	用钢直尺检查
8	推拉门窗扇与框搭接量		1.5	用钢直尺检查

2.8.3.4　塑料门窗安装工程质量标准

1. 主控项目

1）塑料门窗的品种、类型、规格、尺寸、开启方向、安装位置、连接方式及填嵌密封处理应符合设计要求，内衬增强型钢的壁厚及设置应符合国家现行产品标准的质量要求。检验方法：观察；尺量检查；检查产品合格证书、性能检测报告、进场验收记录和复验报告；检查隐蔽工程验收记录。

2）塑料门窗框、副框和扇的安装必须牢固。固定片或膨胀螺栓的数量与位置应正确，连接方式应符合设计要求。固定点应距窗角、中横框、中竖框

150 ～ 200mm，固定点间距应不大于 600mm。检验方法：观察；手扳检查；检查隐蔽工程验收记录。

3）塑料门窗拼樘料内衬增强型钢的规格、壁厚必须符合设计要求，型钢应与型材内腔紧密吻合，其两端必须与洞口固定牢固。窗框必须与拼樘料连接紧密，固定点间距应不大于 600mm。检验方法：观察；手扳检查；尺量检查；检查进场验收记录。

4）塑料门窗扇应开关灵活、关闭严密，无倒翘。推拉门窗扇必须有防脱落措施。检验方法：观察；开启和关闭检查；手扳检查。

5）塑料门窗配件的型号、规格、数量应符合设计要求，安装应牢固，位置应正确，功能应满足使用要求。检验方法：观察；手扳检查；尺量检查。

6）塑料门窗框与墙体间缝隙应采用闭孔弹性材料填嵌饱满，表面应采用密封胶密封。密封胶应粘结牢固，表面应光滑、顺直、无裂纹。检验方法：观察；检查隐蔽工程验收记录。

2. 一般项目

1）塑料门窗表面应洁净、平整、光滑，大面应无划痕、碰伤。检验方法：观察。

2）塑料门窗扇的密封条不得脱槽。旋转窗间隙应基本均匀。

3）塑料门窗扇的开关力应符合下列规定：平开门窗扇平铰链的开关力应不大于 80N；滑撑铰链的开关力应不大于 80N，并不小于 30N。推拉门窗扇的开关力应不大于 100N。检验方法：观察；用弹簧秤检查。

4）玻璃密封条与玻璃及玻璃槽口的接缝应平整，不得卷边、脱槽。检验方法：观察。

5）排水孔应畅通，位置和数量应符合设计要求。检验方法：观察。

6）塑料门窗安装的允许偏差和检验方法应符合表 2-11 的规定。

表2-11 塑料门窗安装的允许偏差和检验方法

项次	项目		允许偏差 /mm	检验方法
1	门窗槽口宽度、高度	≤ 1500mm	2	用钢直尺检查
		>1500mm	3	
2	门窗槽口对角线长度差	≤ 2000mm	3	用钢直尺检查
		>2000mm	5	
3	门窗框的正、侧面垂直度		3	用 1m 垂直检测尺检查
4	门窗横框的水平度		3	用 1m 水平尺和塞尺检查
5	门窗横框标高		5	用钢直尺检查
6	门窗竖向偏离中心		5	用钢直尺检查
7	双层门窗内外框间距		4	用钢直尺检查
8	同樘平开门窗相邻扇高度差		2	用钢直尺检查
9	平开门窗铰链部位配合间隙		+2；−1	用塞尺检查
10	推拉门窗扇与框搭接量		+1.5；−2.5	用钢直尺检查
11	推拉门窗扇与竖框平行度		2	用 1m 水平尺和塞尺检查

2.8.3.5　特种门安装工程质量标准

1. 主控项目

1）特种门的质量和各项性能应符合设计要求。检验方法：检查生产许可证、产品合格证书和性能检测报告。

2）特种门的品种、类型、规格、尺寸、开启方向、安装位置及防腐处理应符合设计要求。检验方法：观察；尺量检查；检查进场验收记录和隐蔽工程验收记录。

3）带有机械装置、自动装置或智能化装置的特种门，其机械装置、自动装置或智能化装置的功能应符合设计要求和有关标准的规定。检验方法：启动机械装置、自动装置或智能化装置，观察。

4）特种门的安装必须牢固。预埋件的数量、位置、埋设方式、与框的连接方式必须符合设计要求。检验方法：观察；手扳检查；检查隐蔽工程验收记录。

5）特种门的配件应齐全，位置应正确，安装应牢固，功能应满足使用要求和特种门的各项性能要求。检验方法：观察；手扳检查；检查产品合格证书、性能检测报告和进场验收记录。

2. 一般项目

1）特种门的表面装饰应符合设计要求。检验方法：观察。

2）特种门的表面应洁净，无划痕、碰伤。检验方法：观察。

3）推拉自动门安装的留缝限值、允许偏差和检验方法应符合表 2-12 的规定。

表2-12　推拉自动门安装的留缝限值、允许偏差和检验方法

项次	项目		留缝限值 /mm	允许偏差 /mm	检验方法
1	门槽口宽度、高度	≤ 1500mm	—	1.5	用钢直尺检查
		>1500mm	—	2	
2	门槽口对角线长度差	≤ 2000mm	—	2	用钢直尺检查
		>2000mm	—	2.5	
3	门框的正、侧面垂直度		—	1	用 1m 垂直检测尺检查
4	门构件装配间隙		—	0.3	用塞尺检查
5	门梁导轨水平度		—	1	用 1m 水平尺和塞尺检查
6	下导轨与门梁导轨平行度		—	1.5	用钢直尺检查
7	门扇与侧框间留缝		1.2 ～ 1.8	—	用塞尺检查
8	门扇对口缝		1.2 ～ 1.8	—	用塞尺检查

4）推拉自动门的感应时间限值和检验方法应符合表 2-13 的规定。

表2-13　推拉自动门的感应时间限值和检验方法

项次	项目	感应时间限值 /s	检验方法
1	开门响应时间	≤ 0.5	用秒表检查
2	堵门保护延时	16 ～ 20	用秒表检查
3	门扇全开启后保持时间	13 ～ 17	用秒表检查

5）旋转门安装的允许偏差和检验方法应符合表 2-14 的规定。

表2-14 旋转门安装的允许偏差和检验方法

项次	项目	允许偏差/mm		检验方法
		金属框架玻璃旋转门	木质旋转门	
1	门扇正、侧面垂直度	1.5	1.5	用1m垂直检测尺检查
2	门扇对角线长度差	1.5	1.5	用钢直尺检查
3	相邻扇高度差	1	1	用钢直尺检查
4	扇与圆弧边留缝	1.5	2	用塞尺检查
5	扇与上顶间留缝	2	2.5	用塞尺检查
6	扇与地面间留缝	2	2.5	用塞尺检查

2.8.3.6 门窗玻璃安装工程质量标准

1. 主控项目

1）玻璃的品种、规格、尺寸、色彩、图案和涂膜朝向应符合设计要求。单块玻璃大于1.5m^{2}时应使用安全玻璃。检验方法：观察；检查产品合格证书、性能检测报告和进场验收记录。

2）门窗玻璃裁割尺寸应正确。安装后的玻璃应牢固，不得有裂纹、损伤和松动。检验方法：观察；轻敲检查。

3）玻璃的安装方法应符合设计要求。固定玻璃的钉子或钢丝卡的数量、规格应保证玻璃安装牢固。检验方法：观察；检查施工记录。

4）镶钉木压条接触玻璃处，应与裁口边缘平齐。木压条应互相紧密连接，并与裁口边缘紧贴，割角应整齐。检验方法：观察。

5）密封条与玻璃、玻璃槽口的接触应紧密、平整。密封胶与玻璃、玻璃槽口的边缘应粘结牢固、接缝平齐。检验方法：观察。

6）带密封条的玻璃压条，其密封条必须与玻璃全部贴紧，压条与型材之间应无明显缝隙，压条接缝应不大于0.5mm。检验方法：观察；尺量检查。

2. 一般项目

1）玻璃表面应洁净，不得有腻子、密封胶、涂料等污渍。中空玻璃内外表面均应洁净，玻璃中空层内不得有灰尘和水蒸气。检验方法：观察。

2）门窗玻璃不应直接接触型材。单面镀膜玻璃的镀膜层及磨砂玻璃的磨砂面应朝向室内。中空玻璃的单面镀膜玻璃应在最外层，镀膜层应朝向室内。检验方法：观察。

3）腻子应填抹饱满、粘结牢固；腻子边缘与裁口应平齐。固定玻璃的卡子不应在腻子表面显露。检验方法：观察。

2.8.4 抹灰工程质量标准

2.8.4.1 一般规定

1）抹灰工程验收时应检查下列文件和记录：

① 抹灰工程的施工图、设计说明及其他设计文件。

② 材料的产品合格证书、性能检测报告、进场验收记录和复验报告。

③ 隐蔽工程验收记录。

④ 施工记录。

2）抹灰工程应对水泥的凝结时间和安定性进行复验。

3）抹灰工程应对下列隐蔽工程项目进行验收：

① 抹灰总厚度大于或等于 35mm 时的加强措施。

② 不同材料基体交接处的加强措施。

4）各分项工程的检验批应按下列规定划分：

① 相同材料、工艺和施工条件的室外抹灰工程每 500 ～ 1000m^2 应划分为一个检验批，不足 500m^2 也应划分为一个检验批。

② 相同材料、工艺和施工条件的室内抹灰工程每 50 个自然间（大面积房间和走廊按抹灰面积 30m^2 为一间）应划分为一个检验批，不足 50 间也应划分为一个检验批。

5）检查数量应符合下列规定：

① 室内每个检验批应至少抽查 10%，并不得少于 3 间；不足 3 间时应全数检查。

② 室外每个检验批每 100m^2 应至少抽查一处，每处不得小于 10m^2。

6）抹灰层与基层之间及各抹灰层之间必须粘结牢固。

2.8.4.2　一般抹灰工程质量标准

装饰抹灰工程质量标准

1. 主控项目

1）抹灰前基层表面的尘土、污垢、油渍等应清除干净，并应洒水润湿。检验方法：检查施工记录。

2）一般抹灰所用材料的品种和性能应符合设计要求。水泥的凝结时间和安定性复验应合格。砂浆的配合比应符合设计要求。检验方法：检查产品合格证书、进场验收记录、复验报告和施工记录。

3）抹灰工程应分层进行。当抹灰总厚度大于或等于 35mm 时，应采取加强措施。不同材料基体交接处表面的抹灰，应采取防止开裂的加强措施，当采用加强网时，加强网与各基体的搭接宽度不应小于 100mm。检验方法：检查隐蔽工程验收记录和施工记录。

4）抹灰层与基层之间及各抹灰层之间必须粘结牢固，抹灰层应无脱层、空鼓，面层应无爆灰和裂缝。检验方法：观察；用小锤轻击检查；检查施工记录。

2. 一般项目

1）一般抹灰工程的表面质量应符合下列规定：

普通抹灰表面应光滑、洁净、接槎平整，分格缝应清晰。

高级抹灰表面应光滑、洁净、颜色均匀、无抹纹，分格缝和灰线应清晰美观。检验方法：观察；手摸检查。

2）护角、孔洞、槽、盒周围的抹灰表面应整齐、光滑；管道后面的抹灰表面应平整。检验方法：观察。

3）抹灰层的总厚度应符合设计要求；水泥砂浆不得抹在石灰砂浆层上；罩面石膏灰不得抹在水泥砂浆层上。检验方法：检查施工记录。

4）抹灰分格缝的设置应符合设计要求，宽度和深度应均匀，表面应光滑，棱角应整齐。检验方法：观察；尺量检查。

5）有排水要求的部位应做滴水线（槽）。滴水线（槽）应整齐顺直，滴水线应内高外低，滴水槽的宽度和深度均不应小于10mm。检验方法：观察；尺量检查。

6）一般抹灰工程质量的允许偏差和检验方法应符合表2-15的规定。

表2-15　一般抹灰工程质量的允许偏差和检验方法

项次	项目	允许偏差/mm		检验方法
		普通抹灰	高级抹灰	
1	立面垂直度	4	3	用2m垂直检测尺检查
2	表面平整度	4	3	用2m靠尺和塞尺检查
3	阴阳角方正	4	3	用直角检测尺检查
4	分格条（缝）直线度	4	3	拉5m线，不足5m拉通线，用钢直尺检查
5	墙裙、勒脚上口直线度	4	3	拉5m线，不足5m拉通线，用钢直尺检查

注：1．普通抹灰，本表第3项阴阳角方正可不检查。

2．顶棚抹灰，本表第2项表面平整度可不检查，但应平顺。

2.8.5　饰面板（砖）工程质量控制与检验

2.8.5.1　墙面贴面砖施工工程质量标准

1．主控项目

1）饰面的品种、规格、图案、颜色和性能必须符合设计要求。检验方法：观察，检查产品合格证书、进场验收记录、性能检测报告和复验报告。

2）饰面砖粘结工程的找平、防水、粘贴和勾缝材料及施工方法应符合设计要求及国家现行产品标准和工程技术标准的规定。检验方法：检查产品合格证书、复验报告和隐蔽工程验收记录。

3）饰面砖粘贴必须牢固。检验方法：检查样板件粘结强度检测报告和施工记录。

4）满粘法施工的饰面砖工程应无空鼓、裂缝、泛碱。检验方法：观察、用小锤轻击检查。

2．一般项目

1）饰面砖表面平整、洁净、色泽一致，无裂痕和缺损。检验方法：观察。

2）阴阳角处搭接方式、非整砖使用部位应符合设计要求。饰面砖在大面、门窗边、阳角边宜用整砖，非整砖宜安排在不明显处且不宜小于1/2整砖。检验方法：观察。

3）墙面突出物周围的饰面砖应整砖套割吻合，边缘应整齐。墙裙、贴脸突出墙面的厚度应一致。检验方法：观察、尺量检查。

4）饰面砖接缝应平直、光滑，填嵌应连续、密实；宽度和深度应符合设计要求。检验方法：观察、尺量检查。

5）有排水要求的部位应做滴水线（槽）。滴水线（槽）应顺直，清晰美观，流水坡向应正确，坡度应符合设计要求。检验方法：观察、用水平尺检查。

6）饰面砖工程的抗震缝、伸缩缝、沉降缝等的设置应符合设计要求，缝内应用柔性防水材料嵌缝，并应保证缝的使用功能和饰面的完整性。检验方法：观察。

7）饰面砖粘贴的允许偏差和检验方法见表 2-16。

表2-16　饰面砖粘贴的允许偏差和检验方法

项目	允许偏差 /mm		检验方法
	国标、行标	企标	
立面垂直度	3	3	用 2m 垂直检测尺检查
表面平整度	4	3	用 2m 靠尺和塞尺检查
阴阳角方正	3	2	用直角检测尺检查
接缝直线度	3	2	拉 5m 小线，不足 5m 拉通线，用钢直尺检查
接缝高低差	1	1	用钢直尺和塞尺检查
接缝宽度	1	1	用钢直尺检查

2.8.5.2　天然石材饰面板粘贴施工质量标准

一般项目：

1）石材面板表面应平整、洁净、色泽一致，无裂痕和缺损。石材表面应无泛碱等污染。检验方法：观察。

2）石材饰面板嵌缝应密实、平直，宽度和深度应符合设计要求，嵌填材料色泽应一致。检验方法：观察、尺量检查。

3）石材饰面上的孔洞套割吻合，边缘应整齐。检验方法：观察。

4）石材饰面板应进行防碱背涂处理。石材与基体间的灌注材料应饱满、密实。检验方法：用小锤轻击检查、检查施工记录。

5）石材饰面板安装的允许偏差和检验方法见表 2-17。

表2-17　石材饰面板安装的允许偏差和检验方法

项次	项目	允许偏差 /mm							检验方法
		石材			其他				
		光面	剁斧石	蘑菇石	瓷板	木材	塑料	金属	
1	立面垂直度	2	3	3	2	1.5	2	2	用 2m 垂直检测尺检查
2	表面平整度	2	3	—	1.5	1	3	3	用 2m 靠尺和塞尺检查
3	阴阳角方正	2	4	4	2	1.5	3	3	用直角检测尺检查

（续）

项次	项目	允许偏差 /mm							检验方法
		石材			其他				
		光面	剁斧石	蘑菇石	瓷板	木材	塑料	金属	
4	接缝直线度	2	4	4	2	1	1	1	拉 5m 线，不足 5m 拉通线，用钢直尺检查
5	墙裙、勒脚上口直线度	2	3	3	2	2	2	2	拉 5m 线，不足 5m 拉通线，用钢直尺检查
6	接缝高低差	0.5	3	—	0.5	0.5	1	1	用钢直尺和塞尺检查
7	接缝宽度	1	2	2	1	1	1	1	用钢直尺检查

2.8.5.3 金属饰面板工程施工质量标准

1. 主控项目

1）金属饰面板和安装辅料的品种、规格、质量、形状、颜色、花形、线条和性能，应符合设计要求。检验方法：观察，检查产品合格证书、进场验收记录和性能检测报告。

2）金属饰面板孔、槽数量、位置和尺寸应符合设计要求。检验方法：检查进场验收记录和施工记录。

3）金属饰面板安装工程预埋件或后置埋件、连续件的数量、规格、位置、连接方法和防腐处理必须符合设计要求。安装必须牢固。后置埋件的现场拉拔检测值必须符合设计要求。检验方法：手扳检查，检查进场验收记录、现场拉拔检测报告、隐蔽工程验收记录和施工记录。

2. 一般项目

1）金属饰面板表面应平整、洁净、美观、色泽一致，无划痕、麻点、凹坑、翘曲、褶皱、损伤，收口条割角整齐，搭接严密无缝隙。检验方法：观察。

2）金属饰面板接头、接缝应符合以下规定：

① 条形板：接头平整，位置相互错开，严密、无明显缝隙和错台、错位。接缝平直、宽窄一致，板与收口条搭接严密。

② 方块板：接缝平整，无明显错台、错位，横竖向顺直。缝隙宽窄一致，板与收口条搭接严密。

③ 柱面、窗台、窗套：剪裁尺寸准确，边角、线角、套口等突出件接缝平直、整齐。

④ 温度缝：搭接平整、顺直、光滑，无明显错台、错位，外观严密，伸缩无障碍。检验方法：观察。

3）金属饰面板嵌缝应密实、平直、光滑、美观，直线内无接头，宽窄和深度应一致并符合设计要求，防水应有效、无渗漏，嵌缝材料应色泽一致。检验方法：观察、尺量检查。

4）金属饰面板上的各种孔洞套割吻合、边缘整齐，与其他专业设备的交界处，应位置正确、交接严密、无缝隙。检验方法：观察。

5）金属饰面板安装的允许偏差和检验方法见表 2-18。

表2-18　金属饰面板安装的允许偏差和检验方法

项目		允许偏差 /mm
对边	≤ 2000mm	±2.0
	＞ 2000mm	±2.5
对边尺寸	≤ 2000mm	≤ 2.5
	＞ 2000mm	≤ 3.0
对角线尺寸	≤ 2000mm	2.5
	＞ 2000mm	3.0
折弯高度		≤ 1.0
平面度		≤ 2/1000
孔的中心距		±1.5

2.8.6　溶剂型涂料涂饰工程质量

1. 主控项目

1）溶剂型涂料涂饰工程所选用涂料的品种、型号和性能应符合设计要求。检验方法：检查产品合格证书、性能检测报告和进场验收记录。

2）溶剂型涂料涂饰工程的颜色、光泽、图案应符合设计要求。检验方法：观察。

3）溶剂型涂料涂饰工程应涂饰均匀、粘结牢固，不得漏涂、透底、起皮和反锈。检验方法：观察；手摸检查。

4）溶剂型涂料涂饰工程的基层处理应符合水溶性涂料涂饰工程基层的要求。检验方法：观察；手摸检查；检查施工记录。

5）涂层与其他装修材料和设备衔接处应吻合，界面应清晰。检验方法：观察。

2. 一般项目

清漆的涂饰质量和检验方法见表 2-19。

表2-19　清漆的涂饰质量和检验方法

项次	项目	普通涂饰	高级涂饰	检验方法
1	颜色	基本一致	均匀一致	观察
2	木纹	棕眼刮平、木纹清楚	棕眼刮平、木纹清楚	观察
3	光泽、光滑	光泽基本均匀，光滑无挡手感	光泽均匀一致，光滑	观察、手摸检查
4	刷纹	无刷纹	无刷纹	观察
5	裹棱、流坠、皱皮	明显处不允许	不允许	观察

小　　结

本章主要讲解了墙面工程构造、隔墙工程、门窗工程、抹灰工程、饰面板（砖）、涂料工程、裱糊与软包工程以及墙面工程的质量验收标准，重点应掌握墙面工程类别、构造，隔墙工程、门窗工程、抹灰工程、饰面板（砖）、涂料工程、裱糊与软包工程施工工艺及质量验收标准以及墙面工程中易出现的质量问题。

思　考　题

1．简述传统砌块隔墙的优缺点。
2．简述钢丝网架水泥聚苯乙烯夹芯板隔墙施工的工艺流程。
3．简述塑料门窗工程施工工艺流程。
4．简述木门窗的施工工艺流程。
5．抹灰施工为什么要分层进行？
6．简述墙面抹灰工艺流程。
7．简述石材饰面板施工采用湿作业法施工工艺流程。
8．简述锦砖施工的工艺流程。
9．简述涂刷第一遍乳胶漆的施工要点。
10．简述裱糊工程的工艺流程。

第3章 楼地面工程

3.1 楼地面构造概述

楼地面是建筑物首层、地下层及各楼层的总称。

1. 楼地面的功能要求

楼地面在建筑中主要有分隔空间，对结构层的加强和保护，满足人们的使用要求以及隔声、保温、找坡、防水、防潮、防渗等作用。楼地面与人、家具、设备等直接接触，承受各种荷载以及物理、化学作用，并且在人的视线范围内所占比例比较大，因此，必须满足以下要求。

（1）满足坚固、耐久性的要求

楼地面面层的坚固、耐久性由室内使用状况和材料特性来决定。楼地面面层应当不易被磨损、破坏，表面平整，不起尘，其耐久性国际通用标准一般为10年。

（2）满足安全性的要求

安全性是指楼地面面层应防滑、防火、防潮、耐腐蚀、电绝缘性好等。

（3）满足舒适感要求

舒适感是指楼地面面层应具备一定的弹性、蓄热能力及隔声性。

（4）满足装饰性要求

装饰性是指楼地面面层的色彩、图案、质感效果必须考虑室内空间的形态、家具陈设、交通流线及建筑的使用性质等因素，以满足人们的审美要求。

2. 室内楼地面的分类

室内楼地面的种类很多，可以从不同的角度进行分类。

按面层材料分类：水泥砂浆楼地面、水磨石楼地面、自流平楼地面、塑料楼地面、橡胶楼地面、花岗石或大理石楼地面、木楼地面、地毯楼地面等。

按使用功能分类：防静电楼地面、不发火楼地面、综合布线楼地面、防腐蚀楼地面等。

按装饰效果分类：美术楼地面、席纹楼地面、拼花楼地面等。

按构造方法和施工工艺分类：整体式楼地面、板块式楼地面、木竹楼地面等。

3. 楼地面构造组成

楼地面与楼层地面的区别

水泥砂浆楼地面的基本构造层次为面层、垫层和基层（地基）；楼层地面的基本构造层次为面层、基层（楼板）。

1）面层的主要作用是满足使用要求。

2）基层的主要作用是承担面层传来的荷载。为满足找平、结合、防水、防潮、隔声、弹性、保温隔热、管线敷设等功能的要求，往往还要在基层与面层之间增加若干中间层。

3）垫层：有刚性垫层、半刚性垫层及柔性垫层。要求具有一定的强度及表面平整度。

建筑楼地面构造组成如图3-1所示。

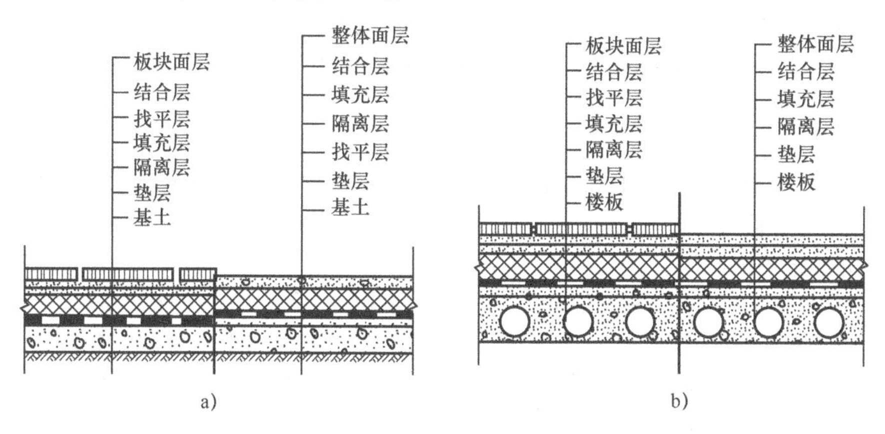

图3-1　楼地面构造组成示意图

a）底层地面构造　b）楼层地面构造

4．楼地面工程的一般规定及要求

防水工程的要求及规定

（1）楼地面工程的一般规定

1）楼地面工程的施工一般包括石材（包括人造石材）、地面砖、实木地板、竹地板、实木复合地板、强化复合地板、地毯等材料的地面面层的铺贴安装施工。

2）楼地面铺装宜在地面隐蔽工程、吊顶工程、墙面抹灰工程完成并验收后进行。地面面层的铺装所用龙骨、垫木及毛地板等木料的含水率，以及树种、防腐、防蚁、防水处理均应符合有关规定。

3）楼地面面层应有足够的强度，其表面质量应符合国家现行标准、规范的有关规定。地面铺装下的隐蔽工程，如电线、电缆等，在地面铺装前应完成并验收。

4）楼地面铺装图案及固定方法等应符合设计要求。按施工程序，各类地面面层铺设宜在顶、墙面工程完成后进行。

5）天然石材在铺装前应采取防护措施，防止出现污损、泛碱等现象。天然石材采用湿作业法铺贴，面层会出现反白污染，系混凝土外加剂中的碱性物质所致，因此，应进行防碱背涂处理。

6）湿作业施工现场环境温度宜在5℃以上。

（2）楼地面工程施工的一般要求

1）楼地面所用材料和制品，均应符合设计要求及国家和行业的有关标准、规范的规定。

2）位于沟槽、暗管上面的地面与楼面工程的装饰，应当在以上工程完工经检查合格后方可进行。

3）进行楼地面各构造层次施工时，应在其下面一层经检查符合规范的有关规定后，方可继续施工，并应做好隐蔽工程验收记录。

4）铺设楼地面的各类面层，一般宜在其他室内装饰工程基本完工后进行。当铺设菱苦土、木地板、拼花木地板和涂料类面层时，必须待基层干燥后进行，尽量避免在气候潮湿的情况下施工。

5）踢脚板宜在楼地面的面层基本完工、墙面最后一遍抹灰前完成。木质踢脚板，应在木地面与楼面刨（磨）光后进行安装。

为何要分缝

6）当采用混凝土、水泥砂浆和水磨石面层时，同一房间要均匀分格或按设计要求进行分缝。

7）在钢筋混凝土板上铺设有坡度的地面与楼面时，应用垫层或找平层找坡。

8）采用垂直运输设备上料时，严禁超载，运料小车的车把严禁伸出笼外。各楼层防护门应随时关闭。

9）清理地面时，不得从窗口、阳台、预留洞口等处往下抛掷垃圾、杂物。

10）水泥应在封闭库房内储存，露天堆放应苫盖，防止扬尘。施工垃圾应通过专用通道运至楼下，并及时清运，严禁随意抛撒。废弃的塑料薄膜、保温材料、水泥袋等及时回收处理。

11）现场搅拌站应封闭，采取喷水降尘措施。搅拌站应设置排水沟和沉淀池，废水经沉淀后排放。大风时砂子要进行覆盖或洒水，防止扬尘。

3.2 整体地面施工

3.2.1 水泥砂浆面层施工工艺

刷素水泥浆的作用

水泥砂浆铺抹面层前，先将基层浇水湿润，第2天先刷一道水灰比为0.4～0.5的水泥浆结合层，随即进行面层铺抹。如果素水泥浆结合层过早涂刷，则起不到与基层和面层两者粘结的作用，反而造成地面空鼓。所以，一定要做到随刷随粘。压光要三遍成活。每遍抹压的时间要掌握适当，才能保证工程质量。压光过早或过迟都会造成地面起砂、起灰的质量事故。当地面面积较大、设计要求分格时，应根据地面分格线的位置和尺寸，在墙上或踢脚板上划好分格线位置，在面层砂浆刮抹搓平后，根据墙上或踢脚板上已划好的分格线，先用木抹子搓出一条约一抹子宽的面层，用铁抹子先行抹平，轻轻压光，再用粉线袋弹上分格线，用地面分格器紧贴靠尺顺线划出格缝。待面层水泥终凝前，再用钢皮抹子压平压光，把分格缝理直压平。

1. 施工准备

（1）材料准备

水泥、砂、水。

其中砂一般采用中砂或粗砂，含泥量不应大于3%。当采用石屑时，粒径为1～5mm，含粉量（含泥量）不大于3%，超过标准应经筛、淘处理。

（2）机具准备

砂浆搅拌机、手推车、刮杠、木抹子、铁抹子、角抹子、铁锹、小水桶、喷壶、筛子、长把刷子、扫帚、钢丝刷、楔子、锤子等。

（3）作业条件

1）地面（或楼地面）的垫层及预埋在地面内的各种管线已做完，并检查合格，办完交接检查手续。水泥类基层的抗压强度不得小于1.2MPa。

2）穿过楼面的立管已安装完，管洞四周已用豆石混凝土堵塞密实。有地漏的房间，地漏标高应满足地面设计坡度的要求。

3）门框已立好，并在门框下部1m范围内用模板或薄钢板等防护，防止手推车碰坏。

4）顶棚、墙体抹灰已施工完。屋面或顶层楼板已做好防水措施。

5）基层清理干净，浇捣前一天应洒水湿润。

6）如有泛水和坡度，垫层的泛水和坡度应符合设计要求。

（4）技术准备

对水泥、砂等原材料进行检测并提前申请砂浆配合比。

2. 施工工艺

（1）工艺流程

抄标高、弹线→基层处理→洒水湿润→抹灰饼、冲筋→搅拌砂浆→刷水泥浆结合层→铺水泥浆面层→第一遍压光→第二遍压光→第三遍压光→养护→抹踢脚线。

（2）操作工艺

1）抄标高、弹线。根据标高控制点、线量出面层标高，在墙上弹出面层标高线，房间与楼道、楼梯平台的标高应协调一致。

2）基层处理。将基层上的落地灰、杂物等剔凿、清洗干净，有油污时，用清洗剂清洗干净。基层表面应坚固、平整，不得有起砂等现象。对过于光平的基层应进行毛化处理。

3）洒水湿润。在施工前一天将地面基层均匀洒水润湿并晾干，不得有明水。

4）抹灰饼、冲筋。根据设计要求和面层标高线，确定面层抹灰厚度（不应小于20mm），然后拉水平线抹灰饼（50mm×50mm），纵横间距为1.5m，灰饼上平面即为面层标高。铺抹灰饼的砂浆材料配合比应与面层的砂浆相同。如房间较大，为保证整体面层平整度，还需冲筋，即铺设面层前先用砂浆以做好的灰饼为标准，按条形冲筋，用刮杠刮平，然后再填档铺设面层水泥砂浆。

5）搅拌砂浆。水泥砂浆的体积比宜为1∶2（水泥∶砂），强度等级不应小于M15。水泥石屑砂浆体积比为1∶2（水泥∶石屑），水灰比宜控制在0.4左右，不得任意加水。水泥砂浆应使用机械搅拌，搅拌时间不少于2min，其稠度不应大于 35mm。要拌和均匀，颜色一致。

6）刷聚合物水泥浆结合层。在铺设水泥砂浆前，将抹灰饼的余灰清扫干净，洒水湿润，涂刷一道水灰比为 0.4 ～ 0.5 的聚合物水泥浆。涂刷面积不宜过大，应随刷随铺面层砂浆。

7）铺水泥砂浆面层。涂刷聚合物水泥浆之后紧跟着铺水泥砂浆，在灰饼之间将砂浆铺设均匀，然后用木（或铝合金）刮杠按灰饼高度刮平。刮杠刮平后，若灰饼已硬化，应将已硬化的灰饼敲掉，同时用砂浆填平。刮平后立即用木抹子搓平，从内向外退着操作，并随时用靠尺检查其平整度。有分格要求的地面，可在分格缝处预先埋设分格条，分格条顶面与面层顶面齐平。

8）第一遍压光。木抹子抹平，待砂浆收水后，立即用铁抹子压第一遍，直到出浆为止。如砂浆表面有泌水现象，可均匀撒一遍干水泥和砂（1:1）的拌合料（砂子要过 3mm 筛），再用木抹子用力抹压，使干拌料与砂浆紧密结合为一体，吸水后用铁抹子压平。上述操作应在水泥砂浆初凝之前完成。

9）第二遍压光。面层砂浆初凝后，即人踩上去有脚印但不下陷时，用铁抹子压第二遍，边抹压边把坑凹处填平，要求不漏压。表面压平、压光。有预埋分格条的，应将分格条起掉，并将分格缝压平直。分格条采用后压缝时，在地面初凝后，地面弹线分格，在线两侧一抹子宽范围内抹压一遍，再用溜缝抹子沿分格缝溜压，做到缝边平直、清晰。

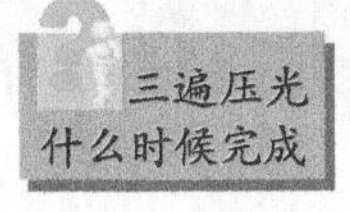

10）第三遍压光。在水泥砂浆终凝前进行第三遍压光，即人踩上去稍有脚印，铁抹子抹上去不再有抹纹时，用铁抹子把第二遍抹压时留下的全部抹纹压平、压实、压光，达到验收合格标准为止。压光必须在终凝前完成。

11）养护。地面压光完工后，一般在 12h 左右开始养护，养护可采用洒水和覆盖的方法使面层保持湿润，养护时间不少于 7d。

12）抹踢脚线。当墙面抹灰时，踢脚线的底层砂浆和面层砂浆分两次抹成。墙面不抹灰时，踢脚线只抹面层砂浆。踢脚线的高度一般为 100 ～ 150mm，出墙厚度不宜大于 8mm。

现制水磨石施工工艺

3.2.2 水泥自流平地面施工工艺

1. 施工准备

（1）材料准备

界面剂、自流平水泥。

（2）机具准备

1）机械工具：连续式专用砂浆搅拌机（或电动搅拌器、料桶、水桶）、洗地机、真空吸尘器、电动切割机。

2）检测工具：水准仪、流动度测试仪。

3）辅助机具：水管、电线电缆、照明灯（或现场灯光）、底涂辊刷、软刷、量水筒、无齿刮板、自流平专用刮板（细齿刮板）、消泡辊子、钉鞋、镘刀、抹子、铲刀等。

（3）作业条件

1）室内标高控制线（+500mm 线）已测设，并经预检合格。地面基层已施工完，办完交接检查手续。

2）穿过楼板的设备管线已安装完，管洞四周已用细石混凝土填塞密实。

3）墙体、顶棚抹灰完，屋面或顶层楼板防水已做好。

2. 操作工艺

（1）工艺流程

基层检查→基层清理及处理→抄平设置控制点→设置分段条→涂刷界面剂→自流平水泥施工→地面养护→切缝、打胶→地面验收。

（2）操作方法

1）基层检查。基层表面应无起砂、空鼓、起壳、脱皮、疏松、麻面、油脂、灰尘、裂纹等缺陷，表面干燥度、平整度应符合要求。

2）基层清理及处理

① 用清洁剂去除基层上的油脂、蜡及其他污染物，必要时用洗地机对地面进行清洗，将尘土、不结实的混凝土表层、油脂、水泥浆或腻子以及可能影响粘结强度的杂质等清理干净，使基层密实，表面无松动、杂物。

② 基层表面的浮土，必须用真空吸尘器吸干净。

③ 对基层的蜂窝、孔洞等采用专用修补砂浆进行修补，对大面积空鼓应彻底剔除，重新施工；局部空鼓应采取灌浆或其他方法处理。对基层裂缝，应采用专用材料灌注、找平、密封。

④ 要求基层必须坚固、密实，混凝土抗压强度不小于 20MPa，水泥砂浆抗压强度不小于 15MPa，否则，应采取补强处理或重新施工。对有防水防潮要求的地面，应预先在基层以下完成防水防潮层的施工。

⑤ 伸缩缝处理：清理伸缩缝，向伸缩缝内注入发泡胶，胶表面低于伸缩缝表面约 20mm；然后涂刷界面剂，干燥后用拌好的自流平砂浆抹平堵严。

伸缩缝处理方法

3）抄平设置控制点。架设水准仪对将要进行施工地面抄平，检测其平整度；设置间距为 1m 的地面控制点。

4）设置分段条。在每次施工分界处先弹线，然后粘贴双面胶粘条（10mm×10mm）；对于伸缩缝处粘贴宽的海绵条，为防止错位后面可用木方或方钢顶住。

5）涂刷界面剂

① 涂刷界面剂的目的是对基层封闭，防止自流平砂浆过早丧失水分，增强地面基层与自流平砂浆层的粘结强度，防止气泡的产生；改善自流平材料的流动性。

② 按照界面剂使用说明要求，用软刷子或底涂辊刷将稀释后的界面剂涂刷在基层上，涂刷要均匀、不遗漏，不得有局部积液；对于干燥的、吸水能力强的基底要处理两遍，第二遍要在第一遍界面剂干燥后，方可涂刷。对于多孔表面，可以多涂刷一遍。

③ 一般第一遍界面剂干燥时间约 1 ～ 2h，第二遍界面剂干燥时间约 2 ～ 3h。

④ 确保界面剂完全干燥、无积存后，方可进行下一步施工。

6）自流平水泥施工

① 应事先分区以保证一次性连续浇注完整个区域。

② 用量水筒准确称量适量清水置于干净的搅拌桶内，开动电动搅拌器，徐徐加入整包自流平材料，持续均匀地搅拌 3 ～ 5min，使之形成稠度均匀、无结块的流态浆体。静置 2 ～ 3min，使自流平材料充分润湿、熟化、排除气泡后，再搅拌 2 ～ 3min，使料浆成为均匀的糊状，并检查浆体的流动性能。加水量必须按自流平材料的要求严格控制。

③ 将搅拌好的流态自流平材料在可施工时间内浇注到基面上，任其像水一样流平开。应浇注成条状，并确保现浇条与上一条能流态地融合在一起。

④ 浇注的条状自流平材料应达到设计厚度。如果自流平施工厚度设计小于等于 10mm，则需要使用自流平专用刮板进行批刮，辅助流平。

⑤ 应连续浇注，两次浇注的间隔最好在 10min 以内，以免接槎难于消除。

⑥ 料浆摊铺后，用带齿的刮板将料浆摊开并控制合适的厚度，静置 3 ～ 5min，让里面包裹的气泡排出，再用消泡滚筒进行放气，以帮助浆料流动并清除所产生的气泡，达到良好的接槎效果。

⑦ 在自流平初凝前，须穿钉鞋走入自流平地面，迅速用消泡滚筒滚轧浇注过的自流平地面以排出搅拌时带入的空气，避免气泡、麻面及条与条之间的接口高差。

⑧ 用过的工具和设备应及时用水清洗。

7）地面养护。施工完的地面只需在施工条件下进行自然养护，养护期间应避免阳光直射、强风气流等，一般 8 ～ 10h 后即可上人行走，24h 后即可进行其他作业，铺设其他地面材料。

8）切缝、打胶

① 待自流平地面施工完成约 3 ～ 4d 后，即可在自流平地面上弹出地面分格线，分格线宜与自流平下垫层伸缩缝重合，从而避免垫层伸缩导致地面开裂；弹出的分格线应平直、清晰。

② 分格线弹好后用手提电动切割机对自流平地面切缝，切缝以宽 3mm，深 10mm 为宜。

③ 切缝用吸尘器清理干净后，用胶枪沿缝填满具有弹性的结构密封胶，最后用扁铲刮平即可。

9）地面验收。由于自流平地面目前尚无国家验收规范，故在工程验收过程中，仍参照国家地面验收规范的相关标准进行验收，各项指标均应达到要求。

3. 施工注意事项

1）施工环境要求：干燥地面的温度不应低于 +10℃，地面相对湿度应保持在 90% 以下；无雨雪，不要有过强的穿堂风，以免造成局部过早干燥。若夏季炎热温度较高，宜选择夜间施工。

2）自流平地面对基层要求较高，基层不得有松散的混凝土、油脂、杂物，尘土应吸净；地面上的地漏、地沟、分格缝等要先用海绵条封住；原垫层所留分格缝需用与自流平砂浆同等材质进行封闭。

3）刷第二道界面剂之前和自流平施工前，要求界面剂表面干燥，以便获得更好的连接性。施工时应注意保持通风。界面剂不耐冻，低温状态下，储存和运输时应保温。

4）施工用水最好是洁净自来水，以免影响表面观感质量。

5）自流平地面必须连续施工，中间不得停歇；加水后使用时间为 20 ～ 30min，超过后自流平砂浆将逐渐凝固，产生强度而失去流动性。浇注宽度可根据泵的容量和铺摊厚度而定，通常不超过 10 ～ 12m；过宽的地面需用海绵条分隔成小块施工。对于要求特别光滑的工业地面，浇注宽度要窄。

6）在寒冷的情况下，要用温水（水温不超过 35℃）搅拌。

3.3　块材地面施工

3.3.1　地砖面层施工工艺

地砖面层施工时，应将基层混凝土凿毛，凿毛深度 5 ～ 10mm，凿毛痕的间距为 30mm 左右。之后，清除浮灰、砂浆、油渍。铺贴前应弹好线，在地面弹出与门口成直角的基准线。弹线应从门口开始，以保证进口处为整砖，非整砖置于阴角或家具下面。铺贴陶瓷地面砖前，应先将陶瓷地面砖浸泡阴干。铺贴时，水泥砂浆应饱满地抹在陶瓷地面砖背面，铺贴后用橡皮棰敲实。同时，用水平尺检查校正，擦净表面水泥砂浆。铺贴完 2 ～ 3h 后，用白水泥擦缝，用水泥：砂子 =1∶1（体积比）的水泥砂浆，缝要填充密实，平整光滑，再用棉丝将表面擦净。

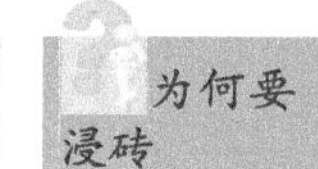

1. 施工准备

（1）材料准备

地砖、水泥、砂、水、界面剂。

地砖外观颜色一致，表面平整、边角整齐，无裂纹、缺棱掉角等缺陷。

砂为中砂或粗砂，过 5mm 孔径筛子，其含泥量不大于 3%。

（2）机具准备

砂浆搅拌机、台式砂轮锯、手提云石机、角磨机、橡胶锤、铁锹、手推车、筛子、木耙、水桶、刮杠、木抹子、铁抹子、錾子、铁锤、扫帚等。

（3）作业条件

室内标高控制线（+500mm 或 +1000mm）已弹好，大面积施工时应增加测设标高控制桩点，并校核无误。

（4）技术准备

1）根据设计要求，结合现场尺寸，进行排砖设计，并绘制施工大样图，经设计、监理、建设单位确认。

防水工程施工要点

2）办理材料确认，并将设计或建设单位选定的样品封样保存。

3）铺砖前应向操作人员进行安全技术交底。大面积施工前宜先做出样板间或样板块，经设计、监理、建设单位认定后，方可大面积施工。

2. 施工工艺

（1）工艺流程

基层处理→水泥砂浆找平层→测设十字控制线、标高线→排砖、试铺→铺砖→养护→贴踢脚板面砖→勾缝。

（2）操作方法

1）基层处理。先把基层上的浮浆、落地灰、杂物等用錾子剔除掉，再用钢丝刷、扫帚将浮土清理干净。

2）水泥砂浆找平层同水泥砂浆整体楼地面，不做压光处理。

3）测设十字控制线、标高线。当找平层强度达到 1.2MPa 时，根据 +500mm 或 +1000mm 控制线和地砖面层设计标高，在四周墙面、柱面上，弹出面层上皮标高控制线。依照排砖图和地砖的留缝大小，在基层地面弹出十字控制线和分格线。如设计有图案要求时，应按设计图案弹出图案定位线，做好标记，并经预检核对，以防差错。

4）排砖、试铺。排砖时，垂直于门口方向的地砖对称排列，当试排最后出现非整砖时，应将非整砖与一块整砖尺寸之和平分切割成两块大半砖，对称排在两边。与门口平行的方向，当门口是整砖时，最里侧的一块砖宜大于半砖（或大于 200mm），当不能满足时，将最里侧的非整砖与门口整砖尺寸相加均分在门口和最里侧。密缝铺贴时，缝宽不大于 1mm。根据施工大样图进行试铺，试铺无误后，进行正式铺贴。

5）铺砖。先在两侧铺两条控制砖，依此拉线，再大面积铺贴。铺贴采用干硬性砂浆，其配比一般为 1∶（2.5 ～ 3.0）= 水泥∶砂。根据砖的大小先铺一段砂浆，并找平拍实，将砖放置在干硬性水泥砂浆上，用橡胶锤将砖敲平后揭起，在干硬性水泥砂浆上浇适量素水泥浆，同时在砖背面刮聚合物水泥膏，再将砖重新铺放在干硬性水泥砂浆上，用橡胶锤按标高控制线、十字控制线和分格线敲压平整，然后向四周铺设，并随时用 2m 靠尺和水平尺检查，确保砖面平整，缝格顺直。

6）养护。砖面层铺贴完 24h 内应进行洒水养护。夏季气温较高时，应在铺贴完 12h 后浇水养护并覆盖。养护时间不少于 7d。

7）贴踢脚板面砖。墙面抹灰时留出踢脚部位不抹灰，使踢脚砖不致出墙太厚。粘贴前砖要浸水阴干，墙面洒水湿润。铺贴时先在两端阴角处各贴一块，然后拉通线控制踢脚砖上口平直和出墙厚度。踢脚砖粘贴用 1∶2 聚合物水泥砂浆（界面剂的掺加量按产品说明书），将砂浆粘满砖背面并及时粘贴，随之将挤出的砂浆刮掉，面层清理干净。设计无要求时，踢脚板面砖宜与地面砖对缝或按骑马缝方式铺贴。

8）勾缝。当铺砖面层的砂浆强度达到 1.2MPa 时（夏季一般 36h 左右，冬

季一般60h之后）进行勾缝，用与铺贴砖面层的同品种、同强度等级的水泥或白水泥与矿物颜料调成设计要求颜色的水泥膏或1:1水泥砂浆进行勾缝，勾缝清晰、顺直、平整光滑、深浅一致，并低于砖面0.5～1.0mm。

3.3.2 大理石、花岗石面层施工工艺

大理石、花岗石面层施工前，应进行对色、拼花并试拼、编号。铺贴前应将石材浸水湿润；根据设计要求确定结合层砂浆厚度，拉十字线控制其厚度和石材表面平整度。结合层砂浆宜采用体积比为1:3的干硬性水泥砂浆，厚度宜高出实铺厚度2～3mm。铺贴前应在水泥砂浆上刷一道水灰比为1:2的素水泥浆或干铺水泥1～2mm后洒水。铺贴时应保持水平就位，用橡胶锤轻击使其与砂浆粘结紧密，同时调整其表面平整度及缝宽。铺贴后应及时清理表面，24h后应用1:1水泥浆灌缝，选择与地面颜色一致的颜料与白水泥拌和均匀后嵌缝。面层铺设后，表面应进行湿润养护，其养护时间应不少于7d。

1. 施工准备

（1）材料准备

天然大理石、花岗石、水泥、砂子、水、辅助材料。其中，天然大理石、花岗石品种、规格、颜色应满足设计要求，大理石、花岗石板材不得有裂纹、缺棱、掉角、翘曲等缺陷。

辅助材料包括矿物颜料、蜡、保护剂、清洁剂、封闭剂等，应有出厂合格证及相关性能检测报告。

（2）机具准备

1）机械：砂浆搅拌机、台钻、合金钢钻头、砂轮锯、磨石机、云石机、角磨机等。

2）工具：手推车、铁锹、浆壶、水桶、喷壶、铁抹子、木抹子、刮杠、墨斗、尼龙线、橡胶锤或木锤、钢錾子、合金钢扁錾子、钢丝刷等。

（3）作业条件

1）房间内四周墙上弹好标高控制线（+500mm），并经预检合格。

2）大理石、花岗石板块进场拆箱后详细核对品种、规格、数量等是否符合设计要求，室外存放时，应进行覆盖。

3）竖向穿过地面的立管已安装完，并装有套管。如有防水层，基层和构造层已找坡，管根已做防水处理。

（4）技术准备

1）办理材料样板的确认、封样手续。

2）检验主要材料的质量和出厂合格证是否齐全，进行材料报验。

3）施工操作前应根据设计图和现场实测尺寸，进行深化设计，绘制施工大样图，并经设计、监理、建设单位确定。

4）对操作人员进行安全技术交底。

5）大理石和花岗石面层下的各层做法应已按设计要求施工并验收合格。

2. 施工工艺

（1）工艺流程

基层处理→弹线→试拼、试排→刷聚合物水泥浆及铺砂浆结合层→铺砌大理石（花岗石）板块→灌浆、擦缝→大理石（花岗石）踢脚板安装→打蜡。

（2）操作工艺

1）基层处理。将地面垫层上的杂物及油污清理干净，用钢丝刷刷掉粘结在垫层上的砂浆，并清扫干净。对于弹线后地面高低差较大的地方，高处需剔除，低处用水泥砂浆或豆石混凝土补平。

2）弹线。在房间内弹十字控制线，以检查和控制大理石（花岗石）板块的位置，控制线弹在混凝土垫层上，并引至墙面根部，然后依据墙面标高控制线找出面层标高，在墙上弹出水平标高线，要注意室内与楼道面层标高一致。

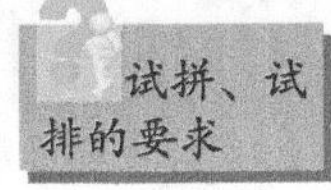

3）试拼、试排。在正式铺设前，对每一房间的大理石（花岗石）板块，应按图案、颜色、纹理试拼，试拼中将色板好的排放在显眼部位，花色和规格较差的铺砌在较隐蔽处。同时，将非整块板对称排放在房间靠墙部位，试拼后按两个方向逐块编号，然后按编号码放整齐。试排时，应在房间内的两个相互垂直的方向铺两条干砂，其宽度大于板块宽度，厚度不小于30mm。结合施工大样图及房间实际尺寸，把大理石（花岗石）板块排好，以便检查板块之间的缝隙，核对板块与墙面、柱、洞口等部位的相对位置。板块的排列应符合设计要求，且应尽量保证面层整齐美观。门口处宜用整块板材，非整块板材应安排在不明显处，且不宜小于整块板材尺寸的1/2。若用不同颜色镶边时，应留出镶边尺寸，房间与走道分色宜在门口处。将挑选好的石材底面及侧边刷石材封闭剂，刷后晾干备用，必要时面层刷保护剂。

4）刷聚合物水泥浆及铺砂浆结合层。试铺后将干砂和板块移开，清扫干净，用喷壶洒水湿润，刷一道聚合物水泥浆（不要刷得面积过大，随刷随铺砂浆）。根据板面水平线确定结合层砂浆厚度，拉十字控制线，铺干硬性水泥砂浆结合层，配合比为水泥：砂 =1 : 2 ～ 1 : 3（体积比），干硬程度以手捏成团，落地即散为宜，厚度控制在放上大理石（花岗石）板块时高出面层水平线3 ～ 14mm为宜。铺好后用刮杠刮平，再用抹子拍实找平。

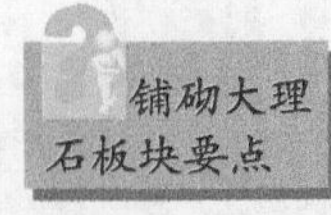

5）铺砌大理石（花岗石）板块

① 根据房间拉的十字控制线，纵横各铺一行，作为大面积铺砌标筋。依据试拼时的编号、图案及试排时的缝隙（板块之间的缝隙宽度，当设计无规定时不应大于1mm），在十字控制线交点开始铺砌。搬起板块对好纵横控制线铺放在铺好的干硬性砂浆结合层上，用橡胶锤或木锤敲击木垫板（不得用橡胶锤或木锤直接敲击板块），振实砂浆至铺设高度后，将板块掀起移至一旁，检查砂浆表面与板块之间是否相吻合，如发现有空虚之处，应用砂浆填补，然后正式铺砌。

先在水泥砂浆结合层上满浇一层聚合物水泥浆（用浆壶浇均匀），也可在石材背面满刮聚合物水泥膏。铺板块时四角同时往下落，用橡胶锤或木锤轻击木垫板，根据水平线用水平尺找平，铺完第一块，向两侧采取退步法铺砌。铺完纵、横标准行之后，可分段分区依次铺砌。一般房间宜先里后外进行，逐步退至门口，同时检查房间与走道面层标高应一致。板块与墙角、镶边和靠墙处应紧密砌合，不得有空隙。大面积铺贴时宜设变形缝。

② 碎拼大理石（花岗石）面层铺砌：按设计要求的颜色，挑选厚薄一致、不带尖角的板材，采用分仓或不分仓铺砌，亦可镶嵌分格条。为了边角整齐，应选用有直边的板材沿分仓或分格线铺砌，并控制面层标高。边铺水泥砂浆结合层，边铺砌碎块板材，按碎块形状大小相间自然排列。铺砌时，随时清理缝内挤出的砂浆。碎块间缝宽宜为 20 ～ 30mm。若设计要求缝内填嵌石渣时，缝的宽度及深度应满足石渣粒径的要求。

6）灌浆、擦缝。在板块铺砌后强度达到可上人操作（结合层抗压强度达到 1.2MPa）时，即可进行灌浆、擦缝。根据大理石（花岗石）颜色，选择相同颜色矿物颜料和水泥（白水泥）拌和均匀，调成 1:1 稀水泥浆，用浆壶徐徐灌入板块之间的缝隙中（可分几次进行），并用刮板把流出的水泥浆刮向缝隙内，灌满为止。灌浆 1 ～ 2h 后，用棉纱团蘸原稀水泥浆擦缝与板面擦平，同时将板面上的水泥浆擦净，然后覆盖养护，养护时间不应少于 7d。

碎拼大理石块之间缝隙灌水泥砂浆时，厚度与大理石碎块上面层平，并将其表面找平压光。如设计要求缝隙灌水泥石渣浆时，灌浆厚度比大理石碎块上面层高出 2mm 厚，常温养护 2 ～ 4d，然后用金刚石将高出部分磨平，面层磨光，再上蜡抛光。

7）大理石（花岗石）踢脚板安装。其安装方法有粘贴法和灌浆法两种。

粘贴法和灌浆法的不同

① 粘贴法

a．根据墙面的标高控制线，测出踢脚板上口水平线，弹在墙上。根据墙面抹灰厚度，用线坠吊线，确定踢脚板的出墙厚度，一般为 8 ～ 10mm。

b．对于抹灰墙面，按踢脚板出墙厚度，用 1:3 水泥砂浆打底找平，表面搓毛。

c．找平层砂浆干硬后，拉踢脚板上口的水平线，按设计要求对阳角进行处理。在经浸水阴干的大理石（花岗石）踢脚板背面，先刮抹一层 2 ～ 3mm 厚的聚合物水泥浆，再进行粘贴，并用木锤敲实，根据水平线找直、找平。

d．24h 后用同色水泥浆擦缝并用棉丝团将余浆擦净。

② 灌浆法

a．根据墙面标高控制线，测出踢脚板上口控制线，弹在墙上。根据墙面抹灰厚度，用线坠吊线，确定踢脚板的出墙厚度，一般为 8 ～ 10mm。

b．将墙面清扫干净，浇水湿润。拉踢脚板上口水平线，在墙两端各安装一块踢脚板，其上口高度在同一水平线上，出墙厚度要一致。逐块依顺序安装，随时检查踢脚板的水平度和垂直度。相邻两块之间及踢脚板与地面、墙面之间用石膏稳牢。

c．石膏凝固后，检查安装是否符合要求，然后用 1:2 稀水泥砂浆灌注，并随时把溢出的砂浆擦干净，待灌入的水泥砂浆终凝后，把石膏铲掉。

d．用棉丝团蘸与大理石踢脚板同颜色的稀水泥浆擦缝。镶贴踢脚板立缝宜与地面的大理石（或花岗石）板对缝镶贴。

8）打蜡。当水泥砂浆结合层（含灌缝）达到强度后（抗压强度达到1.2MPa时），方可进行打蜡，打蜡后面层达到光滑、洁净，并对面层进行防护。

3.4 竹、木地面施工

3.4.1 实木、竹地板铺设施工

施工时应注意，基层平整度误差不得大于5mm。铺装前应对基层进行防潮处理，防潮层宜涂刷防水涂料或铺设塑料薄膜。铺装前应对地板进行选配，宜将纹理、颜色接近的地板集中使用于一个房间或部位。木龙骨应与基层连接牢固，固定点间距不得大于600mm。毛地板应与龙骨成30°或45°铺钉，板缝应为2～3mm，相邻板的接缝应错开。在龙骨上直接铺装地板时，主次龙骨的间距应根据地板的长宽模数计算确定，地板接缝应在龙骨的中线上。地板钉长度宜为板厚的2.5倍，钉帽应砸扁。固定时应从凹榫边30°角倾斜钉入。硬木地板应先钻孔，孔径应略小于地板钉直径。毛地板及地板与墙之间应留有8～10mm的缝隙。地板磨光应先刨后磨，磨削应顺木纹方向，磨削总量应控制在0.3～0.8mm内。单层直铺地板的基层必须平整、无油污。铺贴前应在基层刷一层薄而匀的底胶以提高粘结力。铺贴时基层和地板背面均应刷胶，待不粘手后再进行铺贴。拼板时应用榔头垫木块敲打紧密，板缝不得大于0.3mm。溢出的胶液应及时清理干净。

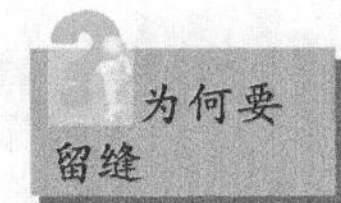

实木地板有架空、实铺两种铺设方式，可采用双层面层和单层面层铺设。

架空式木地面：

这种木楼地面主要用于使用要求弹性好，或面层与基底距离较大的场合。通过地垄墙、砖墩或钢木支架的支撑来架空，如图3-2所示。其优点是使木地板富有弹性、脚感舒适、隔声、防潮，缺点是施工较复杂、造价高。架空时木龙骨与基层连接应牢固，同时应避免损伤基层中的预埋管线；紧固件锚入现浇楼板深度不得超过板厚的2/3；在预制空心楼板上固定时，不得打洞固定。

实铺式木地面：

这种木地面直接在基层的找平层上固定木搁栅，然后将木地面铺钉在木搁栅上，如图3-3所示两种实铺地面做法。这种做法具有架空木地板的大部分优点，而且施工较简单，所以实际工程中应用较多。实铺时应采用防水、防菌的胶。

1. 施工准备

（1）材料准备

实木地板、木材、竹地板、硬木踢脚板、其他材料。

实木地板面层所采用的材料，其技术等级和质量应符合设计要求，含水率长条木地板不大于12%，拼花木地板不大于10%，实木地板面层和块材应采用具有商品检验合格证的产品。

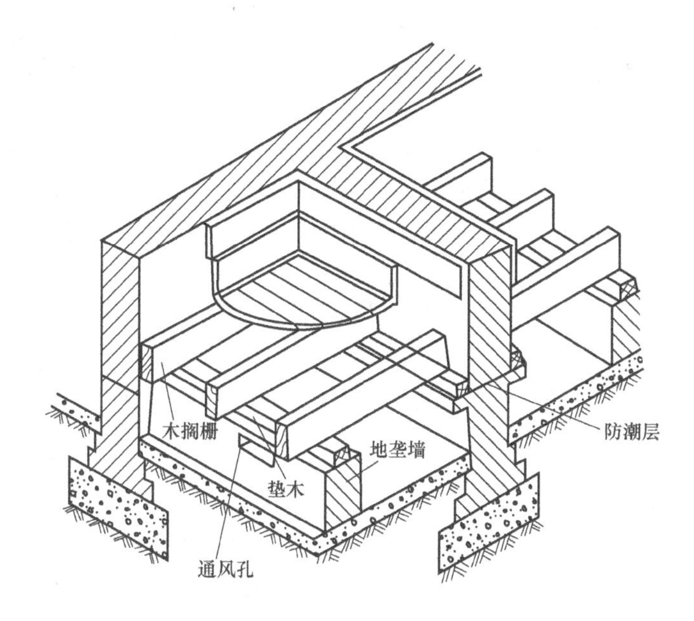

图 3-2　架空式木地板示意图

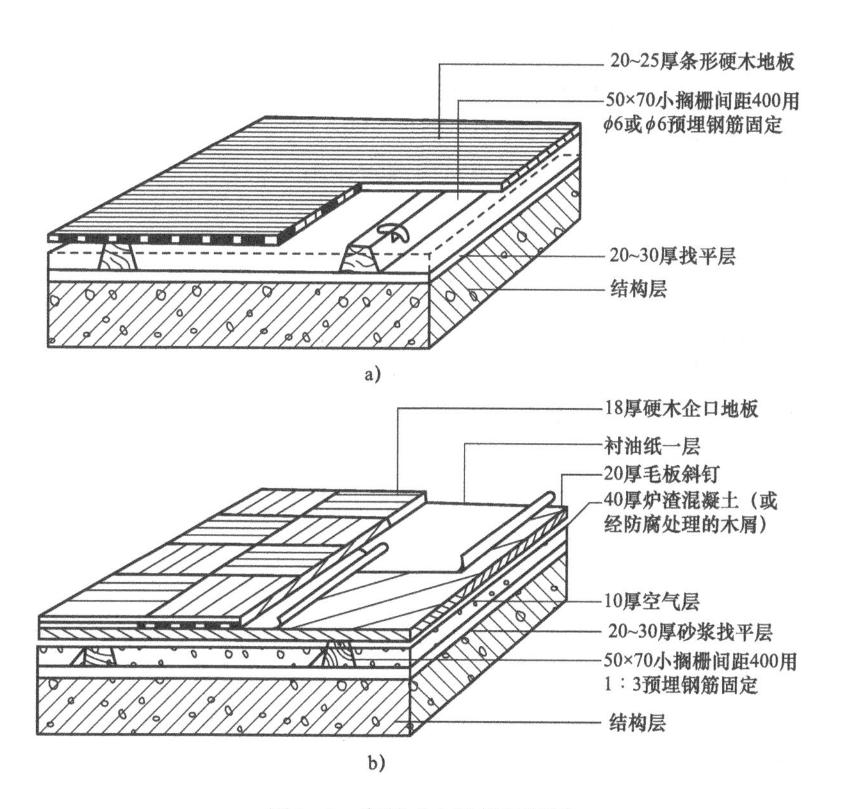

图 3-3　实铺式木地板示意图

木材：要求木龙骨、垫木、剪刀撑和毛地板等应做防腐、防蛀及防火处理。

木龙骨要用变形较小的木材，常用红松和白松等；毛地板常选用红松、白松、杉木或整张的细木工板等。木材的材质、品种、等级应符合现行国家标准，含水率不大于 12%。

竹地板应经严格选材、硫化、防腐、防蛀处理，并采用具有商品检验合格证的产品，其技术等级及质量应符合国家现行标准。一般北方地区竹地板含水率宜在 8% ～ 12% 之间，南方地区宜在 10% ～ 14% 之间。竹地板规格尺寸、允许偏差及检测方法见规范。

硬木踢脚板宽度、厚度应按设计要求的尺寸加工，其含水率不大于 12%，背面满涂防腐剂。

其他材料包括防腐剂、防火涂料、胶粘剂、8 ～ 10# 镀锌钢丝、50 ～ 100mm 钉子（地板钉）、扒钉、角码、膨胀螺栓、镀锌木螺钉、隔声材料等。防腐剂、防火材料、胶粘剂应具有环保检测报告。

（2）机具准备

多功能木工机床、刨地板机、磨地板机、平刨、压刨、小电锯、电锤、斧子、冲子、凿子、手锯、手刨、锤子、墨斗、錾子、扫帚、钢丝刷、气钉枪、割角尺等。

（3）作业条件

1）顶棚、墙面的各种湿作业已完，粉刷干燥程度达到 80% 以上。

2）墙面已弹好标高控制线（+500mm ），并预检合格。

3）门窗玻璃、油漆、涂料已施工完，并验收合格。

4）水暖管道、电气设备及其他室内固定设施安装完，上、下水及暖气试压通过验收并合格。

（4）技术准备

1）认真审核图样，结合现场尺寸进行深化设计，确定铺设方法、拼花、镶边等，并经监理、建设单位认可。

2）根据选用的板材和设计图案进行试拼、试排，达到尺寸准确、均匀美观。

3）选定的样品板材应封样保存。提前做好样板间或样板块，经监理、建设单位验收合格。

4）对操作人员进行安全技术交底。铺设面积较大时，应编制施工方案。

2. 施工工艺

（1）工艺流程

1）实木地板：基层处理→安装木龙骨、横撑→铺钉毛地板→铺实木地板面层→刨平、磨光→安装木踢脚线→油漆、打蜡。

2）竹地板：基层处理→安装木龙骨、横撑→铺钉毛地板→铺竹地板面层→安装木踢脚线。

（2）操作工艺

1）实木地板

① 基层清理。对基层空鼓、麻点、掉皮、起砂、高低偏差等部位进行修理，

并把沾在基层上的浮浆、落地灰等用錾子或钢丝刷清理掉，再用扫帚将浮土清扫干净，基层表面应达到坚硬、平整、干燥、洁净。

② 安装木龙骨。

实铺法：楼层木地板的铺设，通常采用实铺法施工。

先在基层上弹出木龙骨的安装位置线（间距不大于400mm或按设计要求）及标高，将龙骨放平、放稳，并找好标高，再用电锤钻孔，用膨胀螺栓、角码固定木龙骨，木龙骨与墙间留出不小于30mm的缝隙，以利于通风防潮。木龙骨的表面应平直，用2m靠尺检查，偏差不应大于3mm。若表面不平可用垫板垫平，也可刨平，或者在底部砍削找平，但砍削深度不宜超过10mm，砍削处要刷防火涂料和防腐剂处理。采用垫板找平时垫板要与龙骨钉牢。

木龙骨的断面选择应根据设计要求。实铺法木龙骨常加工成梯形（俗称燕尾龙骨），这样不仅可以节省木材，同时也有利于稳固。当设计无要求时可选用尺寸为30mm×40mm或40mm×50mm的木方。龙骨上应每隔1m开深10mm、宽20mm的通风小槽，也可在龙骨的侧面每隔1m钻ϕ12mm的圆孔作为通风孔（若同时有纵向、横向龙骨应在每个分格的四边各钻1个ϕ12mm的通风孔）。龙骨的接头应采用平接头，每个接头用双面木夹板（600mm×25mm），每面用钉子钉牢（或用气钉枪固定），亦可以用6mm厚扁铁双面夹住钉牢。

实铺法与空铺法的区别

木龙骨之间还要设置横撑，设置横撑的目的是增加木龙骨的侧向稳定，对木龙骨本身的挠曲变形也有一定的约束作用。横撑的间距一般为800mm左右。为防止木龙骨在钉横撑时移动，应在木龙骨上面临时钉些木条，使木龙骨相互拉结，然后在木龙骨上按横撑的间距弹线，依次将横撑两端用钢钉与木龙骨钉牢。龙骨与龙骨之间的空隙内，按设计要求填充轻质材料，填充材料不得高出木龙骨上表皮。

空铺法：

空铺法的地垄墙高度应根据架空的高度及使用的条件计算后确定，地垄墙的质量应符合有关验收规范的技术要求，并留出通风孔洞。

在地垄墙上垫放通长的压沿木或垫木。压沿木或垫木应进行防腐、防蛀处理，并用预埋在地垄墙里的钢丝将其绑扎拧紧，绑扎固定的间距不超过300mm，接头采用平接，在接头处，绑扎的钢丝应分别在接头处的两端150mm以内进行绑扎，以防接头处松动。

木龙骨顶面不平时应怎么处理

在压沿木表面划出各龙骨的中线，然后将龙骨对准中线摆好，端头离开墙面的缝隙约30mm，木龙骨一般与地垄墙垂直，摆放间距一般为400mm，并应根据设计要求，结合房间的具体尺寸均匀布置。当木龙骨顶面不平时，可用垫木或木楔在龙骨底下垫平，并将其钉牢在压沿木上，为防止龙骨活动，应在固定好的木龙骨表面临时钉设木拉条，使之互相牵拉。

龙骨摆正后，在龙骨上按剪刀撑的间距弹线，然后按线将剪刀撑钉于龙骨侧面，同一行剪刀撑面对齐顺线，上口齐平。

③ 铺钉毛地板。毛地板可采用较窄的松木或杉木板条，其宽度不宜大于120mm，或按设计要求选用，毛地板的表面应刨平。毛地板与木龙骨成30°或

45° 角斜向铺钉。毛地板铺设时，木材髓心应向上，其板间缝隙不大于 3mm，与墙之间应留 10 ～ 20mm 的缝隙。毛地板用钢钉与龙骨钉紧，宜选用长度为板厚 2 ～ 2.5 倍的钢钉，每块毛地板应在每根龙骨上各钉两个钉子固定，钉帽应砸扁并冲进毛地板表面 2mm，毛地板的接头必须设在龙骨中线上，表面要调平，板间缝隙不大于 2 ～ 3mm，板长不应小于两档木龙骨，相邻条板的接缝要错开。毛地板使用前必须刷两遍氟化钠进行防腐处理。当采用整张板时，应在板上开槽，槽的深度为板厚的 1/3，方向与龙骨垂直，间距 200mm 左右。毛地板铺钉完，应弹方格网点抄平，边刨边用水准仪、水平尺检查，直至平整度符合要求后方可进行下道工序施工。

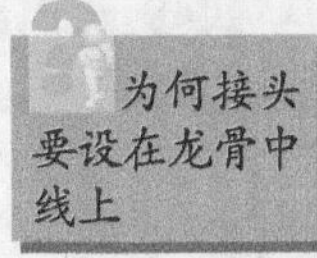

为何接头要设在龙骨中线上

④ 铺钉木地板面层。

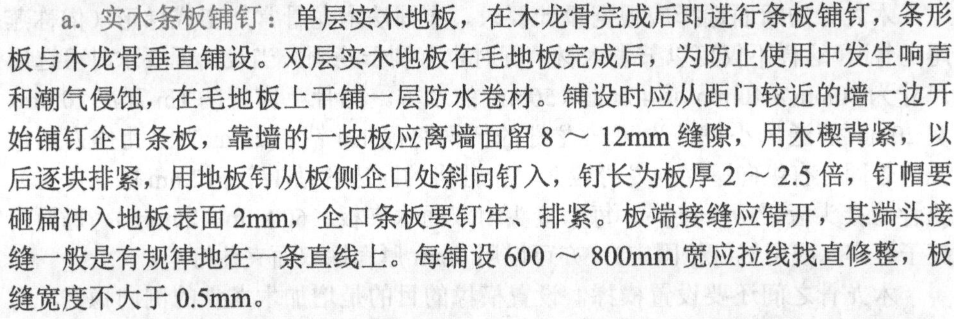

a. 实木条板铺钉：单层实木地板，在木龙骨完成后即进行条板铺钉，条形板与木龙骨垂直铺设。双层实木地板在毛地板完成后，为防止使用中发生响声和潮气侵蚀，在毛地板上干铺一层防水卷材。铺设时应从距门较近的墙一边开始铺钉企口条板，靠墙的一块板应离墙面留 8 ～ 12mm 缝隙，用木楔背紧，以后逐块排紧，用地板钉从板侧企口处斜向钉入，钉长为板厚 2 ～ 2.5 倍，钉帽要砸扁冲入地板表面 2mm，企口条板要钉牢、排紧。板端接缝应错开，其端头接缝一般是有规律地在一条直线上。每铺设 600 ～ 800mm 宽应拉线找直修整，板缝宽度不大于 0.5mm。

板排紧方法

b. 拼花木地板铺钉：拼花实木地板是在毛地板上进行拼花铺钉。铺钉前，应根据设计要求的地板图案进行弹线，一般有正方格形、斜方格形、人字形等。

在毛地板上弹出图案墨线，分格定位，有镶边的，距墙边留出 200 ～ 300mm 做镶边。按墨线从中央向四边铺钉，各块木板应互相排紧，对于企口拼装硬木地板，应从板的侧边斜向钉入毛地板中，钉帽不外露，钉长为板厚 2 ～ 2.5 倍。钉间距不大于 300mm，板端 20mm 处应钉一枚钉。板块缝隙不应大于 0.3mm，面层与墙之间缝隙，应加木踢脚板封盖。有镶边时，在大面积铺贴完后，再铺镶边部分。

铺贴法与铺钉法的区别

c. 胶粘剂铺贴拼花木地板：铺贴时，先处理好基层，基层表面应平整、洁净、干燥。在基层表面和拼花木地板背面分别涂刷胶粘剂，其厚度：基层表面控制在 1mm 左右，地板背面控制在 0.5mm 左右，待胶表面稍干后（不粘手时）即可铺贴就位，并用小锤轻敲，使地板与基层粘牢，对溢出的胶粘剂应随时擦净。刚铺贴好的木板面应用重物加压，使之粘结牢固，防止翘曲、空鼓。

⑤ 刨平、磨光。地板刨光宜采用地板刨光机，转速在 5000r/min。长条地板应顺木纹刨，拼花地板应与地板木纹成 45° 斜刨。刨时不宜走得太快，刨口不应过深，要多走几遍，所刨厚度应小于 1.5mm，要求无刨痕。机器刨不到的地方要用手刨，并用细刨净面。地板刨平后，用砂布磨光，所用砂布应先粗后细，砂布应绷紧绷平，磨光方向及角度与刨光方向相同。

⑥ 安装木踢脚绷板。实木地板安装完毕后，静放 2h 后方可拆除木楔子，并安装踢脚板。踢脚板的厚度应以能压住实木地板与墙面的缝隙为准，通常厚度为 15mm，以钉固定。木踢脚板应提前刨光，背面开成凹槽，以防翘曲，并每隔

1m 钻 ϕ6mm 通风孔，在墙上每隔 750mm 设防腐木砖或在墙上钻孔打入防腐木砖，在防腐木砖外面钉防腐木块，再把踢脚板用钉子钉牢在防腐木块上，钉帽砸扁冲入木板内，踢脚板板面应垂直，上口水平。木踢脚板阴阳角交接处应切割成 45° 拼装，踢脚板接头也应固定在防腐木块上，如图 3-4 所示。

⑦ 油漆、打蜡。拼花地板花纹明显，多采用透明的清漆刷涂。均匀喷涂 1 ～ 2 遍，稍干后用净布擦拭，直至表面光滑、光亮。面积较大的用机械打蜡，以增加地板的光洁度，使木材固有的花纹和色泽最大限度地展示出来。

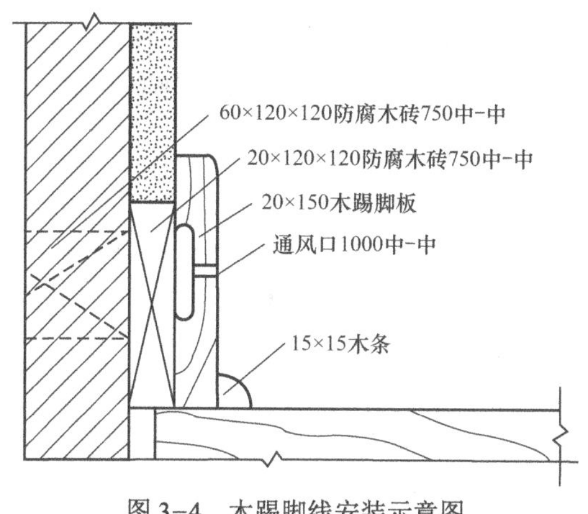

图 3-4　木踢脚线安装示意图

2）竹地板铺设。

① 基层清理。

② 安装木龙骨、横撑。

③ 铺钉毛地板与实木地板工艺相同。

④ 铺竹地板面层。

a. 在毛地板上铺设时，安装前先在毛地板上弹出相互垂直的十字控制线，选择靠墙边、远门端的第一块板作为基准。铺设时靠墙的一块板应离墙面 8 ～ 12mm 的缝隙，先用木楔塞紧，然后逐块排紧。竹地板固定时，在竹地板侧面凹槽内用手电钻钻孔，再用长 40mm 钉子或螺钉斜向钉在毛地板上。钉间距宜在 250mm 左右，且每块竹地板至少钉两个钉子，钉帽砸扁，企口条板要钉牢排紧。板的排紧方法一般可在毛地板上钉扒钉，在扒钉与板之间加一对硬木楔，然后打紧木楔就可以使板排紧。钉到最后一块企口板时，因无法斜钉，可用明钉钉牢，钉帽应砸扁，冲进板内。竹地板的接头位置应相互错开 300mm 以上。竹地板安装完后，拆除墙边的木楔，并清理干净。

b. 在水泥类基层上铺设竹地板面层时，木龙骨间距一般为 250mm，用 40 ～ 50mm 钢钉或膨胀螺栓将刨平的木龙骨固定在基层上并找平。铺竹地板面层前，应在木龙骨间撒防虫配料，每平方米 0.5kg。铺钉方法同上。

c. 直接在地面上铺设竹地板时，先检查基层的平整度，有凹陷部分用水泥腻子将其补平，清除表面的油污、杂物。在地面上满铺厚 2 ～ 3mm 聚合物地垫，在地垫上拼装竹地板，第一块板应离开墙面 8 ～ 12mm，用木楔塞紧，企口内采用胶粘。将竹地板逐块排紧，挤出的胶液用净布擦净。接头位置应相互错开 300mm 以上。

⑤ 安装木踢脚板与实木地板工艺相同。

3.4.2　实木复合地板面层施工工艺

实木复合地板面层施工时，地面要保持干燥平整，铺装前要铺设防潮垫，

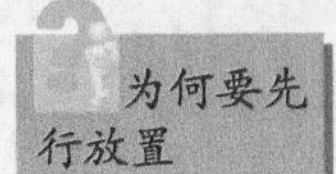

地板和墙面之间要留足够的伸缩缝，板与板之间用胶粘接（锁扣地板除外）。安装前应将原包装地板先行水平放置在需要安装的房子里24h，不开箱，使板更适应安装环境，需由专业地板安装人员进行铺装。基层面必须平整、干燥，施工时应先在地面上洒上防虫粉，再铺垫上一层防潮布（接口需互叠100mm，并用透明胶粘住，防止水汽渗入）。铺垫的龙骨必须要干燥，含水率小于等于15%。可采用防潮布杜绝水分浸入。地板拼接时，应纵向错位进行铺装。

1. 施工准备

（1）材料准备

实木复合地板面层所采用的材料，应有产品检验合格证，含水率不大于12%，其余均同实木地板施工。

（2）机具准备

同实木地板施工。

（3）作业条件

同实木地板施工。

（4）技术准备

1）按设计要求结合现场尺寸，确定地板铺贴方法、顺序和分块，绘制配板图。

2）按配板图和选用的板材进行试拼、试排，做到尺寸准确、拼板妥当。

3）选定的样板应封样保存，提前做好样板间或样板块，并得到监理、建设单位的签字认可。

4）强化复合地板面层下的各层做法应已按设计要求施工并验收合格。

2. 施工工艺

（1）工艺流程

基层处理→安装木龙骨→铺钉毛地板→铺实木复合地板面层→安装木踢脚板。

（2）操作工艺

1）基层清理。

2）安装木龙骨、横撑。

3）铺钉毛地板与实木地板工艺相同。

铺实木复合地板面层的施工要点

4）铺实木复合地板面层：实木复合地板面层的毛地板上可采用钉子固定，也可满涂胶或点涂胶粘贴。先量好房间的长宽，计算出需要多少块地板。板与墙边留至少8～12mm缝隙，并用木楔背紧。试装头三排，不要涂胶，试铺后方可用满涂胶或点涂胶法从墙边开始铺贴实木复合地板，铺贴时地板企口部位也应涂胶。实木复合地板的板块间的短接头应相互错开至少300mm，当铺长条形实木复合地板时，排与排之间的长缝必须保持一条直线，所以第一排不靠墙的那条边要平直。大面积铺设实木复合地板面层（长度大于10m）时，应分段进行，分段缝的处理应符合设计要求。

5）安装木踢脚板：与实木地板工艺相同。

3.4.3 强化木地板铺贴施工工艺

强化木地板是浮铺式安装在基层上，即木地板和基层之间无需连接，板块之间只需用防水胶粘结，施工方便。复合木地板的基材一般是高密度板，该板既有原木地板的天然木感，又有地砖大理石的坚硬，安装无需木搁栅，不用上漆、打蜡保养，多用于办公用房和住宅的楼地面，构造如图 3-5 所示。

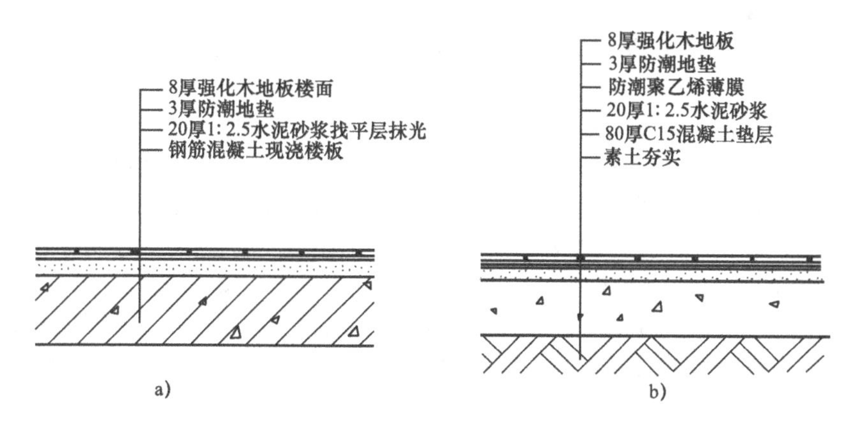

图 3-5 强化木楼、地面构造示意图

a）楼面 b）地面

1. 施工准备

（1）材料准备

强化木地板，其他材料与复合地板相同。

强化木地板用于公共场所时耐磨转数大于等于 9000 转，用于住宅时耐磨转数大于等于 6000 转。

（2）机具准备

同复合地板施工。

（3）作业条件

同复合地板施工。

（4）技术准备

同复合地板施工。

2. 操作工艺

（1）施工流程

基层处理→弹线→铺衬垫或毛地板→铺强化木地板面层→安装踢脚板。

（2）操作工艺

1）基层清理：与实木地板相同。

2）弹线：当基层完全干燥并达到要求后，根据配板图或实际尺寸，测量弹

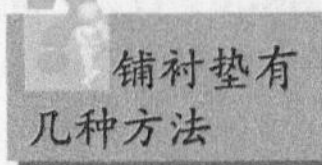

出面层控制线和定位线。

3）铺衬垫或毛地板。一般采用3mm左右聚乙烯泡沫塑料衬垫，可在基层上直接满铺，也可将衬垫采用点粘法或用双面胶带纸粘在基层上。强化木地板下层如需铺钉毛地板时，铺设方法同实木地板毛地板铺设。

4）铺强化木地板面层：

① 先试铺，将地板条铺成与光线平行方向，在走廊或较小的房间，应将地板块与较长的墙面平行铺设。排与排之间的长边接缝必须保持一条直线，相邻条板端头应错开不小于300mm。

② 强化复合木地板不与地面基层及泡沫塑料衬垫粘贴，只是地板块之间粘结成整体。按试铺的排板尺寸，第一块板材凹企口朝墙面。第一排板每块只需在短头接尾凸榫上部涂足量的胶，使地板块榫槽粘结到位，接合严密。第二排板块需在短边和长边的凹榫内涂胶，与第一排板的凸榫粘结，用小锤隔着垫木向里轻轻敲打，使两块板结合严密、平整、不留缝隙。板面溢出的胶，用湿布及时擦净。每铺完一排，拉线检查，保证铺板平直。按上述方法逐块铺设挤紧。地板与墙面相接处，留出10mm左右的缝隙，用木楔楔紧（最后一排地板块与墙面也要有10mm缝隙）。铺粘应从房间内退着往外铺设，不符合模数的板块，其不足部分在现场根据实际尺寸将板块切割后镶补，并用胶粘剂加强固定。待胶干透后，方可拆除木楔。

为何要放
铝合金条

③ 铺设中密度（强化）复合木地板面层的面积达70m^{2}或房间长度达8m时，宜在每间隔8m处（或门口处）放置铝合金条，防止整体地层受热变形。

5）安装踢脚板：

方法同实木地板踢脚板的安装，也可选用与强化地板配套的成品踢脚板，安装可采用打眼下木楔钉固，也可用安装挂件，活动安装。

3.5 塑料面层施工

常见塑料地板介绍

塑料地板有脚感舒适，不易沾尘、噪声污染，保温隔热，色彩鲜艳，施工方便等优点。常用的塑料地板有：半硬质聚氯乙烯塑料（PVC塑料）地板、聚氯乙烯卷材（PVC卷材）、塑胶地板等。塑料地板基层一般为水泥砂浆地面，基层应坚实、平稳、清洁和干燥，表面如有麻面、凹坑，应用108胶水泥腻子（水泥：108胶水：水=1：0.75：4）修补平稳。

铺贴时，塑料卷材要求根据房间尺寸定位裁切，裁切时应在纵向上留有0.5%的收缩余量（考虑卷材切割下来后会有一定的收缩）。切好后在平整的地面上静置3～5d，使其充分收缩后再进行裁边。粘贴时先卷起一半粘贴，然后再粘贴另一半（图3-6）。垂直运输符合安全规定。施工现场“四口”及临边防护符合安全标准。电气装置、各种用电应符合施工用电安全管理规定。储存塑料板、粘结剂的库房应配备消防器材，禁止用明火，防止发生火灾。施工的房间应保持室内空气流通。

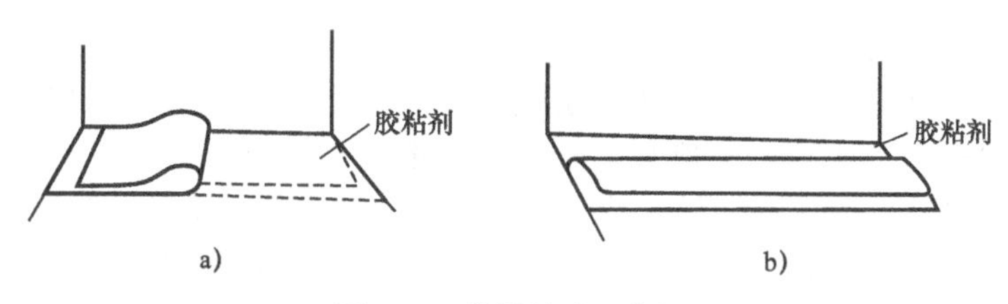

图 3-6 卷材粘贴示意图

a）横卷 b）纵卷

1. 施工准备

（1）材料准备

塑料板、胶粘剂、水泥、丙酮、焊条、上光蜡。

塑料板块和卷材的品种、规格、颜色、等级应符合设计要求和现行国家标准的规定，应有出厂合格证。块材板面应平整、光洁，色泽均匀、厚薄一致、边缘顺直、密实无气孔、无裂纹，板内不允许有杂质和气泡。塑料板块及卷材在运输过程中，应防止日晒、雨淋、撞击和重压；在储存时，应堆放在干燥、洁净的仓库内，并距热源 3m 以外，温度不宜超过 32℃。

胶粘剂：塑料板的生产厂家会推荐或配套提供胶粘剂，也可根据基层和塑料板以及施工条件选用乙烯类、氯丁橡胶类、聚氨酯、环氧树脂、建筑胶等。所选胶粘剂应通过试验确定其相容性和使用方法，并应符合现行国家标准的有关规定。

（2）机具准备

塑料板焊机、大桶、小桶、壁纸刀、小线、胶皮辊、橡胶锤、錾子、刷子、钢丝刷、墨斗等。

（3）作业条件

1）顶棚、墙面及门窗各项作业已施工完成。

2）地面垫层及预埋在地面的各种管线已施工完成，房间四周踢脚线上口已弹完水平线。

3）基层施工完，表面无空鼓、起壳现象。阴阳角方正，无灰尘和砂粒。基层含水率不大于 10%。

4）室内相对湿度不应大于 80%。

（4）技术准备

1）试胶：用一两块塑料地板，将拟采用的胶粘剂涂于地板背面及找平层上，待胶稍干后（不粘手时）进行铺贴。铺贴 4h 左右后，塑料地板无软化、翘边或粘结不牢的现象时，该胶即可使用。

2）对操作人员进行安全技术交底。

2. 操作工艺

（1）施工流程

基层处理→自流平施工→弹线→试铺→刷底胶→铺塑料板材→踢脚板铺设→擦光上蜡。

（2）操作工艺

1）基层处理。在完成找平层的地面上首先进行粗磨处理，以确保整个混凝土界面的附着力。用喷砂打磨机对混凝土楼地面全面进行打磨，将超高部位的地坪打磨至平整度的允许范围之内（小于 3mm），用吸尘器清理粗磨过的地面；然后更换砂轮对地面再进行一次精磨；另外对现场地面预留的伸缩缝填充泡沫条后用密封胶封平。

界面处理：对精磨处理过的地面进行细致的保洁后，用羊毛滚筒均匀地将勾兑完毕的界面剂对地坪进行封底，以降低基层的吸收性和增强界面的附着力；场地的边角部分用专用滚筒进行充分的滚涂，在自然风干的情况下，等待 5min 后便可进行自流平施工。

2）自流平施工。将自流平搅拌均匀后，在已处理过的地坪上进行自流平施工。施工时，用自流平子母刮板进行连续的批刮，以控制自流平的整体厚度；在批刮的过程中，由专门的工人穿着钉子鞋用狼牙滚筒滚轧自流平的浆面，以便控制气泡及麻面、接口高差的产生，如图 3-7 所示。

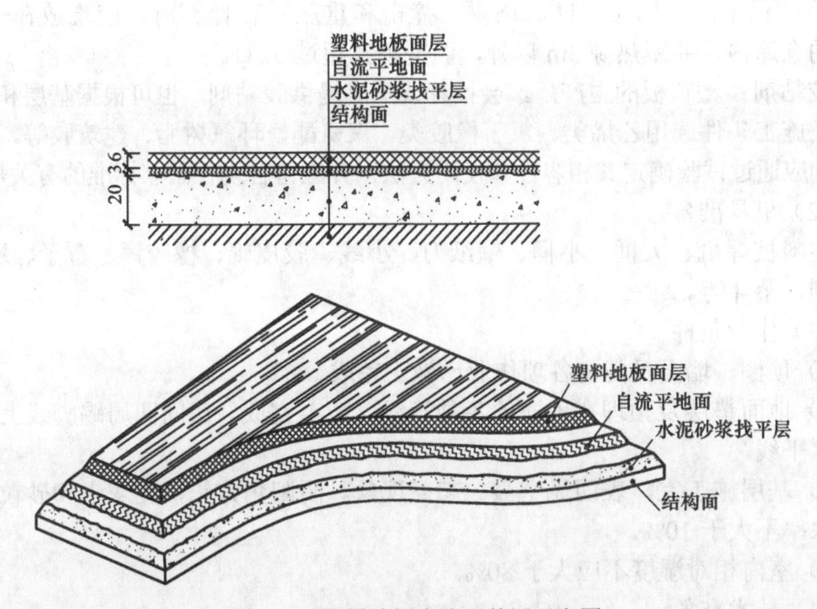

图 3-7　塑料地板自流平基层示意图

自流平整体施工完毕后，在室内温度 20℃的情况下养护 24h 后，即可上人进行塑料地板铺贴。

3）弹线。在强度已经达到要求的自流平地面上，将房间依照塑料板的尺寸，排出塑料板的位置，并在地面弹出十字控制线和分格线。弹线时应注意整体美观的要求，边角的排板要求≥ 1/2 板块，并将不是整数倍的塑料地板安排在房间的非正视处。如房间内尺寸不符合板块尺寸的倍数时，应沿地面四周弹出加条镶边线，一般距墙面 200 ～ 300mm 为宜。可直角定位铺板，也可 45° 对角定位铺板。如设计有图案要求时，应按照设计图案弹出准确分格线，并做好标记，防止差错。

试铺应注意哪些问题

4）试铺。在铺贴塑料板前，按弹线的定位位置先进行试铺，并在塑料地板上做好标记；在试铺过程中，同时完成塑料地板的选材。试铺合格后，按顺序统一编号，码放备用。

5）刷底胶。塑料地板正式铺设前，再对基底进行清理，完成清理后，在自流平基底上刷一道薄而匀的底胶，底胶涂刷时，面积不宜过大，要随刷随贴。同时应注意：底胶涂刷应超出分格线 10mm 左右，涂刷厚度应小 1mm。当塑料板有背胶时，刷底胶工序可省略。

6）铺塑料地板。

① 粘贴硬质塑料板：将塑料板背面用干布擦干净，在铺设塑料板的位置和塑料板的背面各涂刷一道胶。在涂刷基层时，应超出分格线 10mm，当胶表面稍干后（不粘手时），将塑料地板按编号就位，与所弹定位线对齐，放平粘合，用压辊将塑料地板压平、粘牢或用橡胶锤敲实，并与相邻各板调平、调直。基层涂刷胶粘剂时，面积不得过大，要随贴随刷。铺设塑料板时应先在房间中间按十字线铺设十字控制板块，按十字控制板块向四周铺设。大面积铺贴时应分段、分部位铺贴。对缝铺贴的塑料板，接缝必须做到横平竖直，十字缝处通顺、无歪斜，对缝严密、缝隙均匀。当塑料板有背胶时，只需将塑料板背胶纸揭掉，直接粘铺于找平层上即可。

在塑料地板铺贴过程中，随时用 2m 靠尺和水平尺检查平整度。对于有些需要拼接的部分，可以采用焊接的方式进行拼接（一般采用“斜向坡口”搭接与“V”形坡口处理），如图 3-8 所示。

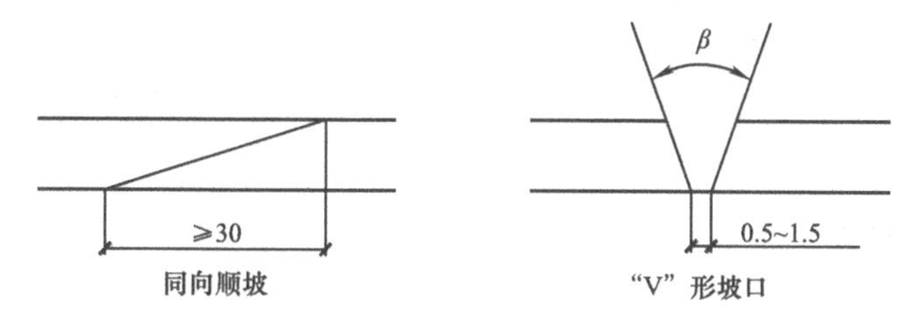

图 3-8　接缝坡口处理

② 半硬质聚氯乙烯板地面的铺贴：预先对板块进行处理，宜采用丙酮、汽油混合溶液（1∶8）进行脱脂除蜡，干后再进行涂胶铺贴，方法同①。

③ 软质聚氯乙烯地面铺贴：铺贴前先对板块进行预热处理，宜放入 75℃的热水中浸泡 10 ～ 20min。待板面全部松软伸平后，取出晾干待用，但不得用炉火或电热炉预热。铺贴方法同①。当板块缝隙要求焊接时，宜在 48h 以后施焊，亦可先焊后铺贴。焊接时板材做成“V”形坡口，坡角一般为 75° ～ 85°，焊条成分、性能与被焊的板材的性能要相同。焊后将焊缝凸出部分用刨刀削平。

④ 塑料卷材的铺贴：预先按照已计划好的卷材铺贴方向及房间尺寸裁料，按铺贴的顺序编号，铺贴时，按照控制线位置将卷材的一边对准所弹的尺寸线，放下铺平，铺贴后由中间往两边用滚压轮将边口赶平压实，防止起鼓；铺贴第

二层卷材时，采用搭接的方法在接缝处搭接宽度20mm以上，对好花纹图案，在搭接的中间弹线，用钢直尺压在线上，用专用割刀将叠合的卷材一次切断；整个塑料板面完成时，要求对线连接平顺，不卷不翘。拼缝、焊接时做法同③。

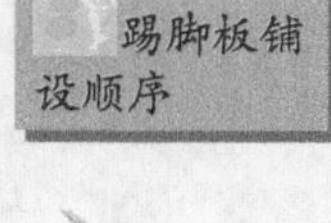

踢脚板铺设顺序

7）踢脚板铺设。地面铺贴后，弹出踢脚上口线，并分别在房间两端各铺贴一块踢脚板，再挂线粘贴。先铺阴阳角，后铺大面，刷胶铺贴方法与地面铺贴方法相同。滚压时用辊子反复压实，以胶压出为准，并及时将胶痕擦净。

8）擦光上蜡。铺贴好塑料地面及踢脚板后，用布擦干净、晾干，满涂1～2遍上光蜡，稍干后用净布擦拭，直至表面光滑、明亮。

3.6 地毯面层施工

地毯铺设的几种方式

地毯铺设施工分活动式铺设和固定式铺设，活动式应用范围具有一定的局限性，一般适用于装饰性工艺地毯，铺置于较为醒目部位，以烘托气氛，显示豪华气派；在人活动不频繁的地方。固定式的铺设方法：一是用倒刺板固定，如图3-9所示；二是用胶粘剂固定。地毯对花拼接应按毯面绒毛和织纹走向的同一方向拼接。当使用张紧器伸展地毯时，用力方向应呈“V”字形，应由地毯中心向四周展开。当使用倒刺板固定地毯时，应沿房间四周将倒刺板与基层固定牢固。地毯铺装方向，应是毯面绒毛走向的背光方向。满铺地毯，应用扁铲将毯边塞入卡条和墙壁的间隙中或塞入踢脚下面。裁剪楼梯地毯时，长度应留有一定余量，以便在使用中可挪动常磨损的位置。

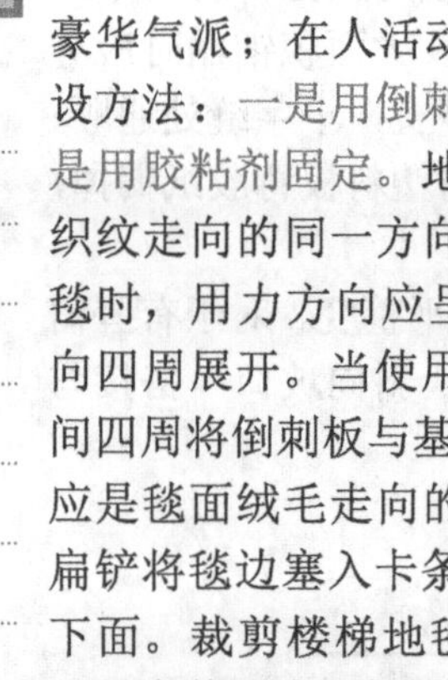

图3-9　倒刺板固定地毯

1. 施工准备

（1）材料准备

地毯介绍

地毯及衬垫、胶粘剂、倒刺板、金属压条。

地毯及衬垫的品种、规格、颜色、花色及其材质必须符合设计要求和国家现行地毯产品标准的规定。地毯的阻燃性应符合现行国家标准的防火等级要求。胶粘剂应符合环保要求，且无毒、不霉、快干、有足够粘结强度，并应通过试验确定适用性和使用方法。地毯及衬垫、胶粘剂中有害物质的释放限量应符合现行国家标准。倒刺板牢固顺直，倒刺均匀，长度、角度符合设计要求。金属压条宜采用厚度为2mm铝合金（铜）材料制成。

（2）机具准备

裁边机、电剪刀、电熨斗、吸尘器、壁纸刀、裁毯刀、割刀、剪刀、尖嘴钳子、地毯撑子、锤子、扁铲、钢丝刷、胶管、扫帚、墨斗、尼龙线（图3-10）。

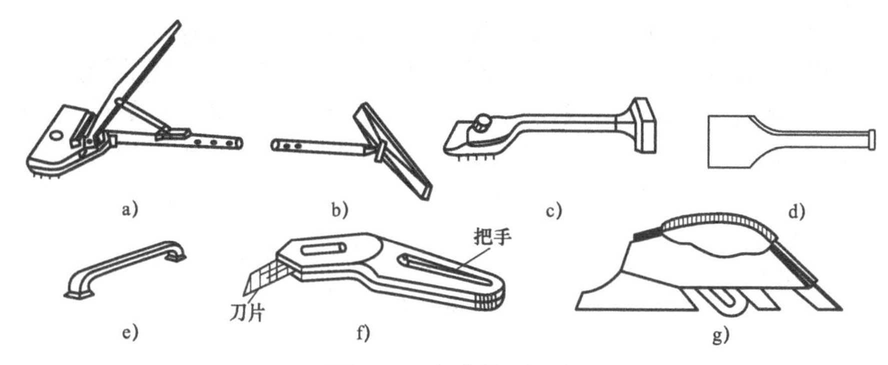

图 3-10 部分施工机具

a）大撑子撑头 b）大撑子承脚 c）小撑子 d）扁铲
e）墩拐 f）手握裁刀 g）手推裁刀

（3）作业条件

1）室内装饰装修各工种、工序的施工作业已完，设备调试运转正常，并验收合格。

2）地毯、衬垫和胶粘剂等材料进场后应检查核对，并符合设计要求。

3）水泥类基层表面应平整、光洁、阴阳角方正，基层强度合格，含水率不大于 10%。

4）铺设地毯的房间、走道四周的踢脚板做好，踢脚板下口距地面 8mm 左右。

（4）技术准备

1）按照设计图结合所选材料及现场实际绘制大样图，并做样板，经监理、建设单位确认。

2）办理材料样板的确认、封样手续。向操作人员进行安全技术交底。

3）地毯面层下的各层做法应已按设计要求施工并验收合格。

2. 施工工艺

（1）工艺流程

基层处理→弹线套方、分格定位→地毯剪裁→钉倒刺板条→铺衬垫→铺设地毯→细部处理收口。

（2）操作工艺

1）基层处理。应先对基层地面进行全面检查，对空鼓、麻面、掉皮、起砂、高低偏差等部位进行修补，并将基层上的浮浆、落地灰等用錾子或钢丝刷清理掉，用扫帚将浮土清扫干净。基层表面平整偏差不大于 3mm，表面若有油污，应用丙酮或松节油擦净。

2）弹线套方、分格定位。对各个房间的实际尺寸进行量测，检查房间的方正情况，对称找中，并在地面上弹出地毯的铺设基准线和分格定位线。根据地毯的规格、花色、型号、图案等，对照现场实际情况进行排布，预留铺装施工尺寸。

3）地毯剪裁。根据定位尺寸剪裁地毯，其长度应比房间实际尺寸大20mm或根据图案、花纹大小让出一个完整的图案。宽度应以裁去地毯边缘后的尺寸计算，并在地毯背面弹线后裁掉边缘部分。裁剪时，应在较宽阔的地方集中进行，裁好后卷成卷编号，对号放入房间内，大面积厅房应在施工地点剪裁拼缝。裁剪时楼梯地毯长度应留有一定余量，一般500mm左右，以便使用中更换挪动磨损的部位。

4）钉倒刺板条。沿房间四周踢脚边缘，将倒刺板条用钢钉牢固地钉在地面基层上，钢钉间距400mm左右为宜。倒刺板条应距踢脚板表面8～10mm，如图3-11所示。

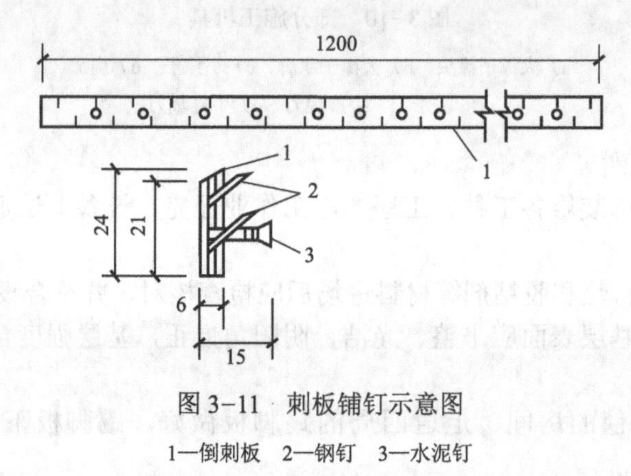

图3-11 刺板铺钉示意图

1—倒刺板 2—钢钉 3—水泥钉

5）铺衬垫。将衬垫采用点粘法或用双面胶带纸粘在地面基层上，边缘离开倒刺板10mm左右。

6）铺设地毯。

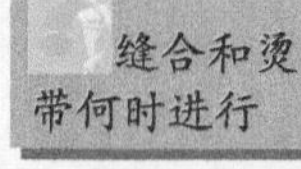

① 地毯缝合：地毯铺装方向应使地毯绒毛走向朝背光方向。地毯对花拼接应按毯面绒毛和织纹走向的同一方向拼接。接宽时，应采用缝合或烫带粘结（无衬垫时）的方式，缝合应在铺设前完成，烫带粘结应在铺设的过程中进行，接缝处应与周边无明显差异。

② 铺地毯时，先将地毯的一边固定在倒刺板上，用地毯撑子呈“V”字形方向用力由地毯中心向四周展开，然后将地毯固定在倒刺板上，用扁铲将地毯毛边掩入卡条和墙壁的间隙中或掩入踢脚板下面。再进行另一个方向的拉伸，直到拉平，四个边都固定在倒刺板上。当边长较长的时候，应多人同时操作，拉伸完成后，应确保地毯的图案无扭曲变形。

③ 铺方块式地毯：应先按弹好的十字控制线，在房间中铺设十字控制块，然后按控制块向四周铺设。大面积铺贴时应分段、分区铺贴。设计有图案要求时，应按照设计图案弹出准确分格线，做好标记，防止差错，使块与块之间挤紧服贴、不卷边。地毯周边塞入踢脚线下。

④ 地毯用粘结剂铺贴：刷胶采用满刷和部分刷胶两种。部分刷胶铺贴时，先从房间中部涂刷部分胶粘剂，铺放预先裁割好的地毯，粘结固定后，用地毯撑子往墙边拉平、拉直，再沿墙边刷两条胶液，将地毯压平，并将地毯毛边塞

入踢脚线下。

⑤ 楼梯地毯铺设：地毯铺设由上至下逐级进行。每梯段顶级地毯应用压条固定于平台上，每级阴角处应用金属卡条固定牢固。

7）细部收口。地毯在门口、走道、卫生间等不同地面材料交接处，应用专用收口条（压条）做收口处理，对管根、暖气罩等部位应套割固定或掩边。地毯全部铺完后，应用吸尘器吸去灰尘，清扫干净，如图 3-12 所示。

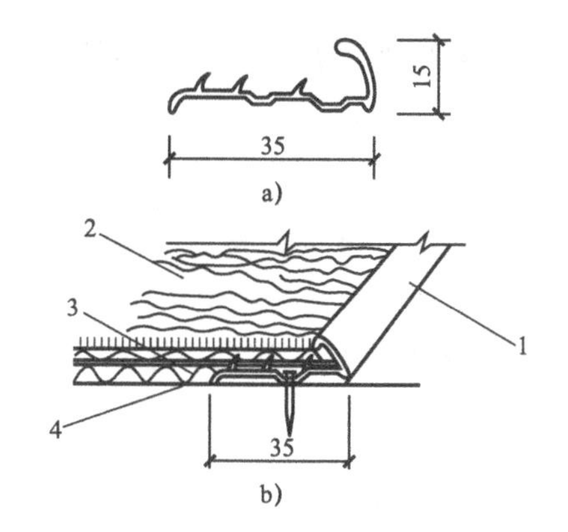

图 3-12　细部收口示意图

1—L 形倒刺收口条　2—地毡　3—地毯垫层　4—地面

3.7　楼地面工程质量标准与检验

3.7.1　块材面层施工（大理石、花岗石）质量验收

水磨石面层规范要求

1. 主控项目

1）大理石、花岗石面层所用的块材的品种、规格应符合设计要求。检验方法：观察和检查材质合格记录。

2）面层与下层应结合牢固、无空鼓。检验方法：用小锤敲击检查。

2. 一般项目

1）大理石、花岗石面层的表面应洁净、平整、无磨痕，且图案清晰、色泽一致、接缝均匀、周边顺直、镶嵌正确，板块无裂缝、掉角和缺棱等缺陷。检验方法：观察检查。

2）踢脚板表面应洁净、高度一致、结合牢固、出墙厚度一致。检验方法：用小锤敲击及尺量检查。

3）楼梯踏步和台阶板块的缝隙宽度应一致、齿角整齐，楼梯段相邻踏步高度差不应大于 10mm；防滑条应顺直、牢固。检验方法：观察和尺量检查。

4）面层表面的坡度应符合设计要求，不倒泛水，无积水；与地漏、管道结合处应严实牢固，无渗漏。检验方法：观察、泼水或坡度尺及蓄水检查。

5）大理石和花岗石面层的允许偏差应符合表 3-1 规定。

表3-1　石材板块铺贴地面允许偏差及检验方法

项次	项目	允许偏差 /mm	检验方法
1	表面平整度	1.0	用 2m 靠尺和楔形塞尺检查
2	缝格平直	2.0	拉 5m 线，不足 5m 者拉通线和尺量检查
3	接缝高低	0.5	尺量检查
4	板块间隙宽度	1.0	尺量检查
5	踢脚板上口平直	1.0	拉 5m 线和尺量检查

3.7.2 实木地板施工质量验收

1. 主控项目

1）实木地板面层所采用的材质和铺设时的木材含水率必须符合设计要求，木搁栅、垫木和毛地板等必须做防腐、防蛀处理。检验方法：观察检查和检查材质合格证明文件及检测报告。

2）木搁栅安装应牢固、平直。检验方法：观察、脚踩检查。

3）面层铺设应牢固，粘结无空鼓。检验方法：观察、脚踩或用小锤轻击检查。

2. 一般项目

1）实木地板面层应刨光、磨光，无明显刨痕和毛刺等现象；图案清晰，颜色均匀一致。检验方法：观察、手模和脚踩检查。

2）面层缝隙应严密；接头位置应错开，表面洁净。检验方法：观察检查。

3）拼花地板接缝应对齐，粘、钉严密；缝隙宽度均匀一致；表面洁净；胶粘无溢胶。检验方法：观察检查。

4）踢脚板表面应光滑，接缝严密，高度一致。检验方法：观察和尺量检查。

3.7.3 实木复合地板质量标准

1. 主控项目

1）实木复合地板面层所采用的条材和块材，其技术等级及质量要求应符合设计要求。木龙骨、垫木和毛地板等必须做防腐、防火、防蛀处理。检验方法：观察检查和检查材质合格证明文件及检测报告。

2）木龙骨安装应牢固，平直。检验方法：观察、脚踩检查。

3）面层铺设应牢固；粘贴无空鼓。检验方法：观察、脚踩或用小锤轻击检查。

2. 一般项目

1）实木复合地板面层图案和颜色应符合设计要求，图案清晰，颜色一致，板面无翘曲。检验方法：观察、用 2m 靠尺和楔形塞尺检查。

2）面层接头应错开、缝隙严密、表面洁净。检验方法：观察检查。

3）踢脚线表面光滑，接缝严密，高度一致。检验方法：观察和钢直尺检查。

4）实木复合地板面层的允许偏差和检验方法见表 3-2。

? 比较实木地板和实木复合地板的允许偏差

表3-2 实木复合地板面层的允许偏差和检验方法

项次	项目	允许偏差 /mm	检验方法
1	板面缝隙宽度	0.3	用钢直尺检查
2	表面平整度	1.0	用 2m 靠尺和楔形塞尺检查
3	踢脚线上口平整	2.0	用 5m 线，不足 5m 拉通线和钢直尺检查
4	板面拼缝平直	1.0	
5	相邻板面高低	0.3	用钢直尺和楔形塞尺检查
6	踢脚线与面层的接缝	1.0	楔形塞尺检查

3.7.4 竹、木地板质量标准

1. 主控项目

1）竹地板面层所采用的条材和块材，其技术等级和质量要求应符合设计要求。木龙骨垫木和毛地板等应做防腐、防火、防蛀处理。检验方法：观察检查和检查材质合格证明文件及检测报告。

2）木龙骨安装应牢固、平直。检验方法：观察、脚踩检查。

3）面层铺设应牢固；粘贴无空鼓。检验方法：观察、脚踩或用小锤轻击检查。

2. 一般项目

1）竹地板面层品种与规格应符合设计要求，图案清晰，颜色一致，板面无翘曲。检验方法：观察、用 2m 靠尺和楔形塞尺检查。

2）面层缝隙应均匀、接头位置错开、表面洁净。检验方法：观察检查。

3）踢脚线表面光滑，接缝均匀，高度一致。检验方法：观察和钢直尺检查。

3.7.5 强化木地板质量标准

1. 主控项目

1）复合木地板采用的材料，其技术等级及质量要求应符合设计要求。木龙骨、垫层、毛地板应做防腐、防蛀处理。检验方法：观察检查和检查材质合格证明文件及检测报告。

2）木龙骨安装应牢固、平直。检验方法：观察、脚踩检查。

3）面层铺设应牢固。检验方法：观察、脚踩法。

2. 一般项目

1）强化木地板面层颜色和图案应符合设计要求，图案清晰，颜色一致，板面无翘曲。检验方法：观察、用 2m 靠尺和楔形塞尺检查。

2）面层的接头应错开，缝隙严密，表面洁净。检验方法：观察检查。

3）踢脚线表面光滑，接缝严密，高度一致。检验方法：观察和钢直尺检查。

4）强化木地板面层检验方法和允许偏差见表 3-3。

表3-3 强化木地板面层检验方法和允许偏差

序号	项目	允许偏差 /mm	检验方法
1	板面缝隙宽度	0.5	用钢直尺检查
2	表面平整度	2.0	用 2m 靠尺和楔形塞尺检查
3	踢脚线上口平直	3.0	拉 5m 线，不足 5m 拉通线和用钢直尺检查
4	板面拼缝平直	3.0	
5	相邻板材高差	0.5	用钢直尺和楔形塞尺检查
6	踢脚线与面层接缝	1.0	楔形塞尺检查

3.7.6 塑料地板质量标准

1. 主控项目

1）塑料板面层所用的塑料板块材和卷材的品种、规格、颜色、等级应符合设计要求和现行国家标准的规定。检验方法：观察检查和检查材质合格证明文件及检测报告。

2）面层与下一层的粘结应牢固，不翘边、不脱胶、无溢胶。检验方法：观察检查和用小锤敲击检查。

2. 一般项目

1）塑料板面层应表面洁净，图案清晰，色泽一致，接缝严密、美观。拼缝处的图案、花纹吻合，无胶痕；与墙边交接严密，阴阳角收边方正。检验方法：观察检查。

2）板块的焊接，焊缝应平整、光洁，无焦化变色、斑点、焊瘤和起鳞等缺陷，其凹凸允许偏差为0.6mm。焊缝的抗拉强度不得小于塑料强度的75%。检验方法：观察检查和检查检测报告。

3）踢脚线的铺设应表面洁净、粘接牢固、接缝平整、出墙厚度一致、上口平直。检验方法：观察和用小锤敲击检查。

4）镶边用料应尺寸准确、边角整齐、拼缝严密、接缝顺直。检查方法：用钢直尺和观察检查。

5）塑料板面层的允许偏差和检验方法见表3-4。

表3-4 塑料板面层的允许偏差和检验方法

序号	项目	允许偏差 /mm	检验方法
1	表面平整度	2.0	用2m靠尺和楔形塞尺检查
2	缝格平直	3.0	拉5m线和用钢直尺检查
3	接缝高低差	0.5	用钢直尺和楔形塞尺检查
4	踢脚线上口平直	2.0	拉5m线和用钢直尺检查

3.7.7 地毯质量标准

1. 主控项目

1）地毯的品种、规格、颜色、花色、胶料和辅料及其材质必须符合设计要求和国家现行地毯产品标准的规定。检验方法：观察检查和检查材质合格记录。

2）地毯表面应平服，拼缝处粘贴牢固、严密平整、图案吻合。检验方法：观察检查。

2. 一般项目

1）地毯表面不应起鼓、起皱、翘边、卷边、显拼缝和露线，应无毛边，绒面毛顺光一致，毯面干净，无污染和损伤。检验方法：观察检查。

2）地毯同其他面层连接处、收口处和墙边、柱子周围应顺直、压紧。检验方法：观察检查。

小　　结

本章主要讲解了楼地面工程构造，整体面层，块材面层，竹、木面层，塑料面层，地毯面层施工以及楼地面工程的质量验收标准，重点应掌握楼地面工程类别、构造，整体面层，块材面层，竹、木面层，塑料面层，地毯面层施工工艺及质量验收标准以及楼地面工程中易出现的质量问题。

思　考　题

1. 室内最常用的楼地面有哪几种？
2. 天然石材采用湿法铺贴，面层为什么会出现反白污染？如何处理？
3. 简述强化木地板铺贴施工工艺流程。
4. 简述固定式铺设地毯的工艺流程。
5. 铺贴塑料地板前如何试胶？
6. 如何粘贴塑料地板？
7. 简述大理石、花岗石面层的表面质量验收标准。
8. 简述塑料地板块焊接的质量验收标准。
9. 简述地毯表面的质量验收标准。
10. 简述水泥砂浆面层施工的工艺流程。

第4章 细部工程

4.1 一般规定

1）细部工程应在隐蔽工程、管道安装及吊顶工程已完成并经验收，墙面、地面已经找平后施工。

2）框架结构的固定橱柜应用榫连接。板式结构的固定橱柜应用专用连接件连接。

3）细木饰面板安装后，应立即刷一遍底漆。

4）潮湿部位的固定橱柜、木门套应做防潮处理。说明：为防止橱柜在潮湿环境中变形或腐朽，应在安装固定橱柜的墙面上作防潮层。

5）护栏、扶手应采用坚固、耐久材料，并能承受规范允许的水平荷载。说明：护栏、扶手一般是设在楼梯、落地窗、回廊、阳台等边缘部位的安全防护设施，故应采用坚固、耐久材料制作，固定必须牢固，并能承受规范允许的荷载，荷载主要是垂直和水平方向的。

6）扶手高度不应小于0.90m，护栏高度不应小于1.05m，栏杆间距不应大于0.11m。说明：扶手、护栏高度，垂直杆件间净空是根据防护栏杆强制性标准制定的，目的是防止儿童翻爬、钻卡等意外发生，因此必须严格遵守。

7）湿度较大的房间，不得使用未经防水处理的石膏花饰、纸质花饰等。

8）花饰安装完毕后，应采取成品保护措施。

9）使用电锯、电刨等电动工具时，设备上必须装有防护罩，防止意外伤人。在较高处进行作业时，应使用高凳或架子，并应采取安全防护措施，高度超过2m时，应系安全带。安装、加工场所不得使用明火，并设防火标志，配备消防器具。各种电动工具使用前要进行检修，严禁非电工接电。对各种木方、夹板饰面板分类堆放整齐，保持施工现场整洁。

10）边角余料，应集中回收，按固体废物进行处理，剩余的油漆、胶和桶不得乱倒、乱扔，必须按照规定集中进行回收、处理。

4.2 窗帘盒施工

明窗帘盒宽度应符合设计要求。当设计无要求时，窗帘盒宜伸出窗口两侧200～300mm，窗帘盒中线应对准窗口中线，并使两端伸出窗口长度相同。窗帘盒下沿与窗口上沿应平齐或略低；窗帘盒底板可采用后置埋木楔或膨胀螺栓固定，遮挡板与顶棚交接处宜用角线收口。窗帘盒靠墙部分应与墙面紧贴；窗帘轨道安装应平整。窗帘轨固定点必须在底板的龙骨上，连接必须用木螺钉，严禁用圆钉固定。采用电动窗帘轨时，应按产品说明书进行安装调试。本工艺适用于装饰工程中木制窗帘盒制作与安装施工。

1. 施工准备

（1）材料准备

窗帘盒用木板、金属板、PVC 塑料板、防腐剂、油漆、钉子。

（2）机具准备

手电钻、冲击钻、电锯、气钉枪等，木工刨、木工锯、钢锯、凿子、锤子、螺钉旋具、橡胶锤等，平尺、钢直尺、直角尺、靠尺、线坠等。

（3）作业条件

1）如果是明窗帘盒，则先将窗帘盒加工成半成品，再在施工现场安装。

2）安装窗帘盒前，顶棚、墙面、门窗、地面的装饰做完。

（4）技术准备

1）图纸已通过会审与自审，若存在问题，则问题已经解决，窗帘盒的位置与尺寸同施工图相符，按施工要求做好技术交底工作。

2）对进场的成品、半成品的规格、型号、尺寸、数量及质量进行核对验收。

2. 操作工艺

（1）工艺流程

明窗帘盒：下料→刨光→制作卯榫→装配→修正砂光。

暗窗帘盒：定位→固定角铁→固定窗帘盒。

（2）操作方法

1）明窗帘盒的制作（图 4-1）。

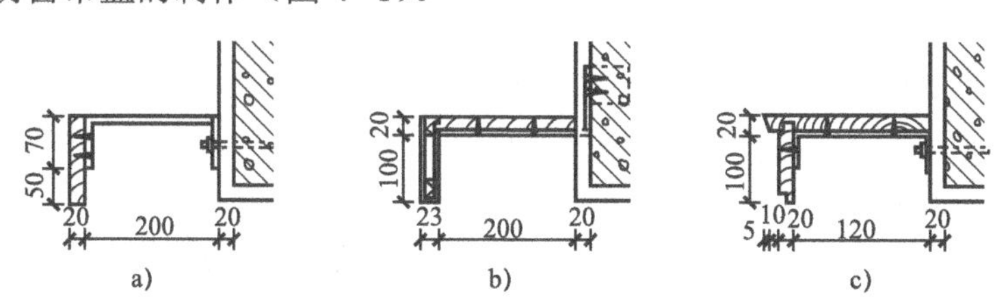

图 4-1　明设窗帘盒三种做法

a）上面不盖板　b）侧面用胶合板　c）顶、侧是板

① 下料。按图样要求截下的毛料要长于要求规格 30 ～ 50mm，厚度、宽度要分别大于 3 ～ 5mm。

② 刨光。刨光时要顺木纹操作，先刨削出相邻两个基准面，并做上符号标记，再按规定尺寸加工完另外两个基础面，要求光洁、无戗槎。

③ 制作卯榫。最佳结构方式是采用 45° 全暗燕尾卯榫，也可采用 45° 斜角钉胶结合，但钉帽一定要砸扁后打入木内。上盖面可加工后直接涂胶钉入下框体。

为何不可逆纹砂光

④ 装配。用直角尺测准暗转角度后把结构敲紧打严，注意格角处不要露缝。

⑤ 修正砂光。结构固化后可修正砂光。用 0# 砂纸打磨掉毛刺、棱角、立槎，注意不可逆木纹方向砂光。要顺木纹方向砂光。

2）暗窗帘盒的安装（图 4-2）。暗装形式的窗帘盒，主要特点是与吊顶部分结合在一起，常见有内藏式和外接式。

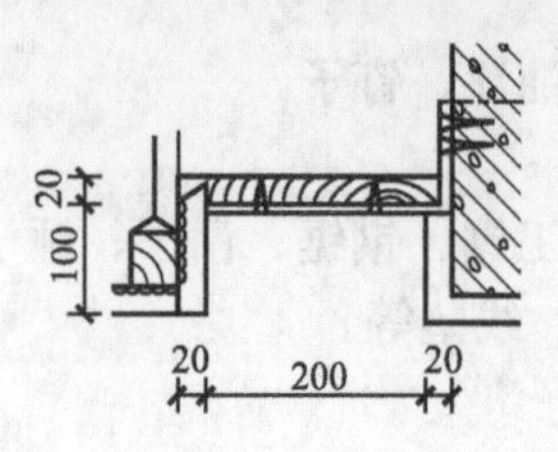

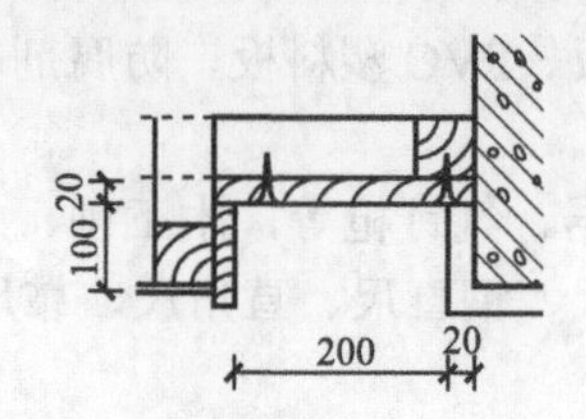

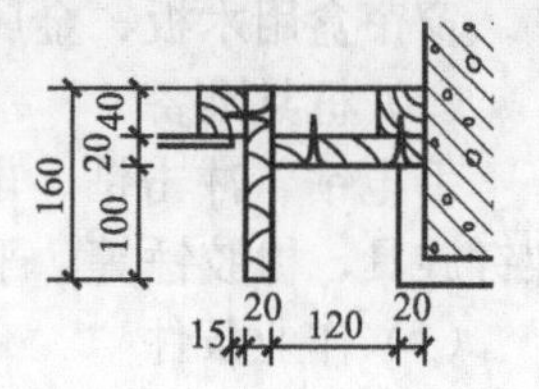

图 4-2　暗设窗帘盒的三种做法

① 内藏式窗帘盒主要形式是在窗顶部位的吊顶处，做出一条凹槽，在槽内装好窗帘轨。作为含在吊顶内的窗帘盒，与吊顶施工一起做好。

② 外接式窗帘盒是在吊顶平面上，做出一条贯通墙面长度的遮挡板，在遮挡板内吊顶平面上装好窗帘轨。遮挡板可采用木构架双包镶，并把底边做封板边处理。遮挡板与顶棚交接线要用棚角线压住。遮挡板可采用射钉固定，也可采用预埋木楔、圆钉固定，或采用膨胀螺栓固定。

窗帘轨有哪几种形式

③ 窗帘轨安装（图 4-3）。窗帘轨道有单、双或三轨道之分。单体窗帘盒一般先安轨道，暗窗帘盒在安轨道时，轨道应保持在一条直线上。轨道型式有工字形、槽形和圆杆形三种。

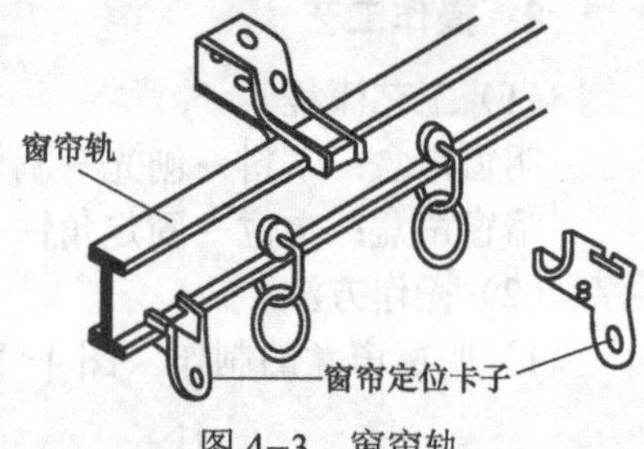

图 4-3　窗帘轨

工字形窗帘轨用与其配套的固定爪来安装，安装时先将固定爪套入工字形窗帘轨上，每米窗帘轨道有三个固定爪安装在墙面上或窗帘盒的木结构上。

槽形窗帘轨的安装，可用 ϕ5.5mm 的钻头在槽形轨的底面打出小孔，再用螺钉穿过小孔，将槽形轨固定在窗帘盒内的顶面上。

3. 季节性施工

1）雨期施工，进场成品、半成品应放在库房内，分类码放平整、垫高。层与层之间垫木条通风。

2）雨期施工要注意各种板材和木制品的含水率，木制品受潮变形应烘干、整平调直后再使用。

3）冬期施工环境温度不得低于 5℃，安装完成后应保持室内通风换气。

4. 成品保护

1）安装窗帘盒后，应进行饰面的终饰施工，应对安装后的窗帘盒进行保护，防止污染和损坏。

2）安装窗帘及轨道时，应注意对窗帘盒的保护，避免碰伤、划伤窗帘盒。

5．应注意的质量问题

1）安装前放线一定要准确，安装时要认真核对其尺寸标高，防止由于尺寸定位误差而导致窗帘盒安装不平、不正。

2）安装时应核对尺寸使窗帘盒两端长度相同，防止窗中心与窗帘盒中心相对不准，而导致窗帘盒两端伸出的长度不一致。

3）窗帘盒的盖板厚度不应小于15mm，厚度小于15mm的盖板应在背面加肋或用机螺钉穿透盖板固定窗帘轨，防止由于盖板太薄、木螺钉松动造成窗帘轨脱落。

4）加工窗帘盒的木材的含水率一定要符合要求，入场后存放要妥当。安装时要及时刷底漆，避免因受潮而造成窗帘盒迎面板扭曲。

为何对窗帘盒含水率有要求

5）垃圾应装袋及时清理。清理木屑等废弃物时应洒水，以减少扬尘污染。

6）木工作业棚应采取封闭措施，减少噪声和粉尘污染。

4.3 窗台板施工

本工艺适用于木质的窗台板的制作与安装工程。

1．施工准备

（1）材料准备

窗台板用木材、水磨石、天然石材板、木方料、防腐剂、油漆、钉子。

（2）机具准备

手电钻、冲击电钻、去石机、电刨、电锯、射钉枪、砂轮锯、长刨、短刨、手提刨、钢锯、锤子、凿子、木钻、橡胶锤、螺钉旋具、墨斗、小线、钢直尺、割角尺、靠尺、水平尺、线坠等。

（3）作业条件

1）窗帘盒的安装已经完成。

2）窗台表面按要求已经清洁干净。

3）窗台板长度超过1500mm时，跨空窗台板应按设计要求安装好支架。

（4）技术准备

1）熟悉施工图，作好施工准备。

2）对现场尺寸进行复核和定位放线。

3）对施工人员进行安全技术交底。

2．操作工艺

（1）工艺流程

大理石窗台板施工

窗台板的制作→砌入防火木→窗台板抛光→拉线找平、找齐→钉牢。

（2）操作方法

1）窗台板的制作。按图样要求加工的木窗台表面应光洁，其净料尺寸厚度在 20 ～ 30mm，比待安装的窗长 240mm，板宽视窗口深度而定，一般要突出窗口 60 ～ 80mm，窗台板外沿要倒楞或起线。窗台板宽度大于 150mm 需要拼接时，背面必须穿暗带，防止翘曲，窗台板背面要开卸力槽。

2）窗台板的安装。

① 在窗台墙上，预先砌入防腐木砖，木砖间距 500mm 左右，每扇窗不少于两块，在窗框的下坎裁口或打槽（深 12mm，宽 10mm）。将窗台板刨光起线后，放在窗台墙顶上居中，里边嵌入下坎槽内。窗台板的长度一般比窗框宽度长 120mm 左右，两端伸出的长度应一致。在同一房间内同标高的窗台板应拉线找平、找齐，使其标高一致，突出墙面尺寸一致。应注意，窗台板上表面向室内略有倾斜（泛水），坡度约 1%。

② 如果窗台板的宽度大于 150mm，拼接时，背面应穿暗带，防止翘曲。

③ 用明钉把窗台板与木砖钉牢，钉帽砸扁，顺木纹冲入板的表面，在窗台板的下面与墙交角处，要钉窗台线（三角压条）。窗台线预先刨光，按窗台长度两端刨成弧形线脚，用明钉与窗台板斜向钉牢，钉帽砸扁，冲入板内。

3. 季节性施工

1）雨期施工要注意各种板材和木制品的含水率，木制品受潮变形应烘干、整平调直后再使用。

2）冬期施工环境温度不得低于 5℃，安装完成后应保持室内通风换气。

4. 成品保护

1）安装窗台板后，应进行饰面的终饰施工，应对安装后的窗台板进行保护，防止污染和损坏。

2）窗台板的安装应在窗帘盒安装完毕后再进行。

5. 应注意的质量问题

1）窗台板施工时先进行预装，尺寸合适并符合要求后再进行固定，防止窗台板未插进窗框下冒头槽内。

2）找平条的标高应调整一致，垫实后捻灰应饱满，跨空窗台板的支架应安装平正，各支架受力均匀，固定牢固可靠。防止由于捻灰不严，窗台板下垫条不平、不实造成窗台板不稳。

3）窗台板施工时应认真检查板材厚度，做到使用规格相同，防止窗台板拼接不平、不直、厚度不一致。

4.4 门窗套施工

本工艺适用于建筑工程中木门、窗套的制作与安装的施工。

1. 施工要点

木门窗套的制作与安装应符合下列规定：

1）门窗洞口应方正垂直，预埋木砖应符合设计要求，并应进行防腐处理。

2）根据洞口尺寸、门窗中心线和位置线，用方木制成搁栅骨架并应做防腐处理，横撑位置必须与预埋件位置重合。

3）搁栅骨架应平整牢固，表面刨平。安装搁栅骨架应方正，除预留出板面厚度外，搁栅骨架与木砖的间隙应垫以木垫，连接牢固。安装洞口搁栅骨架时，一般上端后两侧，洞口上部骨架应与紧固件连接牢固。

4）与墙体对应的基层板板面应进行防腐处理，基层板安装应牢固。饰面板颜色、花纹应协调。板面应略大于搁栅骨架，大面应净光，小面应刮直，木纹根部应向下，长度方向需要对接时，花纹应通顺，其接头位置应避开视线平视范围，宜在室内地面2m以上或1.2m以下，接头应留在横撑上。

5）贴脸、线条的品种、颜色、花纹应与饰面板谐调。贴脸接头应成45°角，贴脸与门窗套板面结合应紧密、平整，贴脸或线条盖住抹灰墙面应不小于10mm。说明：木门窗套制作安装的重点是：洞口、骨架、面板、贴脸、线条五部分，强调应按设计要求制作。骨架可分片制作安装，立杆一般为两根，当门窗套较宽时可适当增加；横撑应根据面板厚度确定间距。

2. 施工准备

（1）材料准备

木龙骨，底层板，面层板，门、窗套木线，气钉，胶粘剂，防火涂料，防腐涂料，木螺钉等。

（2）机具准备

电锯、电刨、电钻、电锤、镂槽机、气钉枪、修边刨、电动砂纸机、木刨、木锯、斧子、锤子、冲子、螺钉旋具、平铲、墨斗、粉线包等。

（3）作业条件

1）门、窗洞口的木砖已埋好，木砖的预埋方向、规格、深度、间距、防腐处理等应符合设计和有关规范要求。对于没有预埋件的洞口，要打孔钉木楔，在横、竖龙骨中心线的交叉点上用电锤打孔，孔直径一般不大于ϕ12mm，孔深一般不小于70mm，然后将经过防腐处理的木楔打入孔内。

2）门、窗洞口的抹灰已完，并经验收合格。

3）门、窗框安装已完，框与洞口间缝隙已按要求堵塞严实，并经验收合格。金属门、窗框的保护膜已粘贴好。

4）室内垂直与水平控制线已弹好，并经验收合格。

5）各种专业设备管线、预留预埋安装施工已完成，并经检验合格。

6）验收主体结构是否符合设计要求。采用木筒子板的门、窗洞口应比门窗樘宽40mm，洞口比门窗樘高出25mm。

（4）技术准备

1）根据施工图编制施工方案，并对施工人员进行技术交底。

2）按施工所需材料进行翻样，组织对外委托订货加工。

3）木门、窗套的样板已经设计、监理、建设单位验收确认，办理材料样板确认及封样工作。

4）依据控制线检查洞口尺寸是否正确，四角是否方正，垂直度是否符合要求，门、窗框安装是否符合设计图要求。门框在走道同一墙面进出尺寸应一致。

散热器施工

3. 操作工艺

（1）工艺流程

弹线→制作、安装木龙骨→安装底板→安装面板→安装门、窗套木线。

（2）操作方法

1）弹线。按图样的门窗尺寸及门窗套木线的宽度，在墙、地上弹出门窗套、木线的外边缘控制线及标高控制线。按节点构造图弹出龙骨安装中心线和门窗及合页安装位置线，合页处应有龙骨，确保合页安装在龙骨上。

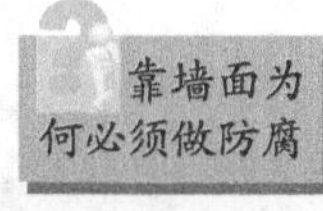

2）制作、安装木龙骨。在龙骨中心线上用电锤钻孔，孔距500mm左右，在孔内注胶浆，然后将经防腐的木楔钉入孔内，粘结牢固后安装木龙骨。根据门、窗洞口的深度，用木龙骨做骨架，间距一般为200mm，骨架的表面必须平整，组装必须牢固，龙骨的靠墙面必须做防腐处理，其他几个侧面做防火处理。然后将木龙骨按弹好的控制线，用砸扁钉帽的圆钉钉到木楔上。安装骨架时，应边安装边用靠尺进行调平，骨架与墙面的间隙，用经防腐处理过的楔形方木块垫实，木块间隔应不大于200mm，安装完的骨架表面应平整，其偏差在2m范围内应小于1mm。钉帽要冲入木龙骨表面3mm以上。

3）安装底板。门、窗套筒子板的底板通常用细木工板预制成左、右、上三块。若筒子板上带门框，必须按设计断面，留出贴面板尺寸后做出裁口。安装前，应先在底板背面弹出骨架的位置线，并在底板背面骨架的空间处刷防火涂料，骨架与底板的结合处涂刷乳胶，然后用木螺钉或气钉将底板钉粘到木龙骨上。一般钉间距为150mm，钉帽要钉入底板表面1mm以上。也可以在底板与墙面之间不加木龙骨，直接将底板钉在木砖上，底板与墙体之间的空隙采用发泡胶塞实；若采用成品门、窗套可不加龙骨、底板，直接与墙体固定。

4）安装面板。安装面板前，必须对面板的颜色、花纹进行挑选，同一房间面板的颜色、花纹必须一致。检查底板的平整度、垂直度和各角的方正度符合要求后，在底板上和面板背面满刷乳胶，乳胶必须涂刷均匀。然后将面板粘贴在底板上。在面板上铺垫50mm宽五厘板条，用气钉临时压紧固定，待结合面乳胶干透约48h后取下。面板也可采用蚊钉直接铺钉，钉间距一般为100mm。门套过高，面板需要拼接时，一般接缝放在门与亮子间的横梁中心，没有亮子时，拼缝离地面1.2m以上。拼接应在同一龙骨上，花纹要对齐，不宜纵向接缝。

5）安装门、窗套木线。门、窗套木线，按设计要求的截面形状、尺寸进行加工制作。门、窗套木线的背面应刨出卸力槽，槽深一般5mm为宜。门、窗套木线的颜色、花纹要与面板相同或配套。门套木线的厚度应大于踢脚板的厚度。

安装时，一般先钉横向的，后钉竖向的。先量出横向木线所需的长度，两端锯成45°斜角（即割角），紧贴在框的上坎上，其两端伸出的长度应一致。将钉帽砸扁，顺木纹冲入板面1～3mm，钉长宜为板厚的两倍，钉距不大于500mm，然后量出竖向木线长度，钉在边框上。横竖木线的线条要对正，割角应准确平整，对缝严密，安装牢固。木线的厚度不能小于踢脚板的厚度，以免踢脚板冒出而影响美观。门套木线的内侧与门套应留出10mm的裁口，避免安装合页时，损伤门套木线。

4. 季节性施工

1）雨期施工时，进场的成品、半成品应存放在库房内，分类码放平整、垫高。层与层之间要垫木条通风，不得日晒、雨淋。

2）雨期门、窗套施工时，应先将外门、窗安装好以后再进行安装。雨期门、窗套安装好以后，必须及时刷底油，以防门、窗套受潮变形。

3）冬期施工环境温度不得低于5℃。安装木制门、窗套之后，应及时刷底油，并保持室内通风。室内供暖后温度不宜过高，以防室内太干燥，门、窗套出现收缩裂缝。

5. 成品保护

成品保护应注意哪些问题

1）木材及木制品进场后，应按其规格、种类存放在仓库内。板材应用木方垫平水平存放。门、窗套木线宜捆成20根一捆，用塑料薄膜包裹封闭，用木方垫平水平存放。垫起距地高度应不小于200mm，并保持库房内的通风、干燥。

2）选配料和下料要在操作台上进行，不得在没有任何保护措施的地面上进行操作。

3）窗套安装时，应在窗台板上铺垫木板或地毯做保护层。严禁将窗台板或已安装好的其他设备当作高凳或架子支点使用。

4）在门套安装施工时，门洞口的地面应进行保护，以防损伤地面。

5）门、窗套安装全部完成后，应围挡和用塑料薄膜遮盖进行保护。

6. 应注意的质量问题

1）在安装前，应按弹线对门、窗框安装位置偏差进行纠正和调整，避免由于门、窗框安装偏差造成筒子板左右不对称和宽窄不一致。

2）在骨架的制作和安装过程中一定要按照工艺的要求进行施工，表面应平整、固定牢固，并在安装底板和面板前均应进行检查调整，避免安装后门、窗洞口上、下尺寸不一致，阴阳角不方正。

3）在面板施工前要对面板进行精心挑选，先对花，后对色，并进行编号，然后再进行面层安装，防止门、窗套面层板的花纹错乱、颜色不均。

4）施工人员在进行施工时要精心操作，防止由于筒子板，门、窗木线割角不方、裁口不直，拼缝不严密。

5）在安装门、窗套木线之前，对墙面和底板应进行仔细检查和必要修补、调整，防止由于墙面或门、窗套底层板不垂直、不平整而造成门、窗套木线安装不垂直、不平整。

6）严格控制木材含水率，防止因木材含水率大，干燥后收缩造成门、窗套及木线接头、拼缝不平或开裂。

4.5 护栏、扶手施工

本工艺适用于建筑工程中护栏、扶手的安装施工。不含玻璃板护栏的安装。

1. 施工要点

1）木扶手与弯头的接头要在下部连接牢固。木扶手的宽度或厚度超过70mm时，其接头应粘接加强。

2）扶手与垂直杆件连接牢固，紧固件不得外露。

3）整体弯头制作前应做样板，按样板弯头粘结时，温度不宜低于5℃。弯头下部应与栏杆结合紧密、牢固。

4）木扶手弯头加工成形应刨光，弯曲面应自然，表面应磨光。

5）金属扶手、护栏垂直杆件与预埋件连接牢固、垂直，如焊接，护栏垂直杆件与预埋件连接则表面应打磨抛光。

6）玻璃栏板应使用夹层玻璃或安全玻璃。

2. 施工准备

（1）材料准备

木扶手、塑料扶手、金属扶手、金属栏杆、其他材料（焊条、焊丝、胶粘剂等）。

（2）机具准备

电焊机、氢弧焊机、电锯、电刨、抛光机、切割机、无齿锯、手枪钻、冲击电锤、角磨机、手锯、手刨、斧子、锤子、钢锤、木锉、螺钉旋具、方尺、割角尺等。

（3）作业条件

1）弹好水平控制线和标高控制线，并经预检合格。

2）安装护栏、扶手部位的顶棚、墙面、楼梯踏步等抹灰施工已完成。

3）安装护栏、扶手的预埋件、固定支撑件已施工完，并经检验合格。

4）护栏、扶手安装前，墙面、踏步是石材面层时应施工完成。

（4）技术准备

1）熟悉施工图和设计说明，进行深化设计，绘制大样图，经设计、监理、建设单位确认。

2）按照审批后的深化设计图编制材料供应计划，对外委托订货加工。进场后做好材料的进场验收工作。

3）编制施工方案，对施工人员进行安全技术交底。

4）制作护栏、扶手样板，经设计、监理、建设单位验收确认。

3. 操作工艺

花饰施工

（1）工艺流程

弹线、检查预埋件→焊连接件→安装护栏和扶手→表面处理（磨光、抛光、油漆等）。

（2）操作方法

1）弹线、检查预埋件。按设计要求的安装位置、固定点间距和固定方式，弹出护栏、扶手的安装位置中心线和标高控制线，在线上标出固定点位置。然后检查预埋件位置是否合适，固定方式是否满足设计或规范要求。预埋件不符合要求时，应按设计要求重新埋设后置埋件。

2）焊连接件。根据设计要求的安装方式，将不同材质护栏、扶手的安装连接件与预埋件进行焊接，焊接应牢固，焊渣应及时清除干净，不得有夹渣现象。焊接完成后进行防腐处理，做隐蔽工程验收。

3）安装护栏和扶手（图4-4）。

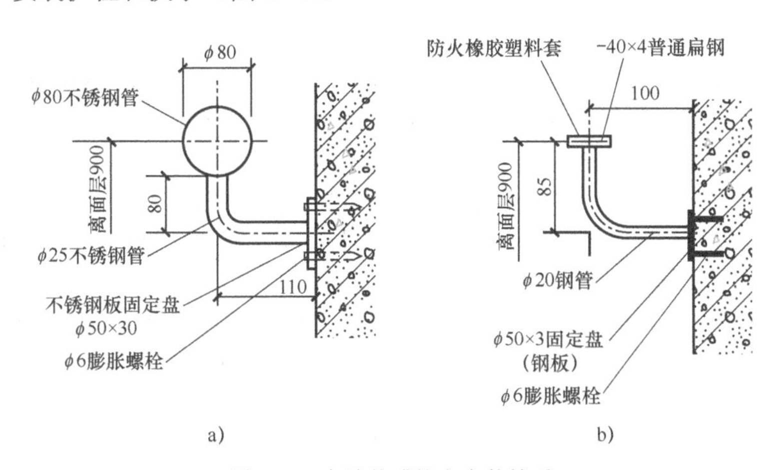

图4-4 在墙体或柱上安装扶手

a）80不锈钢楼梯扶手在墙上安装 b）防火橡胶塑料扶手在墙上安装

① 护栏安装。

a. 不锈钢管护栏安装：按照设计图要求和施工规范要求，在已弹好的护栏中心线上，先焊接栏杆连接杆，连接杆的长度根据面层材料的厚度确定，一般应高于面层材料踏步面100mm。待面层踏步饰面材料铺贴完成后，将不锈钢管栏杆插入连接杆。栏杆顶端焊接扶手前，将踏步板法兰盖套入不锈钢管栏杆内。

b. 铁艺护栏安装：根据设计图和施工规范要求，结合铁艺图案确定连接杆（件）的长度和安装方式，待面层材料铺完后将花饰与连接杆（件）焊接，用磨光机将接槎磨平、磨光。

c. 木护栏安装：按照设计图、施工规范要求和已弹好的栏杆中心线，在预埋件上焊接连接杆（件），连接杆（件）一般用ϕ8mm钢筋，高度应高于地面面层 60mm。待地面面层施工完成后，把木栏杆底部中心钻出 ϕ10mm、深 70mm 的孔洞，在孔洞内注入结构胶，然后插到焊好的连接杆上。

② 扶手安装：扶手安装的高度、坡度应一致，沿墙安装时出墙尺寸应一致。

a．不锈钢扶手安装：根据扶梯、楼梯和护栏的长度，将不锈钢管型材切断，按标高控制线调好标高，端部与墙、柱面连接件焊接固定，焊完之后用法兰盖盖好。不锈钢管中间的底部与栏杆立柱焊接，焊接前要对栏杆立柱进行调整，保证其垂直度、顶端的标高和直线度，并尽量使其间距相等，然后采用氩弧焊逐根进行焊接。焊接完成后，焊口部位进行磨平、磨光。

b．木扶手安装：木扶手一般安装在钢管或钢筋立柱护栏上，安装前应先对钢管或钢筋立柱的顶端进行调直、调平，然后将一根 3mm×25mm 或 4mm×25mm 的扁钢平放焊在立柱顶上，做木扶手的固定件。木扶手安装时，水平的应从一端开始，倾斜的一般自下而上进行。倾斜扶手安装，一般先按扶手的倾斜度选配起步弯头，通常弯头在工厂进行加工制作。弯头断面应按扶手的断面尺寸选配，一般情况下，稍大于扶手的断面尺寸。弯头和扶手的底部开 5mm 深的槽，槽的宽度按扁钢连接件确定。把开好槽的弯头、扶手套入扁钢，用木螺钉进行固定，固定间距控制在 400mm 以内。注意木螺钉不得用锤子直接打入，应打入 1/3，拧入 2/3，木质过硬时，可钻孔后再拧入，但孔径不得大于木螺钉直径的 0.7 倍。木扶手接头下部宜采用暗燕尾榫连接，但榫内均需加胶粘剂，避免将接头拔开或出现裂缝。木扶手埋入面层时应做防腐处理。

c．塑料扶手安装：塑料扶手通常为定型产品，按设计要求进行选择，所用配件应配套。安装时一般先将栏杆立柱的顶端进行调直、调平，把专用固定件安装在栏杆立柱的顶端。楼梯扶手一般从每跑的上端开始，将扶手承插到专用固定件上，从上向下穿入，承插入槽。弯头、转向处，用同样的塑料扶手，按起弯、转向角度进行裁切，然后组装成弯头、转角。塑料接口修平、抛光。

4）表面处理。安装完成后，不锈钢护栏、扶手的所有焊接处均必须磨平、抛光。木扶手的转弯、接头处必须用刨子刨平，木锉锉平磨光，把弯修平顺，使弯曲自然，断面顺直，最后用砂纸整体磨光，并涂刷底漆。塑料扶手需承插到位，安装牢固，所有接口必须修平、抛光。

4. 季节性施工

1）室外施工时注意避开雨、雪天气。

2）木质护栏、扶手雨期施工时，注意及时涂刷底漆进行防潮，湿度较高时，不宜进行面层油漆施工。冬期施工时注意通风换气，保持室内湿度和温度，使用胶粘剂时室内温度不得低于 5℃。

5. 成品保护

1）护栏、扶手安装时，地面、墙面和楼梯踏步必须用材料进行覆盖保护，以防焊接火花烧伤面层。对护栏遮挡保护，以防碰坏。

2）木扶手刷油漆时对护栏应加以包裹，防止污染。

3）塑料扶手安装后应及时包裹保护，以防碰伤。

6. 应注意的质量问题

1）木质扶手应控制好原材料的含水率，进场后应放在库内，保持通风干燥，避免淋雨、受潮。木扶手加工完成后，应先涂刷一道底油，防止木材干缩变形出现接槎不严密或出现裂缝等质量问题。

2）扶手底部开槽深度要一致，护栏顶端的固定扁铁要平整、顺直，防止扶手接槎不平整。

3）清油饰面的木质扶手选料时要仔细、认真，加强进场材料检验，防止木扶手的各段颜色不一致。

4）不锈钢扶手施工时要掌握好焊接的温度、时间、方法。施工时应先做样板，以确定各参数的最佳值，防止不锈钢扶手面层亮度不一致、表面凸凹和不顺直。

5）安装扶手时要按工艺要求操作，螺钉安装的位置、角度、钻孔尺寸精准、方向正确，与扁铁面垂直，防止钉帽不平、不正。严禁乱倒乱扔，必须按有害废弃物进行集中回收、处理。

小　　结

本章主要讲解了细部工程的一般规定，窗帘盒、窗台板、门窗套以及护栏、扶手的施工，重点应掌握细部工程的质量要求，窗帘盒、窗台板、门窗套以及护栏、扶手的施工工艺及质量检测标准。

思　考　题

1. 简述窗帘盒安装的作业条件。
2. 简述窗帘盒的制作工艺流程。
3. 窗帘盒的盖板厚度小于15mm应如何处理？
4. 简述窗台板制作与安装的作业条件。
5. 简述窗台板制作与安装的工艺流程。
6. 简述木窗台板的制作方法。
7. 窗台安装时应注意什么质量问题？
8. 简述木门窗套的制作与安装的工艺流程。
9. 简述护栏、扶手安装的工艺流程。
10. 不锈钢管护栏如何安装？

第5章 幕墙工程

三种幕墙比较

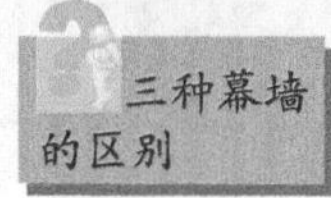

5.1 幕墙构造概述

1. 幕墙的分类和组成

（1）幕墙的分类

幕墙按饰面材料不同分为玻璃幕墙、金属幕墙、石材幕墙。

1）玻璃幕墙：根据建筑造型和建筑结构等方面的要求，玻璃幕墙应具有防水、隔热保温、气密、防火、抗震和避雷等性能。玻璃幕墙按其结构形式及立面外观情况，可分为金属框架式玻璃幕墙（可分为明框式、隐框式、半隐框式）、玻璃肋胶接式全玻璃幕墙（可分为后置式、骑缝式、平齐式）、点式连接玻璃幕墙。

2）金属幕墙：又称金属薄板幕墙，它类似玻璃幕墙，作为外墙围护结构，与窗组合形成色彩绚丽的金属外墙面。

3）石材幕墙：利用金属挂件将石材饰面直接悬挂在主体结构上，是一种独立的围护结构体系。

（2）幕墙的组成

幕墙一般由骨架材料、板材、密缝材料和结构粘结材料组成。

2. 玻璃幕墙

玻璃幕墙的立柱布置时，立柱一定要与墙柱轴线重合，这样可以处理好建筑物与幕墙的间隙，否则不便处理。立柱与主体结构之间的连接一般采用连接角钢，采用与预埋件焊接或膨胀螺栓锚固的方式与主体固定，务必坚固，能承受较高的抗拔力。立柱接长时，应采用专门的连接件连接固定，同时应满足温度变形的需要。金属框架幕墙横梁与立柱一般通过连接件、铆钉或螺栓进行连接。横向杆件型材的连接，应在竖向杆件固定完毕后进行。玻璃幕墙在构造上还要求防雷和防火。

1）全隐框玻璃幕墙。全隐框玻璃幕墙的构造是在铝合金构件组成的框格上固定玻璃框，玻璃框的上框挂在铝合金整个框格体系的横梁上，其余三边分别用不同方法固定在立柱及横梁上。玻璃用结构胶预先粘贴在玻璃框上。玻璃框之间用结构密封胶密封。玻璃为各种颜色镀膜镜面反射玻璃。玻璃框及铝合金框格体系均隐在玻璃后面，从侧面看不到铝合金框，形成一个大面积的有颜色的镜面反射屏幕幕墙。这种幕墙的全部荷载均由玻璃通过胶传给铝合金框架。

2）半隐框玻璃幕墙。玻璃安放在不隐框的部位上，镶嵌槽外加盖铝合金压板盖在玻璃外面。隐框部位在工厂用结构胶将玻璃和框粘结，从而保证胶缝强度。

3）明框玻璃幕墙。型钢或者是铝合金作为玻璃幕墙的骨架，玻璃镶嵌在铝合金的框内，然后再将铝合金框与骨架固定。安装玻璃时，先在立柱的内侧安铝合金压条，然后将玻璃放入凹槽内，再用密封材料密封。支撑玻璃的横梁略有倾斜，目的是排除因密封不严而流入凹槽内的雨水。外侧用一条盖板封住。

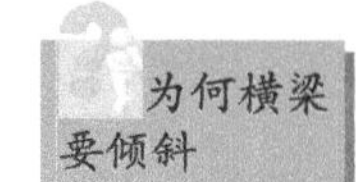

4）挂架式玻璃幕墙。又名点式玻璃幕墙，采用四爪式不锈钢挂件与立柱相焊接，每块玻璃有四个孔，挂件的每个爪与一块玻璃的一个孔相连接，即一个挂件同时与四块玻璃相连接，或一块玻璃固定于四个挂件上。

5）无金属骨架玻璃幕墙。玻璃本身既是饰面材料，又是承受自重及风荷载的结构构件。次骨架是用玻璃制成的玻璃肋作骨架，上下左右用胶固定，且下端采用支点，多用于建筑物首层，类似落地窗。由于采用大块玻璃饰面，使幕墙具有更大的透明性。

3. 金属幕墙

1）附着型金属幕墙。这种构造形式是幕墙作为外墙饰面，直接依附在主体结构墙面上。

2）构架型金属幕墙。这种幕墙基本上类似隐框玻璃幕墙的构造，即将抗风受力骨架固定在框架结构的楼板、梁或柱上，然后再将轻钢型材固定在受力骨架上。

4. 石材幕墙

1）直接干挂式石材幕墙。直接干挂法是目前常用的石材幕墙做法，是将石材饰面通过金属挂件直接安装固定在主体结构外墙上。

2）骨架式干挂石材幕墙。主要用于主体为框架结构，墙体为轻质填充墙，不能作为承重结构的情况。这种幕墙通过金属骨架与主体结构梁、柱连接，通过干挂件将石板饰面悬挂。金属骨架应能承受石材幕墙自重及风荷载、地震荷载和温度应力，并能防腐蚀，多采用铝合金骨架。

3）单元体直接式干挂石材幕墙。这是目前世界上流行的一种先进做法。它是利用特殊强化的组合框架，将石材饰面板、铝合金窗、保温层等全部在工厂中组装在框架上，然后将整片墙面运送至工地安装。

4）预制复合板干挂石材幕墙。预制复合板是干法作业的发展，是以石材薄板为饰面板，钢筋细石混凝土为衬模，用不锈钢连接件连接，经浇筑预制成饰面复合板，用连接件与结构连成一体的施工方法。可用于钢筋混凝土或钢结构的高层和超高层建筑。其特点是安装方便、速度快，可节约天然石材，但对连接件的质量要求较高。

5.2 玻璃幕墙施工

1. 施工准备

（1）材料准备

固定玻璃的骨架、连接件、嵌缝密封材料、填衬材料和幕墙玻璃、防火材料等玻璃幕墙的装配件。

1）填充材料。比较多的是聚乙烯泡沫胶系列。双面胶带有两种，即聚氨基甲酸乙酯（又称聚氨酯）双面胶带和聚乙烯树脂发泡双面胶带。依据经验，当玻璃幕墙风荷载大于1.8kN/m^{2}时，宜选用中等硬度的聚氨基甲酸乙酯低发泡间隔双面胶带；当玻璃幕墙风荷载小于或等于1.8kN/m^{2}时，宜选用聚乙烯低发泡间隔双面胶带。聚乙烯发泡填充材料应有优良的稳定性、弹性、透气性、防水性、耐酸碱性和抗老化性。

2）密封材料。橡胶密封条是目前应用较多的密封、固定材料。

3）防火材料。防火密封材料有橡胶密封条、建筑密封胶和硅酮结构密封胶。

4）特殊功能材料。岩棉、矿棉、玻璃棉、防火板等不燃性和耐燃性材料作隔热材料，同时，应采用铝箔或塑料薄膜包装，以保证其防水和防潮性。

5）幕墙立柱与横梁之间，须加设橡胶垫片，并应安装严密，以保证其防水性。

（2）工具准备

手动真空吸盘、电动吸盘、牛皮带、电动吊篮、嵌缝枪、撬板、竹签、滚轮、热压胶带、电炉等。

（3）作业条件

1）应编制幕墙施工组织设计，并严格按施工组织设计的顺序进行施工。

2）幕墙应在主体结构施工完毕后开始施工。

3）幕墙施工时，原主体结构施工搭设的外脚手架宜保留，并根据幕墙施工的要求进行必要的拆改。

4）幕墙施工时，应配备必要的安全可靠的起重吊装工具和设备。

5）当装修分项工程可能对幕墙造成污染或损伤时，应将该分项工程安排在幕墙施工之前施工，或对幕墙采取可靠的保护措施。

6）不应在大风大雨气候下进行幕墙的施工。

7）应在主体结构施工时控制和检查固定幕墙的各层楼面的标高、边线尺寸和预埋件位置的偏差，并在幕墙施工前对其进行检查与测量。

2. 操作工艺

明隐框玻璃幕墙比较

（1）工艺流程

1）有框玻璃幕墙：

测量、放线→调整或后置预埋件→确认主体结构轴线和各面中心线→以中心线为基准向两侧排基准竖线→按图样要求安装钢连接件和立柱、校正误差→钢连接件满焊固定、表面防腐处理→安装横框→上、下边封修→安装玻璃组件→安装开启窗扇→填充泡沫棒并注胶→清洁、整理→检查、验收。

2）隐框玻璃幕墙：

放线→固定支座安装→幕墙立梃横梁安装→结构玻璃装配组件安装→玻璃装配组件间的密封及四周收口处理（楼层间隔层处理）→全面检查及清洁。

比较有框与隐框玻璃幕墙施工的不同

（2）操作工艺

1）有框玻璃幕墙。

① 弹线定位。由专业技术人员操作，确定玻璃幕墙的位置，这是保证工程安装质量的第一道关键性工序。弹线是以建筑物轴线为准，依据设计要求先将骨架的位置线弹到主体结构上，以确定竖向杆件的位置。工程主体部分以中部水平线为基准，向上下返线，每层水平线确定后，即可用水准仪抄平横向节点的标高。以上测量结果应与主体工程施工测量轴线一致。如果主体结构轴线误差大于规定的允许偏差时，则在征得监理和设计人员的同意后，调整装饰工程的轴线，使其符合装饰设计及构造的需要。

② 钢连接件安装。作为外墙装饰工程施工的基础，钢连接件的预埋钢板应尽量采用原主体结构预埋钢板，无条件时可采用后置钢锚板加膨胀螺栓的方法，但要经过试验确定其承载力。目前应用化学浆锚螺栓代替普通膨胀螺栓效果较好。玻璃幕墙与主体结构连接的钢构件，一般采用三维可调连接件，其特点是对预埋件埋设的精度要求不太高，在安装骨架时，上下、左右及幕墙平面垂直度等可自如调整。

③ 框架安装。将立柱先与连接件连接，连接件再与主体结构预埋件连接，并进行调整、固定。立柱安装标高偏差不应大于3mm，轴线前后偏差不应大于2mm，左右偏差不应大于3mm。相邻两根立柱安装的标高偏差不应大于3mm，同层立柱的最大标高偏差不应大于5mm，相邻两根立柱的距离偏差不应大于2mm。

同一层横梁安装由下向上进行，当安装完一层高度时，进行检查，调整校正，符合质量要求后固定。相邻两根横梁的水平标高偏差不应大于1mm。同层横梁标高偏差：当一幅幕墙宽度小于或等于35m时，不应大于5mm；当一幅幕墙宽度大于35m时，不应大于7mm。

横梁与立柱相连处应垫弹性橡胶垫片，主要用于消除横向热胀冷缩应力以及变形造成的横竖杆间的摩擦响声。

④ 玻璃安装。玻璃安装前将表面尘土污物擦拭干净，所采用镀膜玻璃的镀膜面朝向室内，玻璃与构件不得直接接触，以防止玻璃因温度变化引起胀缩导致破坏。玻璃四周与构件凹槽底应保持一定空隙，每块玻璃下部应设不少于2块的弹性定位垫块（如氯丁橡胶等），垫块宽度应与槽口宽度相同，长度不小于100mm。隐框玻璃幕墙用经过设计确定的铝压板，用不锈钢螺钉固定玻璃组合件，然后在玻璃拼缝处用发泡聚乙烯垫条填充空隙。塞入的垫条表面应凹入玻璃外表面5mm左右，再用耐候密封胶封缝，胶缝必须均匀、饱满，一般注入深

为何不得直接接触

度在 5mm 左右，并使用修胶工具修整，之后揭除遮盖压边胶带并清洁玻璃及主框表面。玻璃副框与主框间设橡胶条隔离，其断口留在四角，斜面断开后拼成预定的设计角，并用胶粘结牢固，提高其密封性能。

⑤ 缝隙处理。这里所讲的缝隙处理，主要是指幕墙与主体结构之间的缝隙处理。窗间墙、窗槛墙之间采用防火材料堵塞，隔离挡板采用厚度为 1.5mm 的钢板，并涂防火涂料 2 遍。接缝处用防火密封胶封闭，保证接缝处的严密。

⑥ 避雷设施安装。在安装立柱时应按设计要求进行防雷体系的可靠连接。均压环应与主体结构避雷系统相连，预埋件与均压环通过截面面积不小于 48mm^2 的圆钢或扁钢连接。圆钢或扁钢与预埋件均压环进行搭接焊接，焊缝长度不小于 75mm。位于均压环所在层的每个立柱与支座之间应用宽度不小于 24mm、厚度不小于 2mm 的铝条连接，保证其电阻小于 10Ω。

2）隐框玻璃幕墙

① 隐框幕墙立梃和横梁的安装。施工中应掌握正确的放线方法，保证立梃、横梁安装水平。在主梁全部或基本悬挂完毕后，再逐根进行调整，以保证隐框幕墙外表面平整，结构安装如图 5-1 所示。

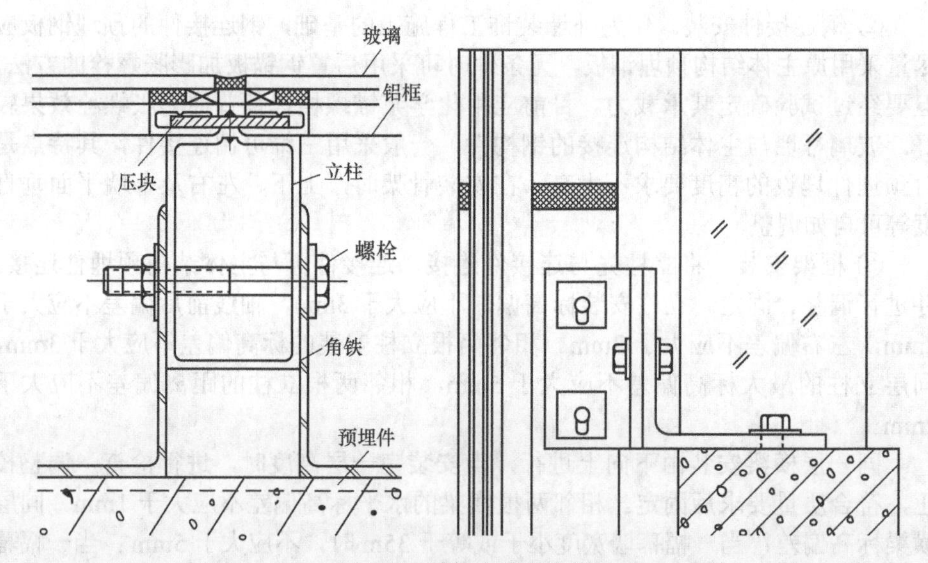

图 5-1　结构安装示意图

② 结构玻璃装配组件的安装。结构玻璃装配组件可由上至下安装，也可由下至上安装。一般随土建施工进度，大部分均由上而下安装。由下而上安装应待结构装饰施工完毕，否则安装时易遭到土建施工的破坏。上墙方法分内装或外装。按形式分也可分为内块式悬挂法和外压板式悬挂法。不论用何种形式，悬挂固定前要逐块调整组件至相互平齐、间隙一致，板面的平整采用刚性直尺或铝方通料来进行测定。对不平整的部位，应调整固定块的位置或加入垫块。可采用木质材料或半硬材料制成的标准尺寸模块，插入两板的间隙，以确保间隙一致。插入的模块在装配件固定后应取出，以保证板间有足够的位移空间。

在玻璃装配组件安装过程中，当幕墙整幅高度或宽度方向尺寸较大时，特别要注意安装过程中的累积误差，适时进行调整，只有全体结构玻璃装配组件固定完毕后，表面的平整度和垂直度才真正代表隐框幕墙的外观形象。

③ 装配组件间的密封。

a．检查衬杆（泡沫杆）材料尺寸是否符合设计要求。

b．对密封部位要进行表面清洁处理。先清除组件间表面灰尘，用挥发性强的溶剂擦除被密封表面的油污和脏物，再用清洁的布擦一遍，以保证组件间表面干净及无溶剂存在。

c．耐候密封胶应与玻璃、铝材粘接牢固，胶面平整光滑，玻璃清洁无污物。密封胶表面处理是隐框玻璃幕墙外观质量的主要衡量标准。

d．在放置定位衬杆时，要注意放置深浅位置是否正确，过深或过浅都会影响密封效果。衬杆放置深度不够会影响注入耐候胶的厚度，使胶过薄容易破裂形成气漏水漏，同时衬杆容易在刮胶时被拉出或拉动。如衬杆放置位置过深，不仅浪费耐候胶，而且会在热胀冷缩变化中因胶太厚、弹性明显下降而使胶层拉裂，破坏密封性能，同样形成水漏气漏。注入耐候胶的厚度应为两板间胶缝宽度的一半，这也是放置衬杆的合适位置。

放置定位衬杆要注意什么

e．压平及刮去多余间隙的密封胶。为确保玻璃表面不被胶污染，应预先沿注胶玻璃边缘贴上纸基保护胶带，刮胶结束后再将胶带撕去。

5.3 金属幕墙施工

金属板幕墙一般悬挂在承重骨架和外墙面上，具有典雅庄重、质感丰富以及坚固、耐久、易拆卸等优点。施工方法多为预制装配，节点构造复杂，施工精度要求高，构造图如图5-2所示。

与玻璃幕墙相比，金属板幕墙主要有几个特点：强度高、质量轻、板面平整无暇；优良的成型性，加工容易、质量精度高、生产周期短，可进行工厂化生产；防火性能好。金属板幕墙适用于各种工业与民用建筑。

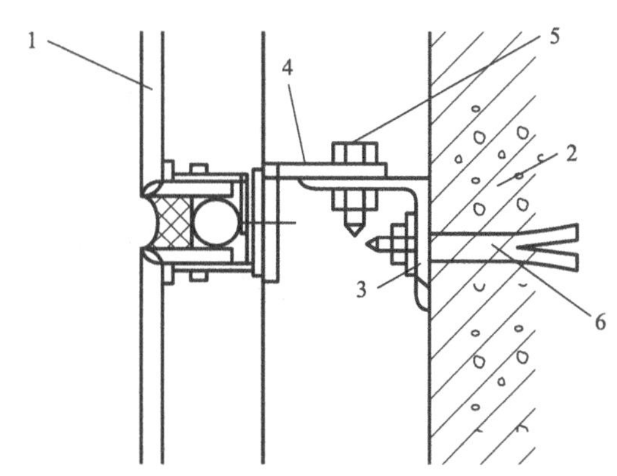

图5-2 铝塑板节点构造示意图

1—单板式铝塑板 2—承重柱（或墙） 3—角支撑
4—直角型铝材横梁 5—调整螺栓 6—锚固螺栓

金属板幕墙的种类很多，按照材料分类可以分为单一材料板和复合材料板；按照板面的形状分类可以分为光面平板、纹面平板、压型板、波纹板和立体盒板等，如图5-3所示。

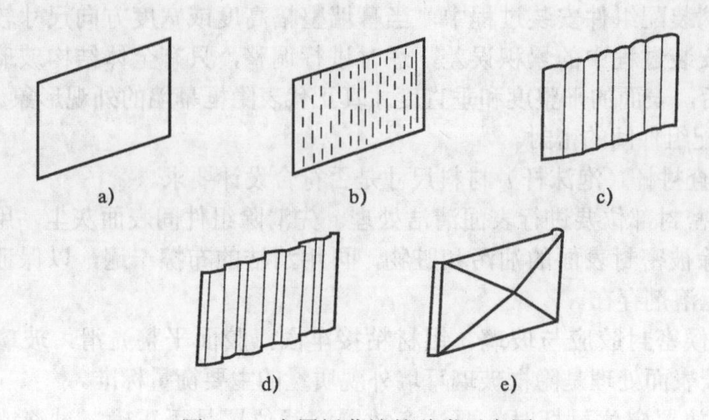

图 5-3　金属板幕墙的种类示意图

a）光面平板　b）纹面平板　c）波纹板　d）压型板　e）立体盒板

1. 铝塑复合板安装

铝塑复合板安装如图 5-4 所示。

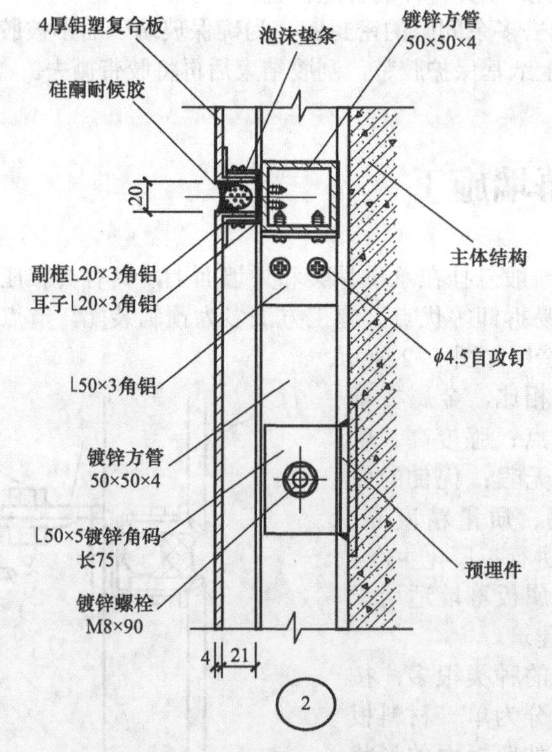

图 5-4　铝塑复合板幕墙

2. 铝合金蜂巢板安装

铝合金蜂巢板如图 5-5 所示。这种幕墙板是用如图 5-5 所示的连接件，将铝合金蜂巢板与骨架连成整体。

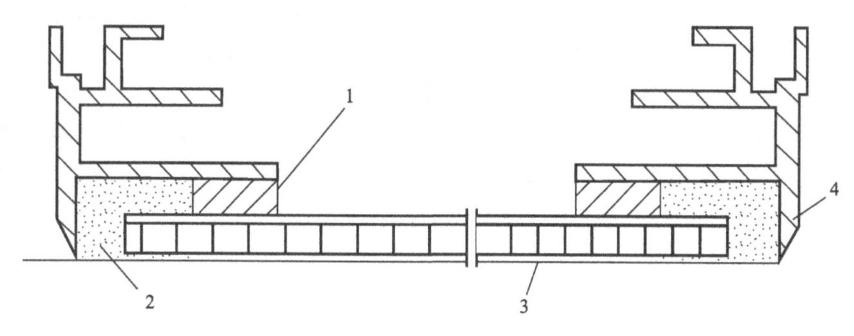

图 5-5　铝合金蜂巢板

1—蜂巢状泡沫塑料填充，周边用胶密封　2—密封胶（俗称结构胶）
3—复合铝合金蜂巢板　4—板框

3. 施工准备

（1）材料准备

金属板材、骨架材料、密封材料、防腐材料、防锈漆等。

1）普通钢材：钢结构幕墙高度超过 40m 时，钢构件宜采用高耐候结构钢，并应在其表面涂刷防腐涂料。耐候结构钢的氧化膜比较致密，性能较为稳定，在同样渗水（包括“酸雨”中的酸性水）条件下，氧化膜不易发生反应生锈［$Fe(OH)_3$］，从而外层涂料也不易脱落，能够保护钢的基体不受腐蚀。表面处理可采用热喷复合涂层，表面为氯化橡胶涂料。

2）不锈钢材：幕墙采用的不锈钢材，宜用奥氏体不锈钢材。

3）铝合金材料：幕墙采用的铝合金板材的表面处理层厚度及材质，应符合行业标准的有关规定。应根据幕墙面积、使用年限及性能要求，分别选用铝合金单板（简称单层铝板）、铝塑复合板、铝合金蜂窝板（简称蜂窝铝板）。

4）固定骨架的连接件：主要是膨胀螺栓、铁垫板、垫圈、螺母及与骨架固定的各种设计和安装所需要的连接件，其质量必须符合要求。

（2）工具准备

嵌缝枪、手提砂轮、手动真空吸盘、电动吸盘、牛皮带、电动吊篮、撬板、竹签、滚轮、热压胶带、电炉、各种形状圆（扁）的钢凿子、钢丝、弹线用的粉线包、墨斗、小白线、钳子、棉丝、笤帚、铁锹、开刀、灰槽、灰桶、工具袋、手套、红铅笔。

（3）作业条件

1）混凝土和墙面抹灰已完成，且经过干燥，含水率不高于 8%；木材制品不得大于 12%。

2）水电及设备、顶墙上预留预埋件已完。垂直运输的机具均事先准备好。

3）要事先检查安装饰面板工程的基层，并作好隐蔽工程检验记录，合格后方可进行安装工序。

双排架和单排架区别

4）外架子（高层多用吊篮或吊架子）应提前支搭和安装好，多层房屋宜选用双排架子或桥架，其横竖杆及拉杆等应离开墙面和门窗口角 150 ～ 200mm。架子的步高和支搭要符合施工要求和安全操作规程。

5）对施工人员进行技术交底时，应强调技术措施、质量要求和成品保护。大面积施工前应先做样板间，经质检部门鉴定合格后，方可组织班组施工。

4. 操作工艺

（1）工艺流程

吊直、套方、找规矩、弹线→固定骨架的连接件→固定骨架→钢结构刷防锈漆→防火保温棉安装→金属板安装→注密封胶→幕墙表面清理→收口处理。

（2）操作工艺

1）测量放线：根据设计和施工现场实际情况准确测放出幕墙的外边线和水平垂直控制线，然后将骨架竖框的中心线按设计分格尺寸弹到结构上。测量放线要在风力不大于 4 级的天气情况下进行，个别情况应采取防风措施。

2）锚固件安装：幕墙骨架锚固件应尽量采用预埋件，在无预埋件的情况下采用后置埋件，埋件的结构形式要符合设计要求，锚栓要现场进行拉拔试验，满足强度要求后才能使用。锚固件一般由埋板和连接角码组成，施工时按照设计要求在已测放的竖框中心线上准确标出埋板位置后，打孔将埋件固定，并将竖框中心线引至埋件上，然后计算出连接角码的位置，在埋板上划线标记，同一竖框同侧连接角码位置要拉通线检测，不能有偏差。角码位置确定后，将角码按此位置焊到埋板上，焊缝宽度和长度要符合设计要求，焊完后焊口要重新做防锈处理，一般涂刷防锈漆两遍。

3）骨架制作安装：根据施工图及现场实际情况确定的分格尺寸，在加工场地内，下好骨架横竖料，并运至现场进行安装，安装前要先根据设计尺寸挂出骨架外皮控制线，挂线一定要准确无误，其控制质量将直接关系幕墙饰面质量，骨架如果选用铝合金型材，锚固件一般采用螺栓连接，骨架在连接件间要垫有绝缘垫片，螺栓材质、规格和质量要符合设计要求及规范规定，骨架如采用型钢，连接件既可采用螺栓，也可采用焊接的方法连接，焊接质量要符合设计要求及规范规定，并要重新做防锈处理。主体结构与幕墙连接的各种预埋件，其数量、规格、位置和防腐处理必须符合设计要求。幕墙的金属框架与主体结构预埋件的连接、立柱与横梁的连接及幕墙面板的安装必须符合设计要求，安装必须牢固。

4）面板安装：面板要根据其材质选择合适的固定方式，一般采用自攻螺钉直接固定到骨架上或板折边加角铝后再用自攻螺钉固定角铝的方法，饰面板安装前要在骨架上标出板块位置，并拉通线，控制整个墙面板的竖向和水平位置。安装时要使各固定点均匀受力，不能挤压板面，不能敲击板面，以免发生板面凹凸或翘曲变形，同时饰面板要轻拿轻放，避免磕碰，以防损伤表面漆膜。面板安装要牢固，固定点数量要符合设计及规范要求，施工过程中要严格控制施工质量，保证表面平整，缝格顺直。

5）嵌缝打胶：打胶要选用与设计颜色相同的耐候胶，打胶前要在板缝中嵌塞大于缝宽 2 ～ 4mm 的泡沫棒，嵌塞深度要均匀，打胶厚度一般为缝宽的 1/2。打胶时板缝两侧饰面板要粘贴美纹纸进行保护，以防污染，打完后要在表层固化前用专用刮板将胶缝刮成凹面，胶面要光滑圆润，不能有流坠、褶皱等现象，刮完后应立即将缝两侧美纹纸撕掉。打胶操作阴雨天不宜进行。硅硐结构密封胶应打注饱满，并要求温度在 15 ～ 30℃之间，相对湿度在 50% 以上，在洁净的室内进行，不得在现场墙上打注。

6）清洗保洁：待耐候胶固化后，将整片幕墙用清水清洗干净，个别污染严重的地方可采用有机溶剂清洗，但严禁用尖锐物体刮，以免损坏饰面板表层涂膜。清洗后要设专人保护，在明显位置设警示牌以防污染或破坏。

7）收口处理：幕墙墙面边缘部位收口，是用金属板或型板将墙板端部及龙骨部位封盖。构造节点如图 5-6 所示。

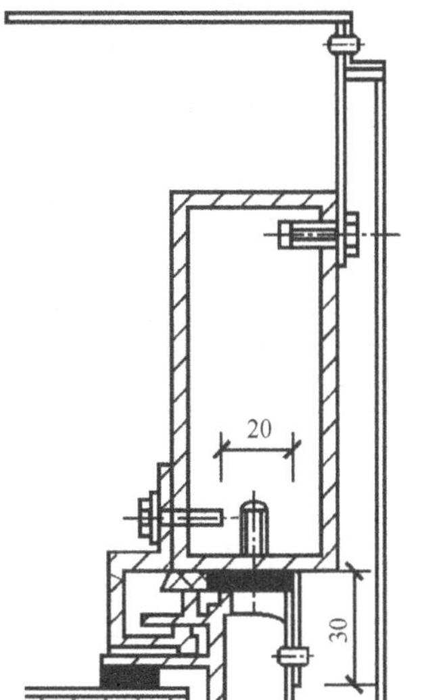

图 5-6 边缘部位收口处理

5. 应注意的质量问题

1）金属板须放置于干燥通风处，并避免与电火花、油污及新拌混凝土等腐蚀物接触，以防板表面受污损。

2）金属板件搬运时应有保护措施，以免损坏金属板。

3）注胶前，一定用清洁剂将金属板及铝合金（型钢）框表面清洗干净，清洁后的材料须在 1h 内密封，否则重新清洗。

4）密封胶须注满，不能有空隙或气泡。

5）清洁用擦布须及时更换，以保持干净。

6）应遵守标签上的说明使用溶剂，使用溶剂的场所严禁烟火。

7）注胶之前，应将密封条或防风雨胶条安放于金属板与铝合金（钢）型材之间。

8）根据密封胶的使用说明，注胶宽度与注胶深度最合适的尺寸比率为 2（宽度）:1（深度）。

9）注密封胶时，应用胶纸保护胶缝两侧的材料，使之不受污染。

10）金属板安装完毕，在易受污染部位用胶纸贴盖或用塑料薄膜覆盖保护；易被划伤的部位，应设安全护栏保护。

11）幕墙变形缝处理：幕墙变形缝的处理，其原则应首先满足建筑物伸缩、

幕墙变形缝怎么处理

沉降的需要，同时再考虑达到装饰效果；另外，该部位又是防水的薄弱环节，其构造点应周密考虑；通常采用异形金属板与氯丁橡胶带体系，如图 5-7 所示，既保证了其使用功能，又能满足装饰要求。

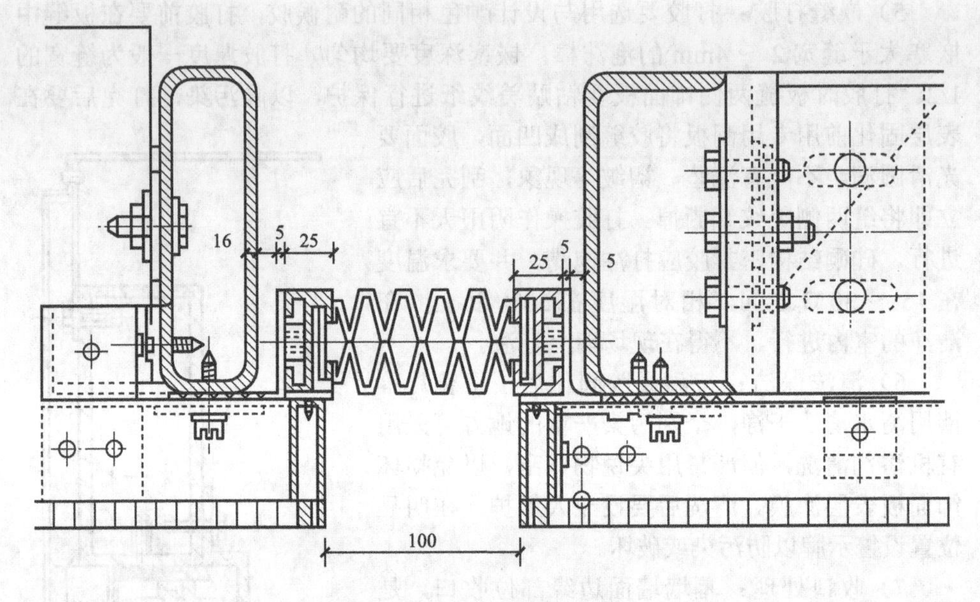

图 5-7 金属幕墙变形缝施工

5.4 石材幕墙施工

石材幕墙是一种独立的围护结构体系，它是利用金属挂件将石材饰面板直接悬挂在主体结构上，必须按照有关设计规范进行强度计算和刚度验算；另外还应满足建筑热工、隔声、防水、防火和防腐蚀等要求。如今在高级建筑装饰幕墙工程中，使用最多的当属干挂花岗岩石板幕墙。

1. 一般规定

1）加工过程中防污染。以预处理提高成材的防污染能力。预处理方式有背涂和面涂。

2）干挂石材若强度过低或厚度过薄时，板背面要粘贴玻璃纤维网格布，增强其强度等。

3）对已污染石材的去污处理。碱性色污染可用草酸来清除，一般色污可用双氧水刷洗；严重的色污可用双氧水和漂白粉掺在一起拌成面糊状涂于斑痕处，2 ~ 3d 后铲除，色斑可逐步减弱；若是水斑应进行表面干燥，并对石材板缝重新处理。

4）花岗石的粘补与拼接常用的胶粘剂有环氧树脂胶和 502 胶。

2. 施工准备

（1）材料准备

石材板材、骨架材料、密封材料、防腐材料、防锈漆等。

1）天然石材。多采用天然花岗岩，常用板材厚度为25～30mm。一定要选择质地密实、孔隙率小、含氧化铁矿成分少的品种。选材时，除外观装饰效果外，还应了解其主要物理力学性能，尤其是一些粗结晶的品种。在选择花岗石时应对色纹、色斑、石胆以及裂隙等缺陷引起注意，一般不应用于墙面、柱面的装饰，尤其是醒目部位。

2）金属骨架。石材板幕墙所用金属骨架应以铝合金为主，也可采用不锈钢骨架，但目前较多采用碳素结构钢。采用碳素结构钢应进行热浸镀锌防腐蚀处理，并在设计中避免采用现场焊接连接，以保证石材板幕墙的耐久性。幕墙立柱与主体结构通过预埋件连接，预埋件应在主体结构施工时埋入。

3）金属挂件。金属挂件按材料分主要有不锈钢类和铝合金类两种。

不锈钢挂件主要用于无骨架体系和碳素钢架体系，不锈钢挂件主要用机械冲压法加工。铝合金挂件主要用于石板幕墙和玻璃幕墙共同使用时，金属骨架也为铝合金型材，铝合金挂件多采用热挤压生产。

（2）机械准备

冲击钻、手电钻、砂轮、切割机、开刀、台钻、平凿、沟凿、合金扁錾、木抹子、铁抹子、橡胶锤、钢丝、钢丝钳、尼龙线、操作支架等。

（3）作业条件

1）结构施工完成后经检验合格，结构基层已经处理完成并验收合格。

2）石材已进场，其质量、规格、品种、数量、力学性能和物理性能符合设计要求和国家现行标准。石材表面应涂刷防护剂。

3）墙、柱面上的各种专业管线、设备、预留预埋件已安装完成，经检验合格并办理交接手续。

4）门、窗框已安装完成，嵌缝符合要求，门窗框已贴好保护膜，栏杆、预留孔洞及落水管预埋件等已施工完毕，且均通过检验，质量符合要求。

5）施工所需要的脚手架已经搭设完，垂直运输设备已安装好，符合使用要求和安全规定，并经检验合格。

6）施工现场所需的临时用水、用电，各种工、机具准备就绪。

7）其他配套材料已进场，并经检验复试合格。

8）对施工人员进行技术交底时，应强调技术措施、质量要求和成品保护，大面积施工前应先做样板，经质检部门鉴定合格后，方可组织班组施工。

3. 操作工艺

1）工艺流程。干挂花岗石幕墙安装施工工艺流程及操作示意图，如图5-8所示。

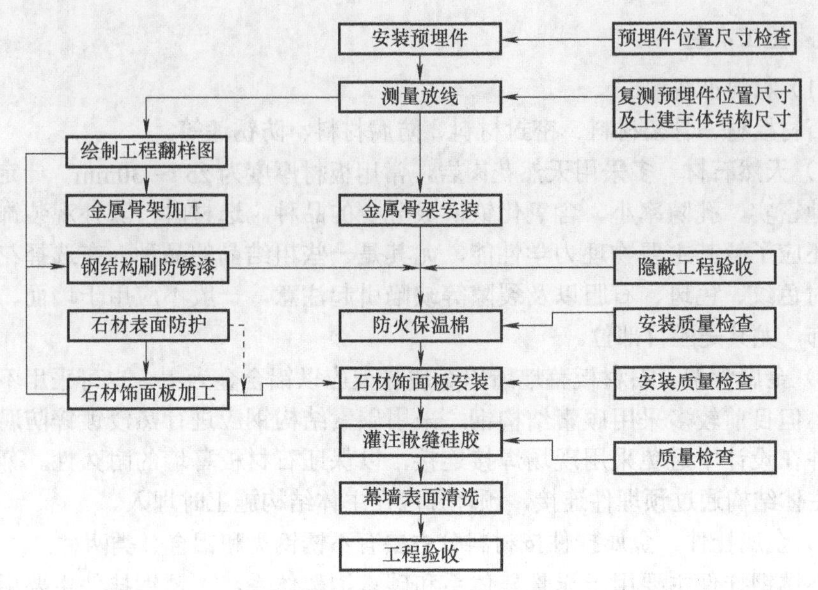

图 5-8 干挂花岗石幕墙安装施工工艺流程及操作示意图

2）干挂法工艺的技术性能比较见表 5-1。

表5-1 干挂法各种工艺的技术性能比较

干挂法的类型	优点	不足
钢销式干挂法	工艺简单，无需特殊工具	板块传力相互干扰，受力集中，精度低，容易破损，安全性差，拆卸困难
短槽式干挂法	继承了钢销式的大部分优点，承载力较钢销式干挂法大	精度低，板块之间相互影响，拆卸困难，传力路径长
通槽式干挂法	工艺简单，无需特殊工具，承载力较短槽式干挂法大	开槽质量不易控制，需注胶调整，可拆卸性差
背栓式干挂法	现场装配式作业，精度高，各板块独立承重，螺栓破坏荷载大，锚固深度小，可拆卸性佳	石材加工工艺复杂，对石材材质及安装人员的技术水平要求高
小单元式干挂法	现场装配式作业，精度高，各板块独立承重，受力传力简捷，可拆卸性佳，由下向上的安装顺序，能够做到和土建配合同步施工，缩短工程周期	石材开槽工艺比较复杂，现场粘接挂件质量不易控制，对安装人员的技术水平要求较高

5.5 幕墙工程质量标准与检验

5.5.1 玻璃幕墙质量验收

1. 主控项目

1）玻璃幕墙工程所使用的各种材料、构件和组件的质量，应符合设计要求及国家现行产品标准和工程技术规范的规定。

2）玻璃幕墙的造型和立面分格应符合设计要求。

3）玻璃幕墙使用的玻璃应符合下列规定：

① 幕墙应使用安全玻璃，玻璃的品种、规格、颜色、光学性能及安装方向应符合设计要求。

② 幕墙玻璃的厚度不应小于6.0mm。全玻璃幕墙肋玻璃的厚度不应小于12mm。

③ 幕墙的中空玻璃应采用双道密封。明框幕墙的中空玻璃应采用聚硫密封胶及丁基密封胶；隐框和半隐框幕墙的中空玻璃应采用硅酮结构密封胶及丁基密封胶；镀膜面应在中空玻璃的第2或第3面上。

不同玻璃幕墙采用密封胶的区别

④ 幕墙的夹层玻璃应采用聚乙烯醇缩丁醛（PVB）胶片干法加工合成的夹层玻璃。点支承玻璃幕墙夹层玻璃的夹层胶片（PVB）厚度不应小于0.76mm。

⑤ 钢化玻璃表面不得有损伤；8.0mm以下的钢化玻璃应进行引爆处理。

⑥ 所有幕墙玻璃均应进行边缘处理。

4）玻璃幕墙与主体结构连接的各种预埋件、连接件、紧固件必须安装牢固，其数量、规格、位置、连接方法和防腐处理应符合设计要求。

5）各种连接件、紧固件的螺栓应有防松动措施，焊接连接应符合设计要求和焊接规范的规定。

6）隐框或半隐框玻璃幕墙，每块玻璃下端应设置两个铝合金或不锈钢托条，其长度不应小于100mm，厚度不应小于2mm，托条外端应低于玻璃外表面2mm。

7）明框玻璃幕墙的玻璃安装应符合下列规定：

① 玻璃槽口与玻璃的配合尺寸应符合设计要求和技术标准的规定。

② 玻璃与构件不得直接接触，玻璃四周与构件凹槽底部应保持一定的空隙，每块玻璃下部应至少放置两块宽度与槽口宽度相同、长度不小于100mm的弹性定位垫块；玻璃两边嵌入量及空隙应符合设计要求。

③ 玻璃四周橡胶条的材质、型号应符合设计要求，镶嵌应平整，橡胶条长度应比边框内槽长1.5%～2.0%，橡胶条在转角处应斜面断开，并应用粘结剂粘结牢固后嵌入槽内。

8）高度超过4m的全玻幕墙应吊挂在主体结构上，吊夹具应符合设计要求，玻璃与玻璃、玻璃与玻璃肋之间的缝隙，应采用硅酮结构密封胶填嵌严密。

9）点支承玻璃幕墙应采用带万向头的活动不锈钢爪，其钢爪间的中心距离应大于250mm。

10）玻璃幕墙四周、玻璃幕墙内表面与主体结构之间的连接节点、各种变形缝、墙角的连接节点应符合设计要求和技术标准的规定。

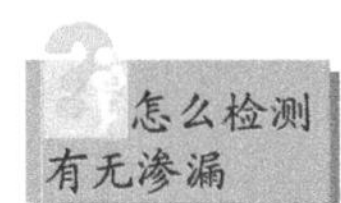

11）玻璃幕墙应无渗漏。

12）玻璃幕墙结构胶和密封胶的打注应饱满、密实、连续、均匀、无气泡，宽度和厚度应符合设计要求和技术标准的规定。

13）玻璃幕墙开启窗的配件应齐全，安装应牢固，安装位置和开启方向、角度应正确；开启应灵活，关闭应严密。

14）玻璃幕墙的防雷装置必须与主体结构的防雷装置可靠连接。

2. 一般项目

1）玻璃幕墙表面应平整、洁净；整幅玻璃的色泽应均匀一致；不得有污染和镀膜损坏。

2）每平方米玻璃的表面质量和检验方法应符合相关的规定。

3）一个分格铝合金型材的表面质量和检验方法应符合表5-2的规定。

表5-2　一个分格铝合金型材的表面质量和检验方法

项次	项目	质量要求	检验方法
1	明显划伤、长度＞100mm的轻微划伤	不允许	观察
2	长度≤100mm的轻微划伤	≤2条	用钢直尺检查
3	擦伤总面积	≤500mm²	用钢直尺检查

4）明框玻璃幕墙的外露框或压条应横平竖直，颜色、规格应符合设计要求，压条安装应牢固。

5）玻璃幕墙的密封胶缝应横平竖直、深浅一致、宽窄均匀、光滑顺直。

6）防火、保温材料填充应饱满、均匀，表面应密实、平整。

7）玻璃幕墙隐蔽节点的遮封装修应牢固、整齐、美观。

8）明框玻璃幕墙安装的允许偏差和检验方法应符合表5-3的规定。

表5-3　明框玻璃幕墙安装的允许偏差和检验方法

项次	项目		允许偏差/mm	检验方法
1	幕墙垂直度	幕墙高度≤30m	10	用经纬仪检查
		30m＜幕墙高度≤60m	15	
		60m＜幕墙高度≤90m	20	
		幕墙高度＞90m	25	
2	幕墙水平度	幕墙幅宽≤35m	2	用水平仪检查
		幕墙幅宽＞35m	7	
3	构件直线度		2	用2m靠尺和塞尺检查
4	构件水平度	构件长度≤2m	2	用水平仪检查
		构件长度＞2m	3	
5	相邻构件错位		1	用钢直尺检查
6	分格框对角线长度差	对角线长度≤2m	3	用钢直尺检查
		对角线长度＞2m	4	

9）隐框、半隐框玻璃幕墙安装的允许偏差和检验方法应符合表5-4的规定。

表5-4　隐框、半隐框玻璃幕墙安装的允许偏差和检验方法

项次	项目		允许偏差/mm	检验方法
1	幕墙垂直度	幕墙高度≤30m	10	用经纬仪检查
		30m＜幕墙高度≤60m	15	
		60m＜幕墙高度≤90m	20	
		幕墙高度＞90m	25	

（续）

项次	项目		允许偏差 /mm	检验方法
2	幕墙水平度	层高≤ 3m	2	用水平仪检查
		层高＞ 3m	7	
3	幕墙表面平整度		2	用 2m 靠尺和塞尺检查
4	板材立面垂直度		2	用垂直检测尺检查
5	板材上沿水平度		2	用 1m 水平尺和钢直尺检查
6	相邻板材板角错位		1	用钢直尺检查
7	阳角方正		2	用直角检测尺检查
8	接缝直线度		3	拉 5m 线，不足 5m 拉通线，用钢直尺检查
9	接缝高低差		1	用钢直尺和塞尺检查
10	接缝宽度		1	用钢直尺检查

5.5.2　金属幕墙质量验收

1. 主控项目

1）金属幕墙工程所使用的各种材料和配件，应符合设计要求及国家现行产品标准和工程技术规范的规定。

2）金属幕墙的造型和立面分格应符合设计要求。

3）金属面板的品种、规格、颜色、光泽及安装方向符合设计要求。

4）金属幕墙主体结构上的预埋件、后置埋件的数量、位置及后置埋件的拉拔力必须符合设计要求。

5）金属幕墙的金属框架立柱与主体结构预埋件的连接、立柱与横梁的连接、金属面板的安装必须符合设计要求，安装必须牢固。

6）金属幕墙的防火、保温、防潮材料的设置应符合设计要求，并应密实、均匀、厚度一致。

7）金属框架及连接件的防腐处理应符合设计要求。

8）金属幕墙的防雷装置必须与主体结构的防雷装置可靠连接。

9）各种变形缝、墙角的连接节点应符合设计要求和技术标准的规定。

10）金属幕墙的板缝注胶应饱满、密实、连续、均匀、无气泡，宽度和厚度应符合设计要求和技术标准的规定。

11）金属幕墙应无渗漏。

2. 一般项目

1）金属板表面应平整、洁净、色泽一致。

2）金属幕墙的压条应平直、洁净、接口严密、安装牢固。

3）金属幕墙的密封胶缝应横平竖直、深浅一致、宽窄均匀、光滑顺直。

4）金属幕墙上的滴水线、流水坡向应正确、顺直。

5）金属幕墙安装的允许偏差和检验方法应符合表 5-5 的规定。

表5-5 金属幕墙安装的允许偏差和检验方法

项次	项目		允许偏差 /mm	检验方法
1	幕墙垂直度	幕墙高度≤ 30m	10	用经纬仪检查
		30m ＜幕墙高度≤ 60m	15	
		60m ＜幕墙高度≤ 90m	20	
		幕墙高度＞ 90m	25	
2	幕墙水平度	层高≤ 3m	3	用水平仪检查
		层高＞ 3m	5	
3	幕墙表面平整度		2	用 2m 靠尺和塞尺检查
4	板材立面垂直度		3	用垂直检测尺检查
5	板材上沿水平度		2	用 1m 水平尺和钢直尺检查
6	相邻板材板角错位		1	用钢直尺检查
7	阳角方正		2	用直角检测尺检查
8	接缝直线度		3	拉 5m 线，不足 5m 拉通线，用钢直尺检查
9	接缝高低差		1	用钢直尺和塞尺检查
10	接缝宽度		1	用钢直尺检查

5.5.3 石材幕墙质量验收

1. 主控项目

1）石材幕墙工程所用材料的品种、规格、性能和等级，应符合设计要求及国家现行产品标准和工程技术规范的规定。

2）石材幕墙的造型、立面分格、颜色、光泽、花纹和图案应符合设计要求。

3）石材孔、槽的数量、深度、位置、尺寸应符合设计要求。

4）石材幕墙主体结构上的预埋件和后置埋件的位置、数量及后置埋件的拉拔力必须符合设计要求。

5）石材幕墙的金属框架立柱与主体结构预埋件的连接、立柱与横梁的连接、连接件与金属框架的连接、连接件与石材面板的连接必须符合设计要求，安装必须牢固。

6）金属框架和连接件的防腐处理应符合设计要求。

7）石材幕墙的防雷装置必须与主体结构防雷装置可靠连接。

8）石材幕墙的防火、保温、防潮材料的设置应符合设计要求，填充应密实、均匀、厚度一致。

9）各种结构变形缝、墙角的连接节点应符合设计要求和技术标准的规定。

10）石材表面和板缝的处理应符合设计要求。

11）石材幕墙的板缝注胶应饱满、密实、连续、均匀、无气泡，板缝宽度和厚度应符合设计要求和技术标准的规定。

12）石材幕墙应无渗漏。

2. 一般项目

1）石材幕墙表面应平整、洁净，无污染、缺损和裂痕。颜色和花纹应协调一致，无明显色差，无明显修痕。

2）石材幕墙的压条应平直、洁净、接口严密、安装牢固。

3）石材接缝应横平竖直、宽窄均匀；阴阳角石板压向应正确，板边合缝应顺直；凸凹线出墙厚度应一致，上下口应平直；石材面板上洞口、槽边应套割吻合，边缘应整齐。

4）石材幕墙的密封胶缝应横平竖直、深浅一致、宽窄均匀、光滑顺直。

5）石材幕墙上的滴水线、流水坡向应正确、顺直。

6）石材幕墙安装的允许偏差和检验方法应符合表 5-6 的规定。

随着幕墙高度增加，垂直度允许偏差怎么变化

表5-6　石材幕墙安装的允许偏差和检验方法

项次	项目		允许偏差 /mm		检验方法
			光面	麻面	
1	幕墙表面平整度		2	3	用垂直测尺检查
2	阳角方正		2	4	用直角检测尺检查
3	接缝直线度		3	4	拉 5m 线，不足 5m 拉通线，用钢直尺检查
4	接缝高低差		1	—	用钢直尺和塞尺检查
5	接缝宽度		1	2	用钢直尺检查
6	幕墙垂直度	幕墙高度≤ 30m	10		用经纬仪检查
		30m ＜幕墙高度≤ 60m	15		
		60m ＜幕墙高度≤ 90m	20		
		幕墙高度＞ 90m	25		
7	幕墙水平度		3		用水平仪检查
8	板材立面垂直度		3		用水平仪检查
9	板材上沿水平度		2		用 1m 水平尺和钢直尺检查
10	相邻板材板角错位		1		用钢直尺检查

小　　结

本章主要讲解了幕墙工程的构造要求，玻璃幕墙、金属幕墙、石材幕墙以及幕墙质量验收标准，重点应掌握各种室外幕墙工程的类别、构造，玻璃、金属、石材三种幕墙装饰工程的施工工艺及质量检测标准以及幕墙工程施工中易出现的质量问题。

思　考　题

1. 有框玻璃幕墙施工时，横梁与立柱相连处应垫弹性橡胶垫片，主要用于什么？

2. 有框玻璃幕墙施工时，避雷设施如何安装？

3. 隐框玻璃幕墙施工时，如何保证隐框幕墙外表面平整？

4. 隐框玻璃幕墙施工时，当幕墙整幅高度或宽度方向尺寸较大时如何安装？

5. 简述石材幕墙施工工艺流程。

6. 对已污染的石材如何进行去污处理？

7. 简述石材幕墙施工时，短槽式干挂法的优缺点。

8. 简述金属幕墙施工的工艺流程。

9. 金属幕墙施工前如何测量放线？

10. 金属幕墙施工时对锚固件有什么要求？

参考文献

[1] 李蔚. 建筑装饰与装修构造 [M]. 北京：科学出版社，2014.
[2] 万治华. 建筑装饰装修构造与施工技术 [M]. 北京：化学工业出版社，2013.
[3] 杨南方. 建筑装饰施工 [M]. 北京：中国建筑工业出版社，2011.
[4] 李朝阳. 装修构造与施工图设计 [M]. 北京：中国建筑工业出版社，2009.
[5] 杨天佑. 简明装饰装修施工与质量验收手册 [M]. 北京：中国建筑工业出版社，2009.
[6] 王萱，王旭光. 建筑装饰构造 [M]. 北京：化学工业出版社，2015.
[7] 薛健. 装饰设计与施工手册 [M]. 北京：中国建筑工业出版社，2008.
[8] 王濰梁. 建筑装饰材料与构造 [M]. 合肥：合肥工业大学出版社，2014.
[9] 杨嗣信. 建筑装饰装修施工技术手册 [M]. 北京：中国建筑工业出版社，2012.